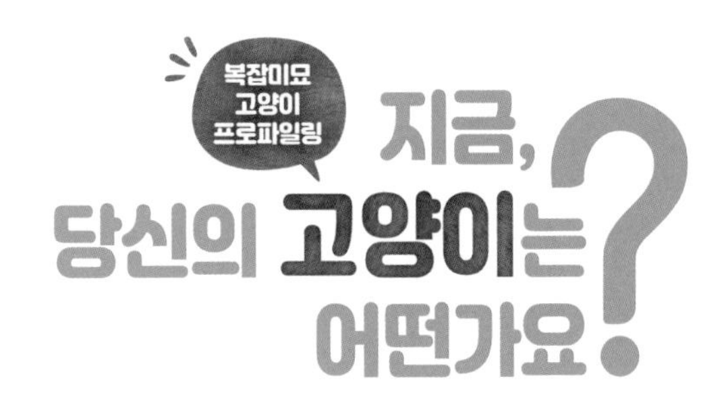
복잡미묘 고양이 프로파일링
지금, 당신의 고양이는 어떤가요?

복잡미묘 고양이 프로파일링

지금, 당신의 고양이는 어떤가요?

오드캣스토리 정효민 지음

BM (주)도서출판 성안당

그날도 전 우리 집 싸움꾼 앙꼬를 혼내고 있었습니다.

이전 주인에게 버려졌다가 형제인 모찌와 함께 우리 집으로 오게 된 앙꼬는 틈만 나면 누비를 괴롭혔어요. 누비는 예전부터 우리 집에 살고 있는 고양이입니다. 앙꼬 때문에 누비는 침대 아래로 내려오지도 못했어요. 급기야 누비는 침대 헤드 위를 화장실로 사용하기 시작했습니다. 그런 누비를 괴롭히는 앙꼬가 제 눈에는 참 못된 고양이로만 보였습니다. 누비를 구석으로 몰아 때리는 앙꼬를 발견하면, 전 앙꼬를 들어 올려 한참을 야단쳤습니다. 그때마다 앙꼬는 잔뜩 긴장한 얼굴로 제 눈을 쳐다보지도 못했지요. “도대체 뭐가 문제니? 너 이젠 가족도 생겼잖아. 네가 뭐가 아쉬워서 이러는 건데?” 앙꼬를 혼낼 때마다 저의 레파토리는 똑같았습니다. 호강에 겨운 못된 고양이…. 앙꼬는 제게 그런 고양이였습니다. 하지만 앙꼬는 그렇게 단단히 혼이 나고도 이내 제게 이마를 비비며 갸르릉 소리를 냈습니다.

그러던 어느 날, ‘앙꼬가 정말 못된 고양이라서 이런 행동을 하는 걸까?’라는 궁금증이 머리를 스쳤습니다. 그때부터 저는 앙꼬의 행동을 자세히 살펴보기 시작했어요. 앙꼬는 제가 보이지 않으면 울음을 멈추지 않고 저를 찾아다녔고, 잠을 자다가 뭔가에 놀란 듯 소리를 내며 깨는 일도 잦았습니다. 앙꼬는 누비를 괴롭히거나 저를 따라다니는 것이 아니면, 먹는 것에도 노는 것에도 그다지 관심이 없었습니다.

앙꼬를 이해하기 위해서, 그리고 앙꼬와 모찌로 인해 엉망이 된 우리 집 고양이들의 관계를 개선하기 위해서 전 고양이에 대해 공부하기 시작했어요. 그렇게 시간이 흐르고 저는 고양이 행동 컨설턴트가 되었습니다.

우리는 고양이와 함께 살면서 그들에 대해 이미 많은 것을 알고 있습니다. 그리고 동시에 많은 것을 오해하고 있기도 합니다. 저는 이 책을 통해서 고양이의 온갖 문제점을 이야기하게 될 거예요. 그런데 제가 이야기하는 수많은 문제점을 모든 고양이가 가지고 있지는 않습니다. 그런데도 우리의 잘못된 인식은 언제든지 고양이를 '못된 고양이'로 단정짓게 할 수 있습니다. 제가 앙꼬에게 했던 것처럼 말이지요. 고양이와 사람은 다른 언어, 다른 습성을 가지고 있기 때문에 서로를 쉽게 오해할 수 있습니다. 심지어 고양이가 가진 습성에서 나오는 자연스러운 행동을 이해하지 못해서 이를 우리 고양이의 문제 행동으로 간주하기도 합니다. 고양이에 대한 제대로 된 이해가 없다면 고양이와 함께하는 삶은 마냥 행복할 수 없습니다. 자신을 이해하지 못하고 문제 고양이로 여기는 집사님으로 인해 고양이 역시 행복할 수 없을 겁니다.

사랑하는 고양이를 위해 모든 걸 해 주고 싶어도 그 방법을 제대로 알지 못한다면, 수많은 소통의 어긋남을 경험하게 됩니다. 그리고 그 실수를 통해 서서히 상대방을 더 잘 이해하는 답을 찾아가지요. 우리가 흔히 겪을 수 있는 그 실수를 줄여나갈 수 있도록, 이 책을 통해 고양이에 대해 깊이 있게 이야기해 보려 합니다. 고양이의 행동을 이해하면 그들이 느끼는 감정이 결코 우리와 다르지 않음을 알 수 있습니다.

고양이와 함께 행복할 방법은 아주 간단합니다. 우리 집 고양이는 무슨 재미로 살까를 항상 생각하는 것입니다. 그런데 그 재미라는 것이 먹는 재미나, 보호자님을 스토커처럼 따라다니며 야옹거리는 것만이 전부여서는 안 됩니다. 고양이가 움직이고 활동하고 호기심을 갖고 탐색할 것들을 마련해 주어야 합니다. 강아지에게 산책이 필수이듯, 고양이에게도 사냥놀이가 하루 일과에 반드시 포함되어야 합니다. 늦은 시간 귀가해서 지친 몸을 소파에 뉜 채 TV를 보며 쉬고 있는 보호자님에게 조그만 머리를 부비며 애교를 부리는 고양이를 몇 번 쓰다듬어 주는 것만으로 할 만큼 했다고 생각하지 말아 주세요. 지금 TV를 보는 집사님의 곁에서 재롱을 피우는 사랑스러운 고양이는 집사님이 없는 집에서 온종일 이 시간만을 기다리며 하루를 견뎌낸 아이입니다. 이러한 고양이에게 사는 낙을 만들어 주세요. 고양이의 하루에 재

미있는 자극을 만들어 주세요. 고양이를 키운다는 것은 그 아이를 보호자님의 집에 머물도록 허락하는 것이 아니라, 같이 살아가며 함께하는 기억을 만들어 가는 여정입니다. 사랑스러운 고양이를 껴안고, 쓰다듬고, 함께 놀아 주면서 행복한 시간을 가지세요. 아이에게 집사님의 진심을 전해 주세요.

우리 집 싸움꾼이었던 앙꼬는 지금 어떻게 되었을까요?

앙꼬는 우리 집에서 동거묘들에게 가장 인기 있는 고양이가 되었습니다. 움직이지도 않고 울기만 하던 앙꼬는 현재 깃털 장난감이라면 자다가도 일어나는 고양이가 되었고, 동생들을 돌봐 주고 보듬는 착한 고양이가 되었습니다. 아니 앙꼬는 착해진 것이 아니라, 원래 착한 고양이였습니다. 단지 버려진 마음의 상처를 치유할 시간이 필요했던 것이지요. 그때 제가 앙꼬를 이해하려고 하지 않았다면, 저는 앙꼬의 진짜 모습을 만날 수 없었을 것입니다.

차례

고양이 심리 들여다보기 STEP ❷

고양이와 함께하는 일상

고양이 심리 들여다보기 STEP ❸

고양이 행동 수정

고양이 심리 들여다보기 STEP ❹

고양이의 건강한 소통을 위하여

고양이 심리 들여다보기

STEP 1

우리의 눈으로 바라본 고양이

1
고양이의 심리를 파악하는 첫 시작

"신은 인간에게 호랑이를 쓰다듬는 즐거움을 주기 위해
고양이를 만들었습니다."

– 빅토르 위고

고양이는 강아지와 비교해 낯선 환경과 돌발 상황에 예민하게 반응하는 동물로 알려져 있습니다. 그 이유는 무엇일까요? 우선 고양이라는 동물이 가진 기본 습성의 근원을 찾아볼 필요가 있습니다. 고양이는 혼자서 사냥을 하는 육식 동물입니다. 무리 지어 생활하지 않고 홀로 사냥하는 고양이에게 사냥 실패란 생계와 자신의 안전에 직결되는 문제이지요. 그래서 사냥의 성공률을 높일 수 있는 신체 조건과 습성을 발전시켜 나갔고, 그 결과 고양이는 소리 없이 걷고 가뿐하게 점프를 합니다. 그리고 공기의 변화, 바람의 방향, 사냥감의 소리를 비롯한 주위의 작은 소리를 감지할 수 있는 아주 예민한 청력을 가지게 되었어요. 이렇듯 혼자 하는 사냥에 최적화된 고양이에게 예민함과 조심스러움은 본능일 수밖에 없습니다.

고양이 신체의 비밀

눈

고양이의 눈동자는 세로로 갈라진 독특한 모양의 조리개를 가지고 있습니다. 마치 카메라처럼 빛의 밝기에 따라 정교하고 빠르게 열리고 닫히기에 유용한 구조이지요. 그뿐만 아니라 고양이의 타원형 눈 모양과 큰 각막, 눈 뒤쪽의 터피텀(tapetum)이라는 반사층은 더 많은 빛을 모을 수 있게 합니다. 이 반사층은 고양이가 볼 수 있는 빛의 파장을 변화시켜서, 저녁 무렵 사냥을 할 때 움직이는 사냥감이나 다른 물체를 더 두드러지게 보이도록 합니다. 이 때문에 고양이의 동체시력은 월등합니다. 그리고 막대세포(rod cells)의 수가 사람보다 6~8배가량 많아서 야간 시력은 더 우수하지만, 사람과 비교해 다양한 색을 선명하게 구분하지는 못합니다.

고양이는 약 200° 정도의 넓은 화각을 가지고 있으나 눈이 너무 커서, 눈 렌즈의 모양을 바꾸는 데 필요한 근육이 부족합니다. 그래서 가까이에서는 물체를 구별하기 힘들고, 거리가 어느 정도 떨어져 있어야 합니다. 이러한 이유로 고양이는 사람이 손에 간식을 놓고 너무 가까이 주면 잘 못 먹는 행동을 보이며, 아주 가까운 거리에 놓인 작은 음식은 냄새로 찾습니다.

동공 모양 변화로 고양이의 감정도 파악할 수 있습니다. 고양이는 편안한 상태일 때 동공의 수직 형태가 적정한 크기로 열려 있습니다. 그러나 긴장하거나 흥분할 때는 동공이 활짝 열리게 되어 눈을 동그랗게 뜨는 모습이 되지요. 이와 반대로 나른하거나 귀찮은 상황에서는 동공의 모양이 가늘게 좁아진 형태를 보입니다.

코

최근 연구자료들에 의하면 고양이는 평균 2억 개 정도의 후각 수용체를 가지고 있다고 해요. 한 연구에 따르면 고양이가 다양한 종류의 냄새를 구별하는 능력이 강아지와 비교해 현저하게 우수하다는 것이 밝혀졌습니다. 포유류의 코에는 3가지 종류의 향기 수용체 단백질이 있는데, 그중 하나가 V1R 단백질 수용체입니다. 이 V1R을 통해 포유류는 한 가지 향을 다른 향과 분리하는 능력을 갖게 됩니다. 강아지는 V1R 단백질의 9개의 변형체를, 그리고 인간은 2개의 변형체를 가지고 있는데, 고양이는 무려 30개를 가지고 있음이 밝혀진 것이지요. 강아지와 달리 고양이는 사료에 약을 타서 먹이는 것이 굉장히 힘든 동물인데, 그 이유를 여기에서 찾을 수 있습니다. 또 낯선 냄새, 낯선 소리 등 영역 안에서 새로운 것이 발생했을 때 바로 알아차리는 영역 동물인 고양이의 특성도 떠올릴 수 있습니다.

그리고 앞서 말한 대로 고양이는 혀에 맛 수용체가 많이 없기 때문에, 고양이의 식욕을 자극하는 것은 맛이 아니라 바로 냄새입니다.

귀

고양이의 청각은 대다수의 강아지보다 좋습니다. 일반적으로 개보다 훨씬 더 높은 주파수를 들을 수 있는데, 약 10만 헤르츠의 높은 주파수까지도 들을 수 있다고 해요. 또 소리의 작은 차이를 감지하는 능력도 우수해서 실제로 야생에서 어미 고양이는 새끼가 멀리 떨어져 소리를 내거나, 아파서 희미하게 고통 소리를 내는 것도 알아들을 수 있습니다. 실내 고양이와 생활하다 보면 냥이가 간식이 있는 수납장 문을 열 때와 다른 그릇이 있는 수납장 문을 열 때의 차이를 감지하는 것을 관찰할 수 있을 거예요.

고양이 중에는 선천적으로 난청이 있는 경우가 있습니다. 특히 흰 털을 형성하는 유전자와 파란 눈을 결정하는 유전자가 만나면 난청을 일으킬 확률이 높아집니다. 그리고 한 쪽 눈만 파란 오드아이의 흰색 고양이 역시 파란 눈을 가진 쪽 귀가 난청이 될 확률이 높아요. 발생률이 높다는 것이지, 모든 파란 눈을 가진 흰색 고양이가 난청으로 태어난다는 것은 아닙니다.

인간의 귀는 6개의 근육을 가지고 있지만 고양이의 귀는 32개의 근육으로 제어되며, 180° 회전도 가능합니다. 따라서 소리에 예민한 고양이는 작은 소리가 나는 곳으로 쉴 새 없이 귀를 쫑긋거립니다. 심지어 자고 있을 때도 소리가 나는 방향으로 귀를 움직이지요. 고양이는 긴장하거나 집중해야 할 때 귀를 양옆으로 돌려 더욱 쫑긋하게 만듭니다. 그리고 두려운 상황에서는 귀를 납작하게 만들어 경계심을 표현해요. 화가 난 상황에서는 귀가 더욱 납작하게 접혀 있고, 귀 끝이 뒤쪽으로 잔뜩 쏠려 있습니다.

◑ 수염

고양이는 일반적으로 24개의 수염을 가지고 있으며, 어떤 고양이는 좀 더 많은 수의 수염을 가지고 있기도 합니다. 수염은 보통 고양이의 얼굴을 포함한 정면 넓이만큼 넓어서 어딘가를 통과할 때 개구부가 얼마나 넓은지, 잘 들어갈 수 있는지 알아낼 수 있지요.

감각모(vibrissae)라 불리는 몇 개의 털은 길이가 수염보다는 짧고 일반 털보다는 깁니다. 감각모는 뺨 위, 눈 위 그리고 앞다리 뒤쪽에 나 있어요. 고양이는 이 감각모를 또 하나의 눈처럼 이용하여 더욱 민첩하게 움직일 수 있게 됩니다. 감각모를 포함한 고양이의 수염은 주변 공기의 흐름, 습도의 변화까지도 감지합니다. 그래서 눈이 보이지 않는 고양이도 익숙한 장소에서는 마치 앞이 보이는 것처럼 자유롭게 캣타워를 오르고 돌아다닐 수 있어요.

고양이 수염은 일반적인 모피보다 피부 깊숙이 자리 잡고 있습니다. 그리고 수염이 난 곳에 신경과 혈액이 맞닿아 있지요. 또한 수염 팁 부분에는 대상과의 거리, 방향 및 표면 질감을 파악하는 데 도움이 되는 고유 수용체라는 감각 기관이 분포되어 있습니다.

수염이 펼쳐진 방향이나 형태로 우리는 고양이의 감정을 읽을 수 있습니다. 편안한 감정일 때의 고양이는 입가의 수염이 적당히 펴진 형태로 아래로 살짝 내려간 상태를 유지합니다. 뭔가에 집중할 때 수염은 살짝 뒤편으로 몰리며 편할 때의 상태보다 더 아래로 내려갑니다. 고양이가 음식 냄새를 맡을 때도 이러한 형태의 수염을 관찰할 수 있어요. 긴장했거나 경계심을 느낄 때의 수염은 더욱 팽팽하게 뒤쪽으로 당겨진 형태를 보입니다. 집사님이 처음 보는 물건을 고양이 앞으로 들이밀었을 때, 살짝 몸을 뒤로 빼면서 이러한 모양의 수염을 만드는 것을 볼 수 있습니다. 그러다 불편한 심리가 커져서 화가 나기 직전이거나 으르렁 소리를 내고 있을 때의 수염은 뒤쪽이 아닌 앞쪽을 향하고, 흥분하거나 화가 난 상태에서의 수염은 레이더처럼 활짝 펼쳐져서 앞으로 힘 있게 뻗친 형태를 보여요. 바로 고양이가 하악질 할 때의 수염 형태입니다.

혓바닥

사람은 9,000여 개, 강아지는 1,700여 개의 미뢰를 가지고 있는 것에 비해, 고양이는 고작 473개 정도의 미뢰가 혀끝 부분에 분포되어 있습니다. 즉, 고양이는 느낄 수 있는 맛의 종류가 사람이나 개보다 훨씬 적은 것이지요. 고양이는 단맛도 느낄 수가 없어요. 이러한 이유로 익숙한 맛의 음식만 먹으려는 경향이 강하고, 자칫 편식이 심한 고양이가 되기도 쉽습니다.

많은 분이 알고 있듯이, 고양이의 혓바닥은 매끄럽지 않고 수많은 갈고리와 같은 돌기로 이루어져 있습니다. 혓바닥의 갈기 모양 돌기는 한 방향으로 형성되어 있기 때문에 브러쉬처럼 털을 그루밍하는 데 유용하지만, 입 안으로 들어간 털이나 실 등을 바깥으로 뱉어 낼 수 없다는 단점이 있습니다. 그래서 체내에 삼킨 털이 많아지면 헤어볼로 축적된 털을 바깥으로 배출하게 됩니다. 이 털 뭉치를 몸 밖으로 토해 내지 않으면 더 위험한 상황이 생길 수 있기 때문에, 고양이는 자연스럽게 헤어볼을 토해 낼 수 있는 능력을 겸비하게 된 것이지요. 그러나 헤어볼을 토해 내는 빈도가 잦아진다면 건강에 무리가 갈 수 있습니다. 평소 고양이를 자주 빗질해서 죽은 털을 골라내 주면, 자기 몸을 그루밍(고양이가 자신의 몸을 혀로 핥아 내리는 행동)할 때 많은 양의 털을 삼키지 않도록 할 수 있습니다.

이빨

고양이는 생후 한 달 정도가 되면서 유치가 나기 시작하며, 유치의 수는 총 26개입니다. 이 유치는 5개월쯤 되면서 영구치로 교체되는데, 이때의 이빨 개수는 30개입니다.

고양이는 뾰족한 이빨로 사냥감의 뼈와 근육을 절단하여 먹기 좋은 크기로 자른 후, 까슬한 혓바닥으로 고기를 찢어 가며 고깃덩어리 전체를 삼켜 먹는 육식 동물입니다. 이 습성으로 인해 고양이는 어금니가 발달해 있지 않아요. 그렇기 때문에 알갱이가 큰 사료는 어금니가 발달하지 않은 고양이에게 씹는 부담이 크고, 작은 알갱이의 사료는 그냥 삼키게 되어 소화 흡수에 차질이 생길 수 있습니다. 이러한 고양이의 구강 구조상 생식이나 습식을 급여하는 것이 좋습니다.

발바닥

말랑말랑하고 매끄러운 고양이의 발바닥은 강아지와 비교해 보면, 발바닥 부분의 패드가 좁은 구조로 되어 있습니다. 그래서 고양이의 걸음걸이를 자세히 관찰하면, 걸을 때 발끝으로 힘을 주고 걷는다는 것을 알 수 있지요.

고양이의 발바닥은 일상적으로 걷거나 점프할 때 발생하는 충격 흡수 외에 다른 용도로도 사용됩니다. 특히 앞발은 사람의 손처럼 잡은 사물을 감지하는 감각 도구의 역할을 합니다. 고양이의 발바닥에는 수많은 신경 수용체가 분포하고 있어 미세한 질감의 차이와 압력, 온도, 진동, 그리고 고통 등을 느낄 수 있고, 발바닥으로 땀을 흘리면서 몸이 과열되는 것을 예방할 수 있어요. 또 고양이는 발가락 사이에서도 페로몬을 분비하기 때문에, 스크래칭을 하는 행위로 기둥이나 주위에 페로몬 냄새를 묻혀 다른 냥이에게 자신의 정보를 전달할 수도 있습니다.

발톱

'캣워크'라는 말을 탄생시킨 고양이의 조용한 걸음걸이의 비밀은 바로 힘을 주지 않을 때는 발가락 안에 발톱이 숨어 있다는 것입니다. 냥이를 키우다 보면 스크래쳐 주변에서 무수히 많은 발톱 부스러기들을 발견할 수 있어요. 이 부스러기들은 발톱 껍질처럼 보이기도 하는데, 이는 고양이의 발톱이 머리카락과 같은 단백질로 이루어져 있어서 각질로 벗겨지기 때문입니다. 그래서 수시로 스크래칭 행위를 통해 죽은 발톱의 각질을 벗겨 내고, 꼼꼼한 냥이의 경우 그루밍을 하면서 이빨로 발톱 각질을 벗겨 내기도 해요. 이렇게 죽은 각질을 벗겨 내면서 발톱은 새로 자라게 됩니다.

예민한 성격을 가진 고양이를 반려하는 보호자는 아이의 발톱 깎기에 고초를 겪기도 합니다. 고양이의 발톱은 예리한 칼처럼 조금만 스쳐도 상처를 내기 쉬워서, 어떤 보호자는 고양이의 발톱 제거 수술을 고려하기도 합니다. 그러나 발톱 제거 수술은 우리가 생각하는 것처럼 발톱 부분만 깔끔하게 제거하는 간단한 수술이 아니에요. 고양이의 발톱은 뼈에 바로 연결되어 있는데, 평소에는 발가락 사이에 숨어 있다가 필요할 때 발에 힘을 주면 바깥으로 나오는 구조로 되어 있습니다. 그렇기 때문에 발톱 제거 수술을 하게 되면 발가락뼈의 한 마디를 인대와 함께 절단해야 합니다. 앞서 말했듯이 고양이의 발가락은 걸음걸이에 큰 역할을 하는 신체의 한 부분인데, 이렇게 중요한 발가락 끝부분에 뼈가 없어진다면 당연히 걸음은 부자연스러워지고, 균형 감각에도 영향을 줄 수 있습니다.

고양이의 발톱 제거 수술 후에 생기는 부작용에 대한 연구들에 따르면, 수술 후 걸을 때 균형 감각이 불완전해지거나 고통을 느끼는 것 이외에 허리 통증을 호소하는 사례도 발견되고 있습니다. 또 발톱을 제거하면 고양이의 자연스러운 스트레스

발가락 사이에서 페로몬을 분비하는 고양이는
스크래칭으로 페로몬 냄새를 주위에 묻혀
자신을 알려요.

고양이가 조용하게 걸을 수 있는 이유는
힘을 주지 않으면 발가락 안에
발톱을 숨길 수 있기 때문이에요.

해소 행동인 스크래칭을 할 수 없게 되지요. 그래서 발톱 제거 수술을 받은 고양이에게 소변 테러, 동거묘에 대한 공격성, 무는 행동, 오버그루밍 등의 또 다른 문제 행동이 생기는 사례도 있습니다.

PLUS

발톱 제거 수술이 필요한 고양이에 대해 조금 더 깊이 생각해 볼게요.

발톱 수술을 받으려는 아이는 평소 성격이 많이 예민하기 때문에 수술을 고려하게 됩니다. 그런데 아이의 성격이 이렇게 예민해지게 된 환경적인 부분이나 집사님의 양육 방법에 대한 개선이 없는 상태에서 발톱과 발가락뼈 하나를 잃어버린 아이는 어떻게 행동할까요? 발톱과 발가락뼈를 잘라낸다고 해서 예민하던 아이의 공격성이 사라지지는 않습니다. 공격성이 근본적으로 해결되지 않은 상태에서 무기를 빼앗긴 아이는 또 다른 무기를 찾아내게 될 거예요.

고양이의 음성 언어

일부 동물학자들은 고양이가 약 100여 가지의 소리 언어를 가지고 있다고 주장합니다. 우리가 들을 때는 그저 다 같은 야옹으로 들리지만 고양이는 사람을 부를 때, 동료를 부를 때 등 상황에 따라 각기 다른 야옹 소리를 내고 있어요.

일반적으로 아기 고양이는 약 9가지의 발성음을 가지고 있고, 성묘는 16개 정도의 발성음을 가지는 것으로 알려져 있습니다. 그뿐만 아니라 실내 고양이와 야생 고양이도 발성에 차이가 있습니다. 이는 사람과의 관계가 고양이의 음성 언어에 영향을 준다는 사실을 알려 주는 것입니다.

기분 좋을 때 내는 소리

야옹

일반적으로 고양이가 내는 간결하고 경쾌한 야옹 소리는 특정한 대상을 콕 집어서 부르는 행동이에요. 특히나 고양이는 이 울음소리를 오직 우리 사람만을 위해서 사용합니다. 서로를 부를 때의 소리는 사람을 부를 때의 소리와는 다르기 때문이지요. 또한 집사(고양이의 보호자를 칭함)님을 부를 때 내는 야옹 소리도 그 발성과 톤에 개묘차가 있습니다. 우리가 흔히 "야옹"이라고 표현하는 방식으로 우는 아이가 많지만, 가령 "캭" 등의 배에 힘을 준 짧고 작은 소리를 내기도 하고, "앙"이라고 우는 고양이도 있어요. 그리고 집사님을 부르는 야옹 소리는 그 길이와 반복 정도에 따라 집사님에게 요구하는 관심이 다른 것으로 생각할 수 있습니다.

소리 없는 야옹

어떤 고양이는 집사님을 부를 때 소리를 내지 않고 입만 뻥긋하는 야옹을 합니다. 사실 이 소리 없는 야옹은 우리가 그 소리를 듣지 못할 뿐이지, 고양이는 들을 수 있는 주파수의 소리입니다. 이러한 행동을 하는 냥이는 기분이 좋고 평화로운 상태라고 볼 수 있어요.

짧은 야옹

고양이가 집사님과 저만치에서 눈이 마주쳤을 때 짧게 야옹을 해 준다면, 이것은 "안녕?"이라고 인사를 건네며 관심을 구하는 행동입니다. 이렇게 야옹을 할 때 눈도 깜빡거리며 눈인사를 함께하는 아이들도 많아요. 이때 집사님이 아이에게 가까이 다가가면 야옹 소리는 조금 더 길어지고 반복되면서, 자신의 얼굴이나 몸을 집사님에게 비비는 행동을 시작합니다. 집사님에게 호감은 있지만 손은 잘 안 타는 아이라면, 이렇게 야옹 인사를 건네고 집사님의 관심을 구하면서도 정작 다가가면 다른 데로 도망가기도 합니다. 그리고 그곳에서 다시 야옹거리며 짧게 인사를 건네지요. 이 행동을 보이는 아이는 집사님에게 호감은 있지만, 아직 적정 거리가 필요한 조심스러운 성격이라고 할 수 있습니다.

골골송(갸르릉·그르렁)

고양이가 기분 좋을 때 내는 갸르릉 소리를 우리는 '골골송'이라고 부릅니다. 골골송은 고양이가 숨을 쉬면서 내는 소리입니다. 소리를 낼 때 숨을 멈춰야만 하는 다른 음성 언어들과 달리, 골골송은 숨쉬기를 방해하지 않아 고양이가 원한다면 계속 낼 수 있지요. 고양이가 어떻게 갸르릉 소리를 내는지는 아직 확실히 밝혀지지 않았습니다. 가장 유력한 주장에 따르면, 고양이는 뇌에 후두 근육으로 연결되는 배선을 가지고 있으며, 이 배선이 근육을 진동시키고 후두를 통과하는 공기 밸브 역할을 하며 소리를 내는 것으로 설명하고 있습니다. 고양이가 골골송을 부를 때의 상황을 관찰해 보면, 신이 날 때가 아니라 기분이 좋고 평화로울 때 내는 소리라는 것을 알 수 있습니다. 보통은 집사님이 부드럽게 아이를 쓰다듬어 줄 때, 혹은 아이가 집사님의 가슴팍이나 무릎 위에 앉아 있을 때 갸르릉 소리를 내지요. 또는 친한 고양이에게 그루밍을 받으면서 그르렁 소리를 내기도 합니다. 냥이가 행복해한다는 것을 알려 주는 가장 대표적인 특징이 골골송이기 때문에, 키우고 있는 아이가 어느 순간부터인가 골골송을 부르지 않게 되면 집사님들은 걱정하기도 하지요.

그런데 이와는 다른 이유로도 골골송을 부릅니다. 고양이는 신체적 질병 등으로 고통이 느껴질 때도 갸르릉 소리를 냅니다. 이때는 대체로 주위에 아무도 없고 보호자와 눈이 마주치거나 손길이 닿지도 않았는데 혼자서 눈을 감고 갸르릉 소리를 낸다는 특징을 가지고 있어요. 냥이가 이렇게 혼자 골골송을 부르는 모습이 자주 목격된다면, 아픈 곳은 없는지 확인해 볼 필요가 있습니다. 골골송은 듣는 사람뿐 아니라 소리를 내는 고양이 스스로에게도 안정감을 줍니다. 그래서 불안하거나 심하게 긴장한 상황에서 갸르릉 소리를 내며 자신을 안정시키기 위한 노력을 하는 경우가 있어요. 심지어 싸움을 하고 나서 저만치 도망간 고양이가 자신의 몸을 그루밍하고 나서 혼자 식빵을 굽고 앉아(고양이가 웅크려 앉아 있는 자세) 나직이 그르렁거리기도 합니다. 때로는 혼나고 있는 아이가 집사님의 야단치기가 길어지면 눈을 제대로 마주치지도 못한 채 그르렁 소리를 내기도 하고, 병원에 입원한 고양이가 케이지에 웅크려 앉아 그르렁 소리를 내기도 하며, 무지개다리를 건너기 직전에도 갸르릉 소리를 내는 경우가 있습니다.

고양이는 다양한 음성 언어를
가지고 있습니다.

우리에게는 그저 다 같은
야옹으로 들리지만
상황에 따라 다른 소리를
내고 있어요.

트릴링(옹알이·웅웅·꾸루룩)

때때로 고양이는 흥미로운 뭔가에 열중했을 때, 혹은 재미있는 것을 발견했을 때 "웅웅" 소리를 내기도 하고, 새소리를 닮은 "꾸루룩 꾸루룩" 소리를 내기도 합니다. 이 꾸루룩 소리는 고양이의 야옹 소리가 갸르릉과 섞인 듯이 들립니다. 이런 소리를 낼 때는 신나게 놀고 있는 것이 아니라, 뭔가 흥미 있는 대상에 접근하거나 그것을 만지고 있을 때가 많아요. 그리고 흥미를 가지고 있는 그 대상이 자기 뜻대로 되지 않는 상태에서도 나타납니다. 또 약간의 긴장감이나 낯설음을 느끼는 상대에게 이런 소리를 내기도 합니다.

트릴링을 하는 고양이는 불만족으로 인한 좌절감이나 스트레스를 느끼는 것이 아니라, 호기심이 충만한 상태에서 탐구욕이 증가한 것이라 볼 수 있습니다. 특히 활발한 아이일수록 소리를 내면서 대상에 접근하는 모습이 자주 목격되지요.

갸르릉이 섞인 야옹

어떤 고양이는 굉장히 기분이 좋을 때 갸르릉 소리에 야옹이 섞여 리듬과 높낮이를 가지고 있는 소리를 내기도 합니다. 갸르릉 소리를 낼 때 냥이는 집사님에게 얼굴이나 온몸을 비비고, 정신없이 핥아 주기도 하고, 꼬리를 파르르 떨며 기분 좋음을 알리기도 합니다. 예를 들어, 간식이 나오는 게 확실해졌을 때나 집사님과 스킨십을 하면서 이 소리를 내지요. 또 어린 아기 고양이나 길냥이가 맛있는 음식을 먹을 때, 기분이 굉장히 좋을 때 갸르릉과 야옹을 섞어 소리 내는 것이 아주 극대화된 형태의 소리를 들을 수 있습니다.

채터링

채터링은 떨리는 염소 소리, 혹은 떨리는 새소리와 같은 고양이의 울음소리를 말합니다. 채터링을 할 때 냥이의 입을 보면, 턱을 떨면서 마치 이빨이 부딪치는 듯한 "딱딱" 혹은 "꺅꺅" 소리를 냅니다. 채터링을 하는 냥이도 있고 그렇지 않은 냥이도 있기 때문에, 의외로 채터링을 들어 본 적이 없는 집사님도 많이 있습니다. 보통 고양이는 창밖 가까운 곳에 새가 앉아 있거나 벌레가 앉아 있을 때 채터링을 해요. 어떤 학자는 눈에 보이는 사냥감을 잡지 못하는 고양이의 좌절감에서 비롯되어 내는 소리라고도 하고, 어떤 학자는 고양이가 사냥감인 새의 소리를 비슷하게 흉내 내며 사냥감을 유인하는 소리라고 추측하기도 합니다. 가장 확실한 것은 고양이가 창밖에 있어 잡을 수 없는 새, 영상 속 새나 쥐, 그리고 높은 나무에 앉아 있어 잡을 수 없는 새 등을 발견했을 때, 즉 흥미를 끄는 대상이 눈앞에 있는데 그곳에 닿을 수 없는 상황에서 이런 소리를 내는 경우가 많다는 것이에요. 아주 드물지만 공격을 가하는 고양이가 방묘문을 사이에 두고 상대를 향해 채터링을 하는 상황도 있습니다.

기분이 언짢을 때 내는 소리

으르렁

고양이는 낯선 상대가 자신에게 가까이 다가올 때, 으르렁거리거나 낮게 우웅 소리를 냅니다. 이럴 때 고양이의 귀는 납작하게 접혀 있고, 몸은 최대한 웅크리고, 수염은 뒤쪽으로 당겨져 있습니다. 그리고 꼬리를 다리 사이로 집어넣고 있을 때가 많아요. 강한 경계심을 보이는 상황에서 상대에게 가까이 오지 말고 거리를 두라는 경고의 의미로 으르렁 소리를 냅니다. 즉, 고양이의 으르렁은 불편한 상대와의 대치

고양이는 낯선 상대가 자신에게 가까이 다가올 때
으르렁거리거나 낮게 우웅 소리를 내고,
강하게 경고하거나 화가 나고 놀랐을 때는
입을 크게 벌리고 이빨을 드러내며 하악질을 합니다.

상황에서 주로 발생하는 것이지요. 사이가 나쁜 냥이들을 보면 주로 괴롭힘을 당하는 냥이가 으르렁 소리나 우웅 소리로 상대에게 가까이 오지 말라는 경고를 하고, 상대가 동작을 멈추면 그때 탈출을 시도합니다. 특히 합사 초기에 으르렁대면서 상대방을 공격하는 고양이도 있습니다. 으르렁은 "여기 오지 마. 가까이 오지 마."를 표현하는 음성 언어이기 때문이지요. 그런데 보통 체력적으로 밀리는 고양이가 으르렁이나 우웅 소리를 냅니다. 체력적으로 우월한 고양이는 아무 소리도 내지 않고 노려보거나, 낮고 서늘한 야옹 소리를 내거나, 평소 발성에 따라 날카롭고 카랑카랑한 야옹 소리를 길게 반복하기도 합니다.

하악질

우리는 종종 고양이가 상대방을 향해 입을 크게 벌리고 이빨을 드러내며 "하악" 소리를 길게 내는 것을 볼 수 있습니다. 많은 사람에게 하악질은 공격적인 고양이의 상징처럼 여겨지고는 합니다. 그러나 하악질을 자주 하는 고양이는 대부분 까칠하고 경계심이 많은 아이입니다. 왜냐하면 자신들이 취약한 상태에 놓여 있다고 생각될 때 내는 소리가 바로 하악질이기 때문이에요.

하악질은 으르렁과 연결지어 생각하면 이해가 더 쉽습니다. 고양이들은 싸움을 할 때 으르렁이 먼저 시작되고, 그다음에 하악질을 합니다. 으르렁은 상대방과의 싸움을 감지했을 때 다가오지 말라고 하는 경고입니다. 이 경고를 상대방이 무시하면 궁지에 몰리게 되고, 두려움이 더욱 커지면 상대방을 향해 이빨을 드러내며 하악질을 하는 것이지요. 이때 두려움의 강도에 따라 연달아 하악질을 하기도 하고, 하악질을 하며 침을 뱉는 행동을 같이하기도 합니다.

함께 사는 냥이가 자신을 귀찮게 했을 때 짜증난 냥이가 하악질을 하며 자리를 피하거나, 하악질과 동시에 앞발로 펀치를 날려 짜증나고 화난 감정을 표현하기도 합니다. 이외에도 예기치 못한 상황에서 깜짝 놀랐을 때도 하악질을 합니다. 가령, 갑자기 자기를 덮친 다른 고양이에게 하악질을 하며 따끔하게 경고를 하기도 하고, 침대나 캣타워에서 자다가 떨어져서 화들짝 놀라며 하악질을 하는 모습도 볼 수 있어요.

길게 반복하는 큰 울음소리

성묘 중에 중성화를 했는데도 특정 상황에서 독특하고 큰 울음소리를 내는 아이가 있습니다. 고양이가 큰 소리를 낸다는 것은 자신의 위치를 알리는 목적을 가지고 있습니다. 이렇게 큰 울음소리를 내는 것은 발정기, 구조 요청, 통증 호소, 낯선 장소에서의 불안감 표출 등 자신의 위치를 알려야 하는 상황에 놓였을 때인 것이지요. 특히 상대의 모습을 제대로 확인할 수 없는 상황에서 상대의 위치를 파악하고자 할 때 큰 울음소리를 주고받습니다.

발정의 울음소리

발정기 암컷 고양이의 울음소리는 간혹 사람 아기의 울음소리를 연상시키고, 어딘가 음산한 느낌이 들게 하기도 합니다. 수컷 고양이 역시 발정기 때 독특한 울음소리를 내는데, 수컷 고양이는 굵고 옹알거리는 듯한 큰 소리를 냅니다. 그리고 주변에 교배할 수 있는 이성이 없을 때 울음소리는 더 커지고 강화되지요. 그렇지만 발정 울음소리는 중성화를 하면 사라집니다.

무료할 때 내는 소리

어떤 냥이는 혼자 놀 때 공이나 쥐돌이를 물고 다니며 큰 울음소리를 내기도 하고, 어떤 냥이는 혼자 돌아다니면서 큰 울음소리를 내기도 합니다. 이럴 때는 특정 상대와의 소통을 목적으로 하는 것이 아니라, 자신의 무료함을 불특정 다수에게 소리로 알리는 것입니다. 일명 낚시질로 볼 수 있는데, 고양이의 이런 낚시에 가장 많이 걸리는 것은 당연히 집사님들입니다. 냥이가 이러고 돌아다니면 집사님은 으레 "우리 애기 왜? 심심해?" 하면서 반응을 하기 때문이지요. 그리고 실제로 심하게 우는 문제 행동을 가지고 있는 고양이는 문제 행동 초기에 직접적으로 보호자를 부르며 야옹거리는 상황보다, 이렇게 혼자 우는 상황에서 집사님이 대답해 주기 시작하면서 그 울음소리가 강화된 경우가 많습니다. 이런 울음소리를 내며 정처 없이 걸어 다니고 있는 냥이의 심리는 '나 지금 심심한데 뭐 하나만 걸려라.'라는 것임을 꼭 기억하세요.

✛ 구조 요청의 소리

고양이에게 관심이 있는 분이라면 도움을 청하는 고양이의 야옹 소리를 느낌으로 구분하기도 하는데, 구조 요청을 하는 고양이의 울음소리는 일반적으로 듣기에도 다급하고 높고 큰 소리입니다. 얼핏 들었을 때 아기 고양이가 엄마를 부르는 소리와 유사할 수 있지만, 아기 고양이뿐 아니라 성묘도 도움을 요청할 때 다급한 야옹 소리를 내지요. 고양이의 구조 요청 울음소리는 그 패턴이 짧고 반복적으로 지속된다는 특징이 있습니다.

✛ 아픔을 알리기 위한 소리

통증을 잘 숨기는 고양이의 특성상 아픈 곳을 직접적으로 만졌을 경우 고양이의 대부분은 하악질을 합니다. 그리고 자신이 느끼는 고통을 최대한 피하기 위해서 몸을 웅크리고 잘 움직이려고 하지 않을 거예요. 하지만 견딜 수 없을 만큼의 큰 통증이라면 큰 소리로 울며 고통을 표현하기도 합니다. 가만히 앉아서 우는 고양이도 있지만, 앞에서 설명한 무료함을 느끼는 냥이처럼 정처 없이 걸어 다니면서 우는 경우도 많습니다. 따라서 정처 없이 혼자 거닐면서 우는 행동을 모두 무료함 때문이라고 생각하지 않아야 해요. 심하게 울 때 무엇보다 먼저 확인해야 할 사항은 고양이의 건강 상태입니다.

기선 제압을 위한 소리

주로 공격을 당하는 고양이가 으르렁 소리와 하악질 등으로 상대에게 가까이 다가오지 말라는 경고를 합니다. 그런데 공격하려는 고양이도 상대에게 더욱 겁을 주기 위해 아주 무서운 소리를 내는 경우가 있어요. 또한 먼저 상대를 공격하지 않았어도 기꺼이 싸움에 응하겠다는 신호이기도 합니다. 상대를 공격하려는 고양이 울음소리의 가장 큰 특징은 차갑고 서늘하며, 소리가 길게 이어지면서 반복된다는 것이에요. 그리고 이런 소리를 내는 고양이는 상대방을 똑바로 쳐다보면서 몸을 부풀리기도 하고, 몸통의 털을 뾰족하게 세우고 꼬리를 좌우로 세차게 흔드는 모습을 보입니다.

여기서 공격을 하는 고양이의 행동 패턴을 두 가지로 나눌 수 있습니다. 상대방과 싸웠을 때 이길 것이 뻔하다면, 굳이 협박을 하며 더 겁을 줄 필요가 없지요. 이런 소리를 내며 공격하는 고양이의 상황은 상대가 자신보다 덩치가 크거나 혹은 비슷하거나, 상대의 싸움 실력이 확인되지 않아서 먼저 기선 제압을 해야 할 때입니다. 공격하려는 고양이는 무서운 야옹 소리를 내며 상대방에게 자신이 얼마나 무서운지 보여 줘야 합니다. 그래서 길고양이들의 싸움에서는 처음 만난 두 고양이가 격렬하게 맞붙기 전에, 양측이 팽팽하게 기 싸움의 서늘한 야옹 소리를 주고받는 것을 볼 수 있습니다. 기싸움에서 이겼을 때 상대가 겁을 먹게 되고 싸움에서 질 확률이 높아지는 것이지요. 그리고 이런 협박이 통해 싸움에서 여러 번 이겼다면, 이후에 같은 상대를 공격할 때 더는 이런 울음소리를 낼 필요가 없습니다. 단지 자신이 공

*

*

주로 공격을 당하는 고양이가
으르렁 소리를 내며 하악질을 하고,
공격하는 고양이는 기선 제압을 위해
서늘하고 카랑카랑한 소리를 냅니다.
하지만 상대를 이길 수 있다는 자신이 있을 때
고양이는 소리를 내지 않습니다.

격할 아이를 계속 주시하다가 상대가 겁을 먹고 도망가거나 으르렁거릴 때를 포착해 공격을 가하게 됩니다.

경계의 야옹 소리

고양이는 낯선 냄새가 나는 물체나 상대를 만났을 때 신경질적인 야옹 소리를 내기도 합니다. 경계의 야옹 소리는 선전 포고의 야옹 소리보다 높은음이에요. 으르렁 소리와 카랑카랑한 야옹 소리를 번갈아 내는 듯한 소리를 내면서 살짝 뒷걸음질 치거나 입맛을 쩝쩝 다시는 듯한 행동을 보이기도 합니다. 불안하고 긴장되는 상황이나 불편한 상황에서 고양이는 울음소리로 감정을 표현합니다.

고함 소리

고양이를 키우지 않는 분도 한 번쯤은 한밤중에 밖에서 고양이들이 싸우며 서로 고함을 지르는 울음소리를 들은 경험이 있을 거예요. 고양이는 한창 싸움 중이거나 극도로 흥분한 상태에서 고함을 냅니다. 소리 지르는 것을 가까이서 지켜봤다면 고양이가 무서워질 수도 있어요. 이 소리는 날카로운 마찰음처럼 귀에 박히는 아주 무서운 소리이기 때문이지요. 실제로 동물 병원에 방문한 고양이가 극도로 흥분하여 앞발 펀치를 사정없이 날리고, 앞에 있는 것들을 닥치는 대로 이빨로 물며 이런 울음소리를 내는 것을 종종 들을 수 있습니다.

고양이의 꼬리 언어

고양이가 내는 소리 이외에 그들의 심리적인 정보를 얻을 수 있는 부분이 바로 고양이의 꼬리 모양이에요. 고양이의 꼬리는 균형을 잡고 뛰고 걷고 하는 데 아주 중요한 신체 기관입니다. 이러한 균형의 기능 이외에도, 상황마다 다르게 변화하는 꼬리의 형태를 통해 우리는 고양이의 현재 기분을 파악할 수 있습니다.

하지만 고양이의 심리를 파악하기 위해 동공이나 수염 모양, 꼬리 언어 등에 너무 과도하게 의존하지 않아야 합니다. '심리'라는 것은 단 하나의 감정을 나타내지 않으며, 행동 언어는 성격에 따라 조금씩 다르게 표현되기 때문입니다. 디테일의 함정에 빠지지 말고 전체적인 상황에 참고로 활용하세요.

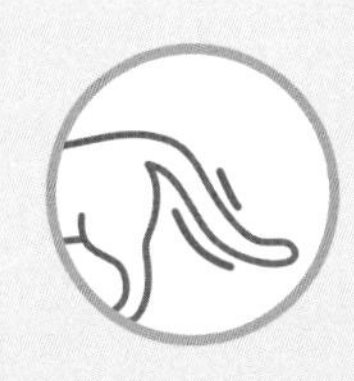

✢ 살짝 내려온 꼬리

고양이는 평소 안정된 상황에서 꼬리를 어느 정도 늘어뜨린 채로 걸어 다닙니다. 이때 꼬리는 축 처져 있는 상태가 아니라 중간에서 살짝 내려온 정도의 높이입니다.

✢ 살랑거리는 꼬리

고양이가 꼬리를 위로 세우고 살랑살랑 흔들면서 걷는 모습은 기분이 좋고 평화로운 심리 상태일 때 관찰됩니다. 친한 동거묘나 집사님에게 기쁘게 올 때 이렇게 유유하게 꼬리를 살랑거리며 다가오지요. 고양이의 꼬리는 걸을 때 균형을 잡아 주는 역할을 하므로, 살랑거리는 꼬리 끝은 어느 한쪽을 향하지 않고 앞뒤나 옆으로 가볍게 위치가 바뀝니다.

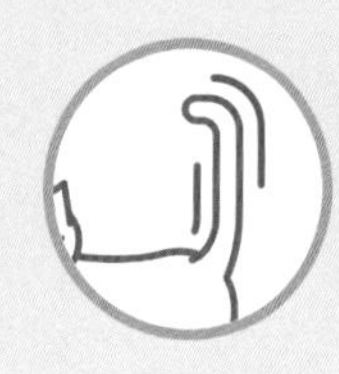

⊹ 꼬리를 세우고 꼬리 끝이 머리로 향할 때

고양이가 꼬리를 세우고 총총 걸어가는 것은 기분이 좋다는 것을 의미하는데, 이는 꼬리가 살랑거릴 때보다 기분이 살짝 더 업된 상태입니다. 동거묘와 재미있게 놀고 있을 때, 경계할 필요가 없는 상황에서 흥미로운 대상에게 다가갈 때, 자신감이 있는 상황일 때 보이는 꼬리의 모양입니다.

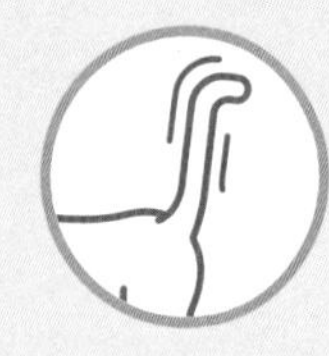

⊹ 꼬리를 세우고 꼬리 끝이 바깥으로 향할 때

서 있는 꼬리 끝이 바깥쪽을 향하는 것은 흥미로운 대상을 발견했지만 어딘가 의심할 여지가 있는 상황에 있는 고양이의 심리를 나타냅니다. 평소 사람들에게 친화적인 아이가 새로운 사람을 만났을 때, 이런 꼬리 모양을 하고 그 사람에게 다가가는 경우가 많아요. 집 안에 새로운 물건을 가져왔을 때, 아이들이 냄새를 맡으러 오기 전에도 이러한 꼬리 모양을 보입니다.

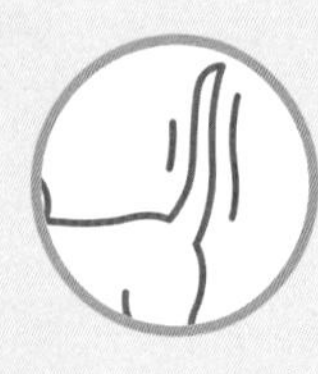

⊹ 꼬리를 파르르 떨 때

반가움을 표시할 때 고양이는 꼬리를 꼿꼿이 세운 채 파르르 떠는 모습을 보입니다. 자신이 좋아하는 대상과 있을 때 꼬리를 파르르 떨면서 다가가 머리나 몸을 비비거나, 좋아하는 대상의 주변을 맴돌며 주위의 기둥에 얼굴을 비비면서 꼬리를 파르르 떨기도 합니다. 또는 벽면에 스프레이를 할 때도 꼬리를 파르르 떠는 행동을 보입니다.

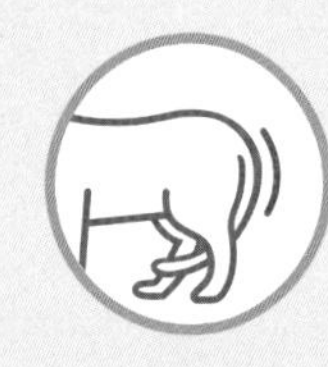

⊹ 잔뜩 내려간 꼬리

고양이가 서 있는 상태에서 봤을 때 꼬리가 아래로 더 내려왔다면, 화가 나기 시작했거나 불편한 감정 상태에 있다는 것을 의미합니다. 상대방이 자신의 심기를 불편하게 하거나, 상대를 혼내 주기 위해 공격하려고 할 때 이런 꼬리 모습을 보이지요. 이 상태에서 꼬리를 낮게 내리고 상대방을 천천히 따라가기도 합니다.

✢ 둥글게 구부린 꼬리

고양이는 방어적인 자세를 취할 때 꼬리를 둥글게 구부려서 아래로 떨어뜨립니다. 싸움이 일어나기 전, 혹은 싸우고 나서 서로 대치하는 경우나, 경계, 두려움, 긴장 상태, 또는 집중해야 하는 상황에서 볼 수 있습니다. 아기 고양이의 경우 싸움이 아니더라도 과한 놀이로 흥분해 이런 꼬리 형태를 하고 상대와 마주하기도 합니다.

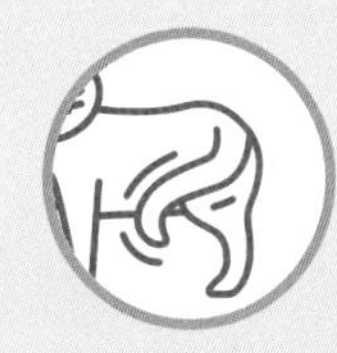

✢ 세차게 흔들리는 꼬리

꼬리를 바닥에 떨어뜨리고 좌우로 세차게 흔든다면 흥분해 있거나 화가 나 있는 상태입니다. 이런 꼬리 모양을 하고 고개를 갸우뚱하게 틀어 시선을 아래에서 위를 향해 두고 상대방을 노려보며 대치하기도 하지요. 놀이로 시작된 레슬링이나 우다다(고양이들이 추격전을 벌이며 서로 뛰어다니는 행동) 끝에 과열된 고양이가 꼬리를 세차게 흔들면서 상대를 노려보는 모습도 관찰할 수 있습니다.

✢ 바닥에 탁탁 치는 꼬리

이 행동은 심기가 불편해지기 시작했을 때 상대방에게 경고하기 위함입니다. 집사님 옆에, 혹은 무릎 위에 앉아 있던 고양이가 집사님의 스킨십을 즐기다가 꼬리로 이러한 표현을 한다면 스킨십을 멈춰 주세요. 특히 사이가 좋지 않은 고양이들이 서로 대치할 때, 평소 공격을 당하거나 체력적으로 밀리는 냥이가 주로 입을 쩝쩝 다시며 꼬리를 바닥에 치거나, 바닥에 누워 상대를 향해 네 발을 뻗은 방어적인 자세를 취하면서 꼬리를 바닥에 치는 모습을 볼 수 있어요.

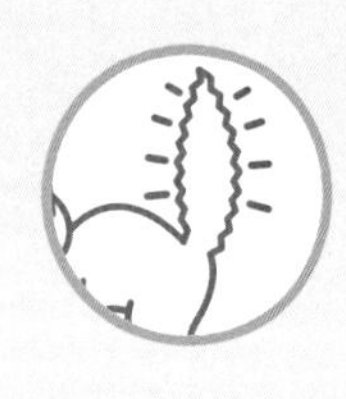

✛ 잔뜩 부풀린 꼬리(꼬리팡)

고양이는 종종 몸 전체를 부풀려서 몸집을 크게 보이게 합니다. 사실 몸집 전체를 부풀리는 것은 싸우자는 의미보다는, 상대방에게 자신의 몸 크기를 과시함으로써 싸움까지 가는 상황을 최대한 막아 보려는 방어적인 의미의 행동입니다. 몸집을 부풀린 고양이는 옆으로 걸으며 몸집이 최대한 크게 보이는 부분을 상대방에게 부각시키지요. 그런데 이렇게 몸 전체를 부풀리지 않고 꼬리 부분만 부풀리기도 합니다. 이는 '꼬리팡'이라는 말로 잘 알려진 행동입니다. 꼬리팡은 깜짝 놀랐을 때나 흥분했을 때, 그리고 싸움 상황에서 주로 발생해요. 꼬리팡이 가장 많이 목격되는 것은 바로 아깽이(아기 고양이)입니다. 몸집이 작은 아깽이가 놀이에 빠져서 흥분한 상황이거나 혹은 다른 동거묘와 함께하던 놀이가 과열되었을 때 이러한 행동을 보입니다.

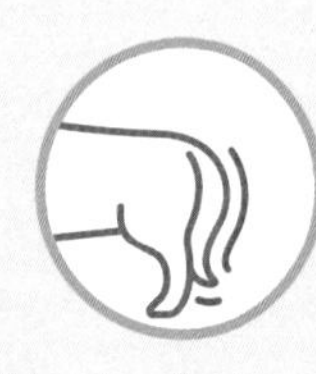

✛ 완전히 감춘 꼬리

고양이가 꼬리를 뒷다리 사이로 완전히 감추는 것은 심한 두려움의 표현입니다. 보통 이런 경우 귀도 납작하게 접지요. 낯선 사람이 자신에게 너무 가까이 다가왔을 때 피할 곳이 없는 고양이가 이 자세를 보이면서 하악질로 더는 다가오지 말 것을 경고하는 것입니다.

살짝 내려온 꼬리
살랑거리는 꼬리
꼬리를 세우고 꼬리 끝이 머리로 향할 때
꼬리를 세우고 꼬리 끝이 바깥으로 향할 때
꼬리를 파르르 떨 때
잔뜩 내려간 꼬리
둥글게 구부린 꼬리
세차게 흔들리는 꼬리
바닥에 탁탁 치는 꼬리
잔뜩 부풀린 꼬리
완전히 감춘 꼬리

2
고양이의 성격을 형성하는 성장 이야기

"고양이보다 더 대담한 탐험가는 없습니다."

– 쥘 상플레리

고양이의 출생

어미가 임신 중에 심한 스트레스를 받으면 그 스트레스 호르몬이 태반으로 들어가 태아의 신체 조직을 손상시키기도 하고, 심한 경우 사산되기도 합니다. 이러한 극단적인 경우가 아니더라도 어미의 스트레스 호르몬을 흡수한 아이 중 일부는 자라서도 불안정한 정서를 가질 수 있습니다. 사람에게 태교가 중요하듯이, 동물 역시 임신과 수유기의 안정된 환경이 새끼에게 많은 영향을 주는 것이지요.

아기 고양이는 귀와 눈이 닫힌 채로 태어나기 때문에 생후 2주 무렵까지는 오로지 후각과 촉각에만 의존하고, 어미의 냄새를 안전함의 기준으로 생각하게 됩니다. 그래서 이 시기의 아기 고양이는 자다가 일어났는데 어미 냄새가 나지 않으면 어미를 찾아 울기 시작해요. 다행히 어미 고양이는 이런 새끼의 울음소리를 먼 곳에서도 들을 수 있습니다.

태어난 지 얼마 안 된 아기 고양이는 스트레스와 관련된 호르몬이 분비되지 않기 때문에, 어미의 부재나 다른 위험 상황에 따른 스트레스로 인해 치명적인 영향을 받지는 않아요. 아기 고양이에게 스트레스 반응이 관찰되기 시작하는 것은 2주 차가 지나는 때부터입니다. 이때부터 어미의 역할은 새끼의 성격 형성에 더욱 큰 영향을 주게 됩니다. 이 시기 어미의 보살핌은 아기 고양이의 심리적 안정에 가장 큰 부분을 차지하기 때문이지요. 그리고 생존에 관련된 여러 행동을 어미로부터 학습하게 됩니다.

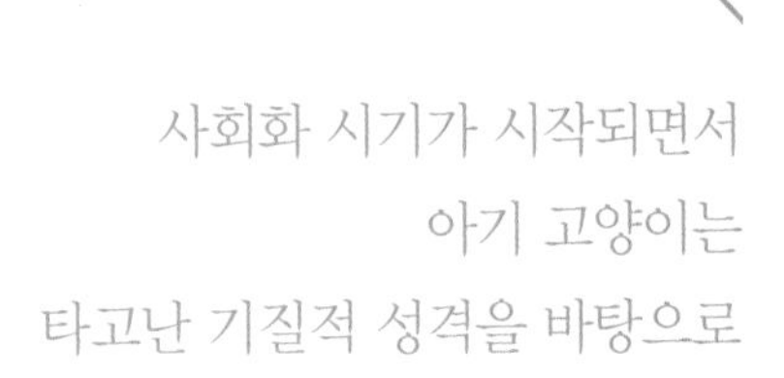
사회화 시기가 시작되면서
아기 고양이는
타고난 기질적 성격을 바탕으로
형제와 소통하는 법을 배우기 시작하며
상대의 존재를 뚜렷하게
인식합니다.

고양이의 사회화 시기

생후 3주부터 7~8주까지는 고양이가 사회적 관계를 맺고, 환경의 위험성과 안전성을 구별하는 기초 정보를 학습하는 사회화 시기입니다. 이 시기를 어미, 형제와 함께 안정적인 환경에서 보내지 못한 고양이는 간혹 영구적으로 심리적 불안정을 보이는 경우도 있습니다. 우리가 흔히 이야기하는, 환경 변화에 취약하고 스트레스를 극복하는 데 어려움을 겪는 예민한 아이들이 이 범주에 포함될 수 있어요.

많은 집사님은 이미 고양이의 사회화 시기가 얼마나 중요한지 알고 있습니다. 그런데 고양이가 이 시기에 학습한 내용이 마치 아이의 남은 모든 생을 결정짓는 것처럼 확대 해석하는 것은 조심해야 합니다. '사회화 시기의 경험은 고양이의 성격을 결정짓는다.'라고 생각하는 분들이 많지요. 그러나 고양이들 각자가 가진 기질적인 성격의 큰 틀은 사회화 시기를 거치면서 완전히 바뀌지는 않습니다.

예를 들어, 소심한 성격을 가진 아기 고양이가 사회화 시기를 안정적이고 풍요로운 환경에서 보낸다면 소심하지만 신중하고 차분한 성격으로 자랄 수 있어요. 반면, 불안정하고 사회적 관계를 풍요롭게 맺을 수 없는 환경에서 자란다면 예민하고 까칠한 성격으로 자랄 수 있습니다. 또 다른 예로, 활발하고 호기심 많은 고양이는 안정적인 사회화 시기를 거치면서 사회성이 좋고 타고난 호기심을 바탕으로 적응력이 뛰어난 고양이로 자랄 수 있지만, 불안정한 환경에서 사회화 시기를 보낸다면 배타적이고 호전적인 면이 강화된 성격으로 자랄 수 있는 것이지요. 이러한 맥락으로 이해해 주세요.

고양이는 사회화 시기가 되면 타고난 기질적 성격을 바탕으로 형제와 소통하는 법을 배우고, 자신과 관계를 맺고 있는 상대를 구별하기 시작합니다. 이전에는 꼬물

꼬물 서로 뒤엉켜 있던 아기 고양이들이 이때부터는 상대에게 어떤 행동을 하고, 자신의 행동에 대응하는 상대의 반응에 대한 정보를 모으기 시작합니다. 그렇기 때문에 사회화 시기는 사회성이 낮은 고양이에게 함께 살 다른 동물을 소개하기에 가장 적합한 시기입니다.

생후 한 달이 지나면 아깽이의 천하무적 깨발랄함이 본격화됩니다. 아기 고양이는 뛰고 달리는 신체적인 움직임에 자신감이 붙기 시작하면서 아주 활발하게 활동합니다. 생후 한두 달 시기의 아깽이에게 생전 처음 보는 다른 고양이를 소개하면, 과격하게 장난을 치면서 상대를 자극하기도 합니다. 아기 고양이의 이러한 행동이 혹시 공격성은 아닌지 걱정할 정도로 말이지요. 아기 고양이는 상대가 힘겨워할 만큼 격렬하게 신체적인 접촉(덮치기, 물기, 껴안고 뒷발로 긁기 등)을 시도합니다. 특히 태어나서부터 혼자 생활한 어린 고양이는 다른 고양이와 접촉할 기회가 없어서 과격한 행동에 대한 상대의 거절과 중단의 의사 표현을 체계적으로 학습하지 못했기 때문에, 다른 고양이 형제들과 함께 자랐던 아이들에 비해 더욱 과격한 신체 접촉을 시도합니다.

고양이의 유년기

아기 고양이는 사회화 시기를 거치면서 기본적인 단어들을 익힙니다. 그러나 이 언어를 능숙하게 구사하는 법은 아직 모릅니다. 고양이의 3~5개월은 사회화 시기 때 배운 단어를 문장으로 구성하는 법을 시기라고 할 수 있습니다. 따라서 사회화 시기만큼 중요합니다. 이 시기에 이르러서야 아기 고양이가 자신이 배운 고양이 언어를 상대에 따라 다르게 골라 사용하는 법을 체계화시키기 때문이에요. 이전에는 아무에게나 장난을 걸고 귀찮게 덮쳤다면, 이 시기를 지나면서 좋아하는 특정 상대가 구체화되기 시작합니다. 동거묘의 반응에 따라 자신이 장난을 많이 칠 수 있는 상대와 많이 칠 수 없는 상대를 구분하기 시작하지요. 그리고 상대의 거절 신호를 수용하는 법도 배우기 시작합니다. 뿐만 아니라 자신이 놀이나 상황을 멈추고 싶을 때 으르렁, 캬 등의 비명 소리로 상대에게 의사 표현을 하기도 합니다. 따라서 이 시기는 어린 고양이가 사회성을 지닌 성묘로 성장할 수 있도록 도와주는 시기라고 볼 수 있어요.

유년기를 지나는 아기 고양이에게 함께 사는 성묘는 아주 중요한 선생님이 됩니다. 성묘가 아기 고양이의 행동을 모조리 피하거나 적대적으로 거부하면, 아기 고양이는 자신의 행동에 대한 상대방의 반응에 대해 올바른 정보를 습득하지 못합니다. '누나는 내가 하는 건 다 싫다는데 뭐. 그냥 하던 거 할래.'라고 생각하게 되는 것이지요. 결국 이 시기에 함께 사는 성묘로부터 자주 거부당한 아기 고양이는 자신의 행동 중 어떤 것이 긍정적으로 받아들여지는 행동인지 구분하지 못하게 되고, 오직 상대의 반응이 크게 나오는 행동만 강화됩니다. 3~5개월 때를 자신을 아껴 주는 성묘와 잘 보냈다면 아이는 매너 있는 의사소통을 할 줄 아는 고양이로 자라게 됩니다.

이처럼 고양이는 사회화 시기와 의사소통 적용기를 거치며, 상대방의 반응을 토대로 사회성과 관련된 행동과 언어를 습득합니다. 다묘 가정을 살펴보면 동거묘들끼리 서로 잘 어울려서 껴안고 지내는 집도 있고, 싸우진 않아도 서로 독립적인 생활패턴을 가지고 지내는 집도 있습니다. 다정한 형 누나들 사이에서 사회화 시기와 의사소통 적용기를 보낸 아기 고양이와, 개인적인 성향의 형 누나들 사이에서 자란 아기 고양이의 학습 결과는 당연히 다를 수밖에 없으니까요.

이 시기의 어린 고양이를 반려하고 있다면 아이가 보이는 과격한 행동을 무조건 제지하는 것은 바람직하지 않아요. 지금 이 아기 고양이는 자신의 행동을 상대에게 전달하고 반응을 수집하며, 상대방을 대하는 법을 학습하고 있기 때문입니다. 고양이는 음성 언어보다 행동 언어를 더 많이 사용한다는 사실을 꼭 기억해 주세요. 흡사 그들이 서로 주고받는 행동 언어가 싸움처럼 보인다고 해도, 이들은 서로의 상호 반응을 정보로 수집하고 의사 표현의 방법으로 배워 가는 것입니다. 고양이가 의사소통을 배워 가는 과정을 집사님이 과도하게 차단하지 않아야 합니다.

함께 사는 성묘를
수시로 귀찮게 하는 아기 고양이의 행동을
무조건 제지하는 것은 바람직하지 않아요.
아기 고양이는 자신의 행동을
상대에게 전달하고 반응을 살피며
상대를 대하는 법을 학습하기 때문입니다.

고양이의 사춘기

너무 활발한 아깽이를 반려하는 많은 집사님은 중성화 수술을 손꼽아 기다리기도 합니다. 중성화하면 우리 냥이가 좀 얌전해질 것이라고 기대를 하지요. 아이가 중성화 수술을 하고 호르몬 분비가 달라지기 시작하면, 고양이가 가진 영역 본능이나 예민함 등에 기반한 습성이 완화될 수 있습니다. 하지만 냥이의 활발함은 기질적인 성격에 기반하기 때문에 중성화로 진정시킬 수 없습니다. 기질적으로 활발한 고양이가 행복해서 활발한 것이라면, 중성화 수술로 아이의 얌전함을 기대하긴 더욱더 힘듭니다.

고양이가 첫 번째로 눈에 띌 만한 성격적인 변화를 보이는 것은 1살 무렵입니다. 1살령은 성적인 성숙이 마무리되는 시기입니다. 고양이는 이 시기를 거치면서 이전과 다소 다른 성격적인 변화를 보이며, 동시에 각자가 가진 성격에 기반한 기호성이 명확해집니다. 가장 대표적인 변화는 이전과 다른 장난감 반응이에요. 이전에는 종이만 구겨서 던져도 뛰어가서 가지고 놀던 아이가 이 무렵부터 반응이 시큰둥해집니다. 이 시기를 지나면 자신이 좋아하는 장난감의 종류가 구체화되어, 대충 흔드는 장난감에는 눈길도 주지 않지요. 그래서 이 시기에 많은 집사님들이 점차 냥이와 낚싯대로 놀아 주는 활동에 소홀해지기 시작합니다. 아이가 예전처럼 재밌게 놀지 않으니까 '얘가 이제 다 커서 장난감 놀이가 유치한가 보다.'라고 생각하고, 점차 집사님이 장난감으로 놀아 주는 것을 멈추는 경우가 많습니다. 하지만 이 무렵의 고양이는 사냥놀이 자체가 싫어지는 게 아니라, 유치한 놀이에 관심이 없어지는 시기에 들어선 거로 생각할 수 있습니다. 일명 고양이 사춘기가 시작된 것이지요.

고양이의 청년기

고양이는 두 살을 전후해서 미묘한 성격적인 변화를 겪게 됩니다. 이때는 신체적으로 완전히 성숙하고, 신체적인 자신감도 가장 높은 시기입니다. 이 시기가 되면 다른 고양이와의 관계에서 이전과 다른 호전적인 모습을 보이기도 합니다. 이전의 어린 고양이는 자기보다 나이가 많은 형제 · 자매들을 힘으로 이기려는 시도를 적극적으로 하지 않아요. 하지만 두 살을 기점으로 신체적인 우위를 이용하여 자신의 위치를 높이려는 시도를 합니다. 예를 들어, 전에는 형이나 누나가 신경질을 부려도 잘 참던 막내가 이때부터는 참다가 한 번씩 크게 반항하기도 합니다. 어떤 아이는 집사님이 보기에 '얘가 서열을 잡으려고 하나 보다.'라는 생각이 들 만큼 기존 아이들 중 가장 힘이 있는 아이를 건드려 보기도 하지요. 그리고 이전에 대장 역할을 하던 성묘가 젊은 고양이의 반항에 예전처럼 따끔하게 혼을 내지 못하고 힘으로 밀리는 모습이 목격되기도 합니다. 또 새로운 냥이가 입양을 왔을 때 기존 고양이 중 대장인 아이보다 2살령의 아이가 가장 먼저 신참 교육을 하려고 시도하는 경우도 자주 보입니다.

두 살을 기점으로 고양이는 생활 반경에 변화가 생겼을 때 그 변화에 적응하는 능력이 현저하게 떨어지기 시작해요. 어린 고양이의 호기심은 생활의 변화를 기꺼이 탐험하고 도전하게 하여 적응할 수 있게 하는 큰 역할을 하는데, 대부분의 고양이가 두 살을 지나면서 이전보다 호기심이 많이 떨어지는 모습을 보입니다. 고양이는 이렇게 두 살을 넘어서면서 질병이나 극적인 환경 변화가 있지 않은 이상 큰 결정적인 성격적 변화 없이 고유의 성격으로 구체화됩니다.

3
고양이의 마음을 훔치는 방법

"당신은 고양이를 소유할 수 없습니다.
당신이 할 수 있는 가장 최선의 방법은
그들의 파트너가 되는 것입니다."

– 해리 스완슨

고양이가 좋아하는 스킨십

고양이와의 관계 구축에 있어 중요한 사항은 바로 밀당입니다. 고양이를 너무 귀찮게 해서도, 그렇다고 너무 기다려 주어도 안 됩니다. 냥이가 좋아하는 스킨십을 조금씩 선보이는 것이 중요해요. 고양이와의 스킨십은 언제나 편안하고 부드러워야 하며, 그들이 싫다는 의사 표현을 했을 때는 곧바로 중단해야 합니다. 고양이와 친해졌다고 해도 이것은 꼭 지켜 주세요. 스킨십은 절대 장난스러운 도발이 되어서는 안 됩니다. 장난스러운 스킨십이란 손으로 놀아 주는 행위를 말하는데, 손으로 놀아 주면 냥이는 집사님의 손을 사냥놀이의 대상으로 여기게 됩니다.

고양이마다 조금씩 다를 수는 있지만, 보통 고양이가 만지는 것을 허락하거나 만져 주면 좋아하는 곳은 뺨, 턱, 정수리, 등뼈 끝 꼬리가 시작되는 부분입니다. 반대로 스킨십을 싫어하는 곳은 발, 배, 꼬리 등이에요. 특히 꼬리는 집사와의 신뢰가 충분히 쌓인 후 가장 마지막에 허락하는 곳입니다.

편안한 분위기 조성하기

고양이는 경계심도 강하고 예민합니다. 자신을 귀찮게 하는 것도 오래 참아 주지를 않지요. 그렇지만 고양이는 호기심이 많은 동물이고, 경계심과 호기심을 동시에 느끼기도 합니다. 그래서 낯선 사람이 왔을 때 일단 몸을 숨기고 먼발치에서 그 대상을 끊임없이 관찰한 후, 조심스럽게 처음 본 사람에게 다가오는 행동을 합니다. 이러한 호기심을 이용해서 고양이와의 거리를 좁혀 볼 수 있어요.

특히 사람 손을 많이 타지 않는 냥이라면 첫 스킨십을 시도하기가 더 어렵습니다. 가정에 이런 냥이가 있다면 집사님이 TV를 볼 때나 소파에 앉아 있을 때 낚싯대를 설렁설렁 흔들어 보세요. 이때 고양이와 눈을 마주치지 않는 게 좋습니다. 집사님은 냥이에게 관심을 보이지 않으면서, 집사님 주변에 재미있는 일이 일어나게 하는 것으로 시선을 끄는 것입니다. 그러다 보면 어느새 냥이가 저만치에서 흔들리는 낚싯대를 구경하고 있는 것을 발견할 수 있을 거예요.

집사님 가까이에 간식을 조금 놓아두고 책을 읽는 방법도 좋습니다. 처음부터 집사님과 너무 가까운 곳에 간식을 놓아두면, 먹으러 오는 것도 포기할 수 있습니다. 처음에는 조금 멀리, 그리고 점점 가깝게 간식이 놓인 위치를 옮겨 보세요. 냥이에게 별 관심이 없는 척하면서 집사님 주변에 맴도는 것을 편안하게 느끼도록 해 주세요. 아이가 드디어 집사님 바로 옆에 놓인 간식을 마음 놓고 먹게 되면, 집사님의 손에 간식을 조금 묻혀 차분히 내밀어 볼 수 있습니다. 집사님과의 좁은 거리에 신뢰가 생긴 냥이는 손에 있는 간식도 먹게 될 거예요.

그런데 이러한 간식 주기는 반드시 흔들어 주는 장난감으로 하는 사냥놀이 시간과 병행되어야 합니다. 정적인 간식 먹기에 비해 움직이며 함께하는 사냥놀이는, 동체 시력(움직이는 물체를 포착해 내는 시력)이 강한 고양이의 상대방 움직임에 대한 거부감을 없애는 가장 효과적인 방법이기 때문입니다. 실제로 평소에 간식은 잘 받아먹는데 다가가려고 하면 집사님의 움직임에 두려움을 갖고 놀라서 도망가는 냥이들이 매우 많습니다.

스킨십하는 손의 방향과 눈높이

사람에게 경계심이 많은 소심한 고양이에게 스킨십을 시도할 때는 눈을 정면으로 마주치지 않거나, 아예 바라보지 않은 상태에서 냥이의 옆쪽이나 뒤쪽에서 손을 뻗어 스킨십을 시도하는 게 좋습니다. 고양이를 향해 눈을 깜빡거리며 눈인사하면서 다가가는 집사님들이 많은데, 눈인사는 상대에게 가까이 접근하면서 시도할 수 있는 고양이 언어가 아니에요. 고양이 눈인사는 거리가 떨어진 상태에서 "안녕?", "널 해치지 않아." 등 적대감이 없음을 나타내는 행동입니다. 일정 거리에서 집사님이 눈을 깜빡거렸을 때 고양이도 깜빡거리며 눈인사를 하는 것은 지금 이 거리만큼은 허용하겠다는 의미입니다. 점점 더 가까이 접근하면서 하는 행동이 결코 아니라는 것이지요. 서로 간에 아직 신뢰가 충분히 형성되지 않았다면, 그 아이에게 다가가는 것이 아닌 척하며 눈을 마주치지 않고 슬며시 접근해야 합니다.

스킨십을 시도할 때, 고양이의 눈높이를 기준으로 집사님이 약간 높거나 혹은 낮은 곳에 있으면 스킨십 거부감이 훨씬 줄어듭니다. 예를 들어, 앉아 있는 고양이를 만지려고 할 때, 우리는 일어선 채로 허리를 구부려 손을 아래로 내리뻗게 됩니다. 이 동작을 고양이의 시선에서 보면 자신을 위에서 내리누르는 형태가 되므로, 경계심이 많은 아이는 잘 놀다가도 집사님이 일어서서 허리를 굽혀 만지려고 하면 다른 곳으로 도망가지요. 그래서 스킨십을 시도할 때는 앉아서 하거나, 혹은 캣타워나 높은 곳에 앉아 냥이가 있을 때 만져 주면 평소보다 덜 경계합니다. 평상시에 잘 다가오지 않던 아이가 집사님이 거실 바닥이나 침대, 소파 등에 누워 있을 때 가까이 오는 것을 자주 관찰할 수 있는 것도 이 때문이에요. 이렇듯 아직 신뢰가 충분히 형성되지 않은 고양이에게 첫 스킨십을 할 때는 손의 방향, 고양이와의 수평적인 위치를 맞추는 것이 중요합니다.

고양이가 좋아하는 말투 사용하기

고양이는 조용하고 상냥한 말투를 좋아합니다. 상냥한 톤을 내기 위해 굳이 높은 톤으로 힘들여 맞출 필요는 없으며, 자연스럽고 친절한 톤으로 아이의 이름을 불러 주세요. 고양이도 집사를 부르는, 저마다 다른 야옹 소리를 가지고 있습니다. 세심한 집사님이 아니라고 해도 고양이와 함께 살다 보면 상황마다 다른 야옹 소리를 구별할 수 있을 거예요. 이 야옹 소리와 최대한 비슷하게 소리를 내면, 그냥 이름을 부를 때보다 더 잘 반응하고 대답해 주는 것을 발견할 수 있습니다.

평상시에 냥이와 대화할 때 차분하고 상냥한 말투를 사용한다면, 간혹 냥이가 원하지 않는 행동을 해서 그것을 제지해야 할 때 평상시보다 단호하고 단단한 어투로 "안 돼."라고만 해도, 집사님의 심리가 평상시와 다른 것을 구별할 수 있게 됩니다.

애착 장소 활용하기

상당수의 실내 고양이는 집 안에서 가장 좋아하는 장소를 가지고 있습니다. 확실하게 한 곳을 정해 두지 않더라도 자신이 편하게 생각하는 장소가 있지요. 어떤 아이는 야옹거리며 집사님을 부르고 손길을 요구하는 장소를 가지고 있기도 합니다. 이렇게 편하게 생각하는 장소에 있을 때 스킨십을 시도하면 평소보다 더 쉽게 집사님의 손길을 받아 주는 경우가 많습니다.

손길을 반기지 않는 냥이라면, 거실 한복판 등의 개방된 곳에 서 있거나 혼자 앉아 있을 때 스킨십을 시도하지 않는 것이 좋습니다. 사방이 개방된 곳에서는 집사님의 손길을 피해 도망가는 경우가 훨씬 많은데, 도망가는 상황이 자주 발생하면 다가오는 것 자체를 불안해하는 인식이 형성될 수 있습니다. 캣타워 위, 침대나 소파 위 등 냥이가 어딘가에 몸을 기댈 수 있는 곳에서 자고 있거나 쉬고 있을 때 접근해 보세요.

손을 잘 안 타지만 다른 동거묘와 친하다면, 동거묘를 이용해서 아이와의 거리를 좁힐 수도 있습니다. 사람에게는 경계심이 많지만 고양이와는 잘 지내는 냥이들이 많은데, 이 경우 우선 친구 냥이를 쓰담쓰담하다가 친구를 따라 집사님 곁에 온 그 고양이를 함께 만져 주며 경계심을 낮출 수 있습니다.

스킨십을 오래 견디지 못하는 고양이

스킨십을 오래 견디지 못하는 고양이가 참 많습니다. 그런데 여기서 기억해야 할 점이 있어요. 고양이는 집사님과의 스킨십이 편안하고 안전하다는 경험(학습)이 쌓이면서 좀 더 참아 주고 조금씩 좋아하게 되는 것이지, 원래는 사람과의 스킨십을 오래 견디지 못합니다.

스킨십을 잘 견디지 못하는 고양이를 설명할 때 "고양이는 '집사, 날 딱 세 번 반만 쓰다듬어야 해.'라고 생각한다."고 말합니다. 스킨십을 반기지 않는 고양이의 행동은 마치 세 번 쓰다듬으면 더 만져 달라고 하고, 네 번 쓰다듬으면 왜 세 번 반만 쓰다듬으라니까 네 번 만지냐고 성질을 내는 듯 보이기 때문입니다. 집사님의 냥이가 이런 증상을 가지고 있다면, 세 번만 쓰다듬어 주세요. 그러면 더 쓰다듬어 달라고 머리를 비비며 야옹거리거나, 손을 핥기도 할 겁니다. 그때 다시 두 번 정도 더 쓰다듬어 주세요. 그리고 살짝 옆으로 비켜 앉아서 아이를 오게 해 보세요. 아이가 온다면 또 두 번 쓰다듬어 주는 겁니다. 원래대로라면 집사님이 네 번 쓰다듬어서 성질내고 도망가 버릴텐데, 나눠서 만지니까 그 이상을 만질 수 있게 됩니다(여기서 횟수는 임의로 예를 든 것입니다).

집사님은 평소 우리 냥이가 어느 정도의 스킨십 한계치를 가지고 있는지 파악해 주세요. 그리고 항상 조금 모자라게 스킨십을 해 주세요. 이렇게 아이가 더 원하는 스킨십의 경험이 반복되면, 자연스럽게 스킨십의 지속 시간은 늘어나게 됩니다. 대부분의 고양이는 사람이 먼저 다가가서 스킨십을 시도했을 때보다, 스스로 먼저 다가왔을 때 더 오래 머물며 애정 표현을 합니다. 그렇기 때문에 집사님들은 오는 고양이 안 막고, 가는 고양이 안 잡는 것을 전략으로 삼는 것이 좋습니다.

잠깐 애교를 부리고 떠나려는 냥이를 잡고 싶을 때 사용할 수 있는 트릭이 있습니다. 고양이용 트릿을 손에 살짝 쥐고 아이에게 내밀어 보세요. 간식 냄새를 맡은 아이가 집사님 손 냄새를 맡고 머리를 비비면, 그때 간식을 하나 주는 거예요. 트릿을 작게 잘라서 스킨십에 대한 보상으로 주면, 간식 남용에 대한 부담도 줄일 수 있습니다. 이 트릭에서 중요한 것은 아이가 집사님 손을 핥거나, 머리를 비비거나, 또는 먹이를 쥐지 않은 다른 손으로 간단한 스킨십을 하는 것을 냥이가 허락했을 때 먹이 보상을 주는 것입니다.

스킨십할 때 주의 사항

발라당

고양이는 여러 가지 상황에서 배를 보이는 행동을 합니다. 고양이가 배를 보이는 행동, 일명 '발라당'은 많은 집사님들의 오해를 사는 행동 중 하나입니다. 발라당할 때 고양이는 기분이 좋고 신이 난 상태입니다. 그런데 이것은 냥이가 자신의 감정 상태를 보여 주는 행동일 뿐, 만져 달라는 의미가 아니에요. 처음부터 배를 만지는 것을 좋아하는 고양이는 없지만, 집사님과의 스킨십을 좋아하게 되면서 배를 만지는 것을 기꺼이 허락하는 냥이들도 많습니다. 자신을 쓰다듬는 중에 몸을 돌려 배를 보이고 눕기도 하고, 다리를 들어 올리기도 하지요. 이런 경우가 아니라면 고양이 배 만지기는 제일 나중에, 고양이가 완전히 집사님에게 온몸을 내맡기는 경지가 되었을 때 시도하는 것이 좋습니다.

무는 행동

고양이는 그루밍할 때 자기 털을 앙앙 가볍게 물면서 털을 고르기도 하고, 발가락을 쫙 펴서 발톱의 각질을 벗겨 내기도 합니다. 그루밍하면서 앙앙 무는 행동은 자연스러운 고양이의 습성인 것이지요. 이러한 행동은 그 고양이의 그루밍 패턴이기 때문에 완전히 없앨 수는 없지만, 더 강화되지 않게 할 수는 있습니다. 애교 많은 고양이 중에는 집사님이 쓰다듬어 줄 때 기분이 좋아서 앙앙 무는 행동을 하는 아이도 있습니다. 그리고 어떤 냥이는 집사님에게 그만 만지라고 요청할 때 물기도 하지요. 그렇기 때문에 고양이가 스킨십을 할 때 문다면, 이 행동이 그만하라는 건지 애정 표현인지를 구분해야 합니다.

핥는 행동

고양이 중에는 애교를 부리면서 집사님의 손이나 팔, 그리고 얼굴을 핥아 주는 행동을 자주 하는 냥이가 있습니다. 무는 행동에 비해 핥아 주는 행동은 100% 확실한 애정 표현이라고 생각하는 경우가 많아요. 그러나 만지지 않았으면 하는 신체 부위를 만지거나 스킨십이 길어질 때, 집사님의 손을 핥으며 정중하게 중단을 요청하는 고양이도 있습니다.

집사님들과 상담을 하다 보면 아이가 핥아 주다가 갑자기 문다고 이야기하는 경우가 굉장히 많은데, 그 이유는 두 가지로 나눌 수 있습니다. 하나는 애정 표현으로 집사님을 열심히 그루밍하면서 앙앙 무는 경우, 다른 하나는 집사님의 손을 핥으면서 중단 요청을 했는데 집사님이 스킨십을 멈추지 않아서 결국 물게 되는 경우입니다. 이 두 가지 핥는 상황을 구별하는 가장 좋은 방법은 역시 골골송이에요. 중단 요청으로 핥아 주는 아이는 골골송을 부르지 않습니다.

서로 간에 신뢰가 아직 충분하지 않은 고양이와 함께 사는 어떤 집사님은 냥이를 조심스럽게 만지려고 시도합니다. 그런데 이 과정에서 의도와는 다르게 앞발이나 허벅지, 머리 등을 손가락으로 살며시 콕콕 찔러 보곤 합니다. 스킨십을 시도할 때는 확실하고 차분하게 시도해야 합니다. 아직 거리감이 있다면 검지 윗면을 사용해서 냥이의 뺨과 턱 아랫부분을 부드럽게 쓰다듬는 것으로 시작합니다. 정수리나 미간 사이를 만져 주는 것도 좋아요. 집사님이 조심스러워하고 긴장하는 것을 고양이는 다 느낄 수 있습니다. 손등이나 검지 윗면을 이용해서 차분하고 자신감 있게 쓰다듬어 주세요.

아기 고양이를 키운다면 냥이를 안고 배를 간질이면서 아이가 버둥거리게 도발하지 않아야 합니다. 어릴 때 차분한 스킨십을 배운 아이는 커서도 차분하게 스킨십을 즐길 줄 아는 아이로 자랄 수 있어요. 스킨십은 부드럽고 편안한 것이어야 합니다. 장난스러운 스킨십은 아이를 드센 성격으로 만들 수 있습니다.

아이와 스킨십을 할 때는 스킨십에만 집중해 주세요. 스킨십을 할 때마다 발톱 검사를 하고, 눈곱을 떼고, 잇몸을 살펴보게 되면, 아이가 결코 집사님의 스킨십을 신뢰할 수 없습니다. 물론 스킨십을 하면서 아이의 상태를 점검해야 할 때도 있지만, 다른 목적이 없는 순수한 애정 표현의 스킨십이 훨씬 더 많아야 합니다.

고양이 안기 연습

고양이는 사람에게 안겨 있는 것을 즐기지 않습니다. 다른 스킨십에 비해 오래 안겨 있는 것은 가장 많은 연습 시간이 필요합니다. 안기 연습을 할 때는 고양이가 안겼을 때의 자세가 편하게 유지되도록 하세요. 냥이를 안을 때 고양이의 몸과 집사님의 몸이 닿는 면적이 최대한 넓을수록 안정감을 줍니다. 그리고 고양이가 안겼을 때 하체에 안정감을 느껴야 합니다. 발 뒷부분이나 엉덩이를 받쳐 주면 아이가 그냥 안겼을 때보다 훨씬 안정감을 느끼게 됩니다. 고양이를 안을 때는 절대 한 팔로 아이를 안아서 옆구리에 끼거나 하지 않아야 해요.

많은 분이 아시다시피 고양이는 유연하고, 불편한 것을 참아 주지 않습니다. 조금이라도 불편한 자세라면 고양이는 유연한 몸을 돌려서 어떻게든 빠져나가려고 애를 쓰게 되고, 그 과정에서 집사님이 상처를 입을 수도 있어요. 그렇게 집사님과의 신체 접촉에 불편함을 느끼고 안 좋은 경험이 쌓이면, 냥이는 더욱더 안기기에 거부감을 느끼게 됩니다.

고양이 안기 연습은 단 몇 초부터 시작해 주세요. 처음에는 무릎에 앉혔다가 풀어 주고를 반복해서, 안기는 것이 안전하다는 것을 알려 주세요. 그러고 나서 아이의 뒷발이나 엉덩이를 받쳐 안고 자리에서 일어난 뒤 곧 풀어 주는 것을 반복합니다. 그러면서 조금씩 그 시간을 늘려 가면 냥이의 거부감을 줄여 나갈 수 있습니다.

집사님과의 스킨십이 편안하고
안전하다는 경험이 쌓이면서
스킨십을 좀 더 참아 주고
조금씩 좋아하게 되는 것이지,
처음부터 사람과의 접촉을
좋아하지 않아요.

PLUS

고양이를 대하는 올바른 방법

❶ 고양이를 옮길 때는 앞발의 겨드랑이만 잡지 말고, 한 손은 가슴에, 한 손은 배 부분에 나눠서 받쳐 들고 옮겨 주세요.

❷ 고양이를 급히 옮겨야 할 때는 어쩔 수 없이 앞발 겨드랑이만 잡고 옮기는 경우도 발생합니다. 이때는 고양이의 뒤쪽에서 들어서 고양이의 네 다리가 집사님에게 향하지 않게 해야 합니다.

❸ 집사님이 아이에게 궁디 팡팡을 해 줄 때 야옹 소리를 크게 내면서 엉덩이를 낮춘다면, 이건 강도를 낮춰 달라는 표현입니다.

❹ 고양이가 유연하다는 이유로 너무 안정감 없이 아무렇게나 안는 분이 많습니다(예를 들어, 두 앞발만 잡고 들어 올리기, 옆구리에 고양이 끼고 안기, 성묘를 목덜미만 잡아 들어 올리기 등). 이러한 행동은 종종 고양이보다 집사님에게 상처를 주기 쉽습니다. 고양이는 유연해서 불안정한 자세로 안거나 잡았을 때 탈출을 위해 자유롭게 몸을 틀어 앞발과 뒷발을 사용해 빠져나가기 때문이지요. 그리고 고양이가 유연하다는 사실은 뼈가 튼튼한 것을 의미하지 않습니다. 고양이 역시 골절이 생길 수 있고 관절에 무리가 올 수 있습니다. 항상 안정적인 자세로 고양이를 안고 만져 주세요.

고양이가 좋아하는 스킨십을
조금씩 선보이는 것이 중요해요.
고양이와의 스킨십은
언제나 편안하고 부드러워야 하며,
그들이 싫다는 의사 표현을 했을 때는
곧바로 중단해야 합니다.

고양이와 함께하는 사냥놀이

사람과 함께 살면서 고양이는 야생 동물을 사냥할 필요가 없어졌지만, 여전히 행동 패턴 곳곳에 사냥 행위의 습성이 남아 있습니다. 사람과 함께 생활하면서도 고양이는 여전히 창밖으로 지나가는 새에 관심을 보이고, 집 안에서 작은 벌레를 만났을 때 강력한 집중력을 발휘하여 지켜보거나 잡는 것을 즐깁니다.

고양이는 수평적인 구조로만 활동하는 강아지에 비해 점프력이 뛰어나기 때문에 수직과 수평을 모두 이용한 입체적인 생활 환경이 필요합니다. 사냥 본능과 함께 입체적인 생활 환경이 있어야 하는 습성을 가진 고양이에게 실내 생활은 너무 단순하지요. 언제나 똑같은 자리에 변화 없이 가구가 놓여져 있고, 살아 움직이며 관심을 끄는 사냥감도 없는 단조로운 실내 환경은 냥이를 무기력하고 활동성이 떨어지게 만들 수 있습니다. 따라서 고양이의 사냥 본능을 충족시켜 줄 장난감을 이용한 사냥놀이 시간이 굉장히 중요해요. 집사님이 장난감을 이용하여 충분한 사냥놀이를 해 주지 않으면, 당연히 고양이는 놀이에 흥미를 잃게 됩니다. 그리고 놀이에 흥미를 느끼지 않는 고양이는 단조로운 실내 환경 속에서 스트레스를 해소할 수 있는 가장 큰 옵션을 잃게 되는 것이지요.

고양이가 놀이 반응을 잃게 되면 차분한 성격의 아이들은 더욱 무기력해지고, 활발한 아이들은 에너지를 분출할 다른 방법을 찾게 됩니다. 무료함 때문에 다른 동거묘를 괴롭히기도 하고, 집사님에게 지나치게 의존하기도 합니다. 이외에도 여러 다른 문제 행동이 나타나기도 하지요. 그렇기 때문에 놀이 반응을 계속 유지하거나, 떨어진 놀이 반응을 올려 주는 일은 고양이와 함께 사는 생활에서 아주 중요한 부분입니다.

사냥놀이 시간에 대한 고정관념

"고양이와 얼마나 놀아 줘야 하나요?"라는 질문을 받을 때면, "적어도 15분 이상은 놀아 주시는 게 좋아요."라고 말씀드려 왔습니다. 그런데 이 말이 의도치 않은 오해와 고정관념을 불러와, 많은 집사님이 한 번에 15분을 연속으로 놀아 주는 것을 목표로 하게 되는 것을 발견했어요. 그뿐만 아니라 다묘 가정의 집사님에게는 "15분만 놀아 주면 돼."로 받아들여질 수도 있음을 알게 되었습니다.

저를 비롯한 많은 행동 수정가들이 자주 언급하는 '고양이들과의 시간은 적어도 15분'이라는 말의 의미는 '최소한'입니다. 그리고 이 시간은 가정의 모든 냥이들을 합쳐서 15분이라는 의미가 아니라, 한 아이당 가져야 하는 놀이 시간을 의미하며, 매일 15분씩 정해진 시간에 놀아야 한다는 것도 아닙니다.

또한 이 시간은 한 번에 연속으로 달성해야 하는 시간도 아닙니다. 고양이의

근육은 단거리에 최적화되어 있기 때문에 대부분의 성묘들은 오랜 시간 뛰거나 점프하지 않아요. '고양이와의 놀이 시간 15분'은 짧게 자주 놀아 주더라도 매일매일 냥이들의 하루에 집사님과의 놀이 시간이 들어가 있어야 한다는 것을 의미합니다. 고양이는 규칙적인 동물이지만, 그들의 일과는 집사님의 생활 스케줄에 영향을 받습니다. 어제는 집사님이 여유가 있어서 1시간을 놀아 주고 오늘은 피곤하고 바빠서 놀이 시간 없이 그냥 건너뛰는 것보다, 못해도 하루 15분 이상은 꼭 아이와 함께하는 것이 중요합니다. 물론 15분은 고양이에게 충분한 놀이 시간이 되지 못하지만, 매일 꾸준히 놀이 시간을 갖는 것이 굉장히 중요하다는 이야기입니다.

그리고 고양이의 놀이 시간이 무조건 점프하고 달리는 신나는 시간이라는 부담을 갖지 않아도 됩니다. 어떤 아이는 점프하는 것보다 달리는 것을 좋아하고, 어떤 아이는 이불이나 카펫 속에 숨겨져 조금씩 보이는 깃털을 잡는 놀이를 좋아하기도 합니다. 사냥놀이는 다양한 패턴으로 시도하고, 그중 아이가 가장 선호하는 형태를 자주 하면 됩니다.

사냥 유형에 따라 달라지는 놀이 방법

어린 고양이나 놀이 반응이 좋은 고양이

어린 고양이는 대개 장난감 반응이 높습니다. 장난감의 종류와 상관없이 움직이는 모든 물체에 열광하며 흥미를 갖지요. 그래서 고양이가 이렇게 놀이 반응이 좋을 때 다양한 종류의 장난감과 놀이를 통해 아이의 놀이 반응을 유지해 주는 것이 중요합니다. 어릴 때부터 다양한 장난감을 접한 아이는 다양한 사냥 기술에 능숙한 성묘로 자라게 됩니다. 1살이 지나면서 자신이 특히 더 좋아하는 사냥 유형이 자리

잡게 되는데 점프를 즐기는 유형, 바닥에서 뛰어가서 쫓는 유형, 숨어서 덮치는 유형 등으로 나뉩니다. 어려서부터 다양한 장난감의 놀이 유형을 접하고 놀이 반응이 유지되어 온 고양이는 특별히 더 좋아하는 유형이 생겼다 할지라도, 다른 장난감에도 흥미를 갖고 놀이에 임할 수 있습니다. 냥이의 놀이 반응이 좋을 때 놀이 편식에 빠지지 않도록 다양한 종류의 장난감으로 놀이 반응을 유지해 주세요.

고양이는 매일 옆에 있는 장난감에는 큰 호기심을 느끼지 못합니다. 그렇기 때문에 장난감이 항상 보여서 익숙해지지 않도록 장난감을 숨겨 두고, 필요할 때마다 번갈아 꺼내 주세요. 집사님이 출근할 때 꺼내 놓는 장난감, 집사님과의 놀이 시간에 사용하는 장난감이 매번 바뀌는 것이 좋습니다. 평소에는 숨겨 두고 놀이 시간에만 꺼내서 사용하면, 고양이가 장난감에 시들해지는 것을 상당 부분 방지할 수 있습니다.

활동성이 적은 고양이

장난감 놀이 반응이 좋은 냥이는 다양한 장난감을 접하게 해 주는 것이 좋지만, 놀이 반응이 현저히 떨어지는 게으른 냥이에게는 조금 다른 전략이 필요합니다.

우선 장난감을 크게 두 종류로 나누면, 하나는 낚싯대 종류이고, 다른 하나는 깃털이나 오뎅꼬치 등 짧은 길이의 장난감입니다. 낚싯대는 위아래로 흔드는 것을 기반으로 하기 때문에, 위아래로 흔들리는 낚싯대에 달린 사냥감은 움직이는 반경이 큽니다. 따라서 낚싯대 끝의 사냥감을 잡으려면 점프와 빠른 스피드, 그리고 상체를 일으켜 세우는 큰 동작이 필요하지요. 반면 깃털이나 오뎅꼬치 등은 좌우로 흔드는 것을 기반으로 하고, 길이가 짧기 때문에 흔들리는 반경도 작아서, 엎드려 지켜보다가 앞발만 까닥까닥해도 잡을 수 있습니다.

고양이는 매일 옆에 있는
장난감에는 큰 호기심을
느끼지 못해요.
그렇기 때문에
장난감이 집 안에 항상 보여서
익숙해지지 않도록
장난감을 숨겨 두고,
필요할 때마다
번갈아 꺼내 주세요.

고양이의 놀이 반응이 떨어진다는 것은 사냥에 관심이 없어지는 것을 의미합니다. 그 이유를 찾아보면, 아이에게 저 사냥감은 잡을 견적이 나오지 않거나, 힘들게 움직여 잡을 만큼 매력적인 사냥감이 아닌 것이지요. 다시 말해, 집사님이 아이를 위해 흔드는 장난감이 다음 중 하나라는 것입니다.

고양이가 사냥하기 힘들게 낚싯대를 흔드는 난이도가 너무 높은 사냥감, 반대로 재미없게 흔들어 매력적이지 않은 난이도가 낮은 사냥감, 또는 자신보다 사냥을 더 잘하는 고양이가 옆에 있어 기회조차 잡을 수 없는 상황 등으로 나눌 수 있습니다. 마지막으로 반복된 좌절이 사냥을 포기하게 하고, 결국 먼발치에서 바라만 보게 되는 경우도 있습니다.

이렇게 사냥에 대한 동기 자체가 저하된 냥이에게 낚싯대 등의 큰 동작을 해야 하는 사냥감은 이미 견적을 낼 수 없는 고난이도 사냥감입니다. 힘들여서 안 잡아도 먹고사는 데 지장이 없으므로, 굳이 저 어려운 사냥을 할 필요가 없는 것이지요.

놀이 반응을 끌어올리려면 아이가 엎드려서 앞발만 까딱해도 잡을 수 있는 것부터 시작하세요. 짧은 꿩 깃털이나 오뎅꼬치 종류의 장난감을 추천합니다. 특히, 성묘일수록 오뎅꼬치보다는 꿩 깃털 종류를 더 선호해요. 오뎅꼬치를 좋아하는 고양이는 주로 깨무는 것을 좋아하는 냥이, 쭙쭙이(젖을 빨 듯이 물체를 입으로 빠는 행동)를 좋아하는 냥이, 아니면 아기 고양이입니다. 또 성묘에게는 너무 짧은 꿩 깃털보다는 길이가 좀 긴 것을 추천합니다. 막대 장난감의 길이가 짧으면 흔들리는 반경이 너무 작아 호기심을 끌어내는 데 한계가 있거든요. 놀이 반응이 그다지 높지 않은데도 낚싯대 장난감을 더 선호하는 고양이에게는 낚싯대를 위아래로 흔들기보다 바닥에 대고 좌우로 쓸어 주거나, 바닥에 질질 끌어서 냥이가 따라오게 하는 방법을 사용하세요. 이렇게 바닥에 끌리는 것에 관심을 보이는 냥이에게는 긴 리본 등을 이용해서 장난감을 만들어 주는 것도 좋습니다.

사냥에 게으른 고양이 중 상당수는 활발한 움직임을 필요로 하는 사냥놀이보다 집중해서 사냥감을 관찰하거나 기회를 포착해서 앞발로 덮치는 것을 더 선호합니다. 이런 아이를 위해서는 이불을 펼쳐 놓고 장난감을 이불 속에 넣어서 놀아 줄 수 있습니다. 이불 사이로 장난감이 조금씩 보이게 하거나, 냥이의 발에 이불 속 장난감이 느껴지도록 유도해서 놀아 주는 것이지요. 이불 대신에 고양이 터널이나 숨숨 매트 등을 이용할 수도 있습니다. 제 개인적인 경험을 덧붙여 말씀드리면, 불투명한 극세사나 천 재질의 터널보다는 속이 비치는 반투명 재질의 터널을 더 선호했어요. 얇은 재질의 터널은 장난감의 실루엣이 살짝 비쳐 보이기 때문에 호기심을 불러일으킵니다. 그리고 터널의 천을 사이에 두고 발바닥으로 전해지는 장난감의 촉감에도 흥미를 느낄 수 있습니다.

게으르거나 놀이 발동이 오래 걸리는 냥이는 놀이 전에 준비 운동을 하면 도움이 됩니다. 멍하니 앉아 있는 고양이에게 바로 장난감을 들고 다가가면 대부분 귀찮다고 자리를 피하는 경우가 많습니다. 집사님과의 스킨십을 통해 준비 운동을 하고, 작은 트릿 조각이나 사료 한 알을 코터치 하고 줘서 일어나고 있는 상황에 흥미를 느낄 수 있게 해 주세요.

놀이 반응이 짧은 고양이

상당수의 성묘는 장난감 반응이 전혀 없지는 않은데, 오래 놀지는 못합니다. 하지만 장난감을 몇 번만 툭툭 치고 다른 곳으로 가는 게 아니라면 너무 걱정할 필요는 없습니다. 15분 이상을 연속으로 쉬지 않고 놀 수 있는 성묘는 생각보다 많지 않습니다. 고양이 자체가 끈기 있는 성격이 아니기 때문이지요. 장난감을 흔들어 줬을 때 몇 분 놀다가 멈추는 아이라면, 짧게 자주 놀아 주면 됩니다. 꾸준히 해 주면 냥이의 놀이 시간이 조금씩 길어질 수 있어요. 상당수의 고양이는 한 번의 사냥이 끝나면 잠깐 재충전의 시간을 갖고 다시 사냥감을 향해 다가오기도 합니다. 냥이가 진짜 놀이를 끝낸 것인지, 여전히 장난감을 주시하며 다음 기회를 노리고 있는지를 확인하세요.

그런데 장난감에 아주 잠깐 호기심을 보이고 다른 곳으로 자리를 옮기며 놀이를 하지 않는 냥이가 있습니다. 이런 고양이는 장난감 놀이 반응을 높여 줄 필요가 있어요. 고양이가 이렇게 행동하는 이유를 크게 2가지로 나눌 수 있는데, 하나는 호기심이 많이 떨어진 경우, 다른 하나는 잘하는 사냥 패턴이 발전되지 않은 경우입니다. 놀이 반응이 떨어진 고양이에게 너무 빈번하게 전혀 다른 사냥감을 선보이면, 더욱 사냥에 대한 흥미를 잃게 됩니다.

고양이에게 놀이는 사냥의 재현이에요. 그리고 사냥은 기술입니다. 그 기술은 반복하면서 진화하고, 기술이 진화하면서 자신감도 올라가게 되는 것이지요. 그렇게 자기가 좋아하는 취향의 사냥감을 바탕으로 사냥 기술의 레벨을 올립니다. 그런데 집사님이 사냥이 시들해진 아이에게 특정 사냥감에 대한 사냥 유형이 익숙해

지기도 전에 자꾸 다른 것을 가져오면, 냥이는 깔끔하게 사냥을 포기합니다. 집사님이 제공하는 신상 장난감이 신기해서 잠깐 호기심을 보일 수 있지만, 사냥 행동으로 이어지지 않는 것이지요.

놀이 반응이 너무 짧은 냥이라면 평소의 놀이 유형을 잘 살펴보세요. 고양이들은 저마다의 사냥 형태를 가지고 있습니다. 우리 아이가 점프 스타일인지, 바닥에서 질주하는 스타일인지, 숨었다 덮치는 스타일인지, 아니면 숨겨져 있는 사냥감이 조금씩 보일 때 앞발로 잡으려고 하는 스타일인지, 펄럭 소리가 나는 사냥감에 끌리는 스타일인지 등을 파악해야 합니다. 그리고 아이의 유형에 맞는 장난감을 시도해 보고, 같은 사냥 유형 카테고리의 장난감에서 다양성을 확보해 주세요. 그렇게 고양이의 사냥놀이 반응이 올라가면 점차 다른 카테고리의 사냥 형태로 범위를 넓힐 수 있습니다.

활발한 동거묘로 인해 놀이에 참여하지 않는 고양이

다묘 가정에 흔히 생기는 고질적인 문제점은 놀이 반응이 특출난 냥이로 인해 놀이에 제대로 참여하지 못하는 고양이가 생긴다는 것입니다. 놀이 발동이 늦게 걸리는 아이가 뒤로 밀리게 되는 것이지요. 초기에는 멀리서 다른 고양이가 노는 것을 지켜만 보다가, 나중에는 아예 다른 장소로 빠져 버립니다. 그러면서 점점 더 놀이에 대한 흥미를 잃어 가게 됩니다.

집 안에 이런 고양이가 있다면 그 아이는 집사님과 따로 1:1로 노는 시간을 꼭 가져야 합니다. 다른 방에서 매일매일 짧지만 정기적인 놀이 시간을 가져 주세요. 초기에는 방문을 닫고 집사님과 둘만 있게 되었을 때, 어딘가 긴장하고 밖에 나가고 싶어 하는 모습을 보일 것입니다. 그러나 며칠만 꾸준히 놀이 시간을 가져 주면 냥이의 이런 긴장감은 현저하게 줄어듭니다. 집사님과의 1:1 놀이 시간을 통해 놀이 반응이 조금씩 올라간 냥이를 공동 놀이에도 참여시켜 주세요. 그리고 조금 더 신경을 써서 쉽게 장난감을 잡을 기회를 주세요. 다른 냥이들 앞에서 자신이 사냥에 성공하는 모습을 뽐낼 수 있게 하는 것입니다.

다묘 가정에서 장난감을 독식하는 고양이가 있다면?

다묘 가정에서 아기 고양이를 비롯해 놀이 시간에 장난감을 독식하는 고양이가 있다면 가족의 도움을 받아 적어도 두 팀 이상으로 나눠서 고양이들과 놀아 주는 것이 좋습니다.

활발한 고양이를 제외한 아이들이 함께하는 A팀과, 가장 활발한 고양이를 전담할 다른 집사님이 투입된 B팀으로 구성하세요. 각 팀이 거실에서 조금 떨어져 놀이 시간을 갖습니다. 함께 노는 도중 B팀의 활발한 고양이가 A팀 쪽으로 장난감을 잡으러 오기도 합니다. 이렇게 활발한 고양이가 A팀을 휘젓고 있을 때, 그 고양이를 전담하던 B팀의 집사님은 기존의 A팀 아이들에게 장난감을 흔들어 주세요. 그리고 A팀 아이들과 놀아 주던 집사님이 B팀의 활발한 고양이를 맡으면 됩니다. 고양이들의 놀이 흐름이 끊기지 않도록 두 명의 집사님이 팀을 바꿔서 맡는 것이지요.

고양이들과 놀아 줄 집사님이 한 명인 경우도 있습니다. 그렇다면 먼저 고양이들의 위치를 정리하세요. 놀이 반응이 가장 좋은 아이는 바닥 쪽에, 놀이 반응이 떨어진 아이들은 소파나 캣타워 위에 자리하게 해 주세요. 간식으로 유인해서 고양이들이 자리 잡도록 할 수 있어요. 이렇게 수직 공간으로 나눠서 배치하면 활발한 고양이와 그렇지 못한 고양이가 동선이 겹치는 것을 막을 수 있습니다.

그리고 고양이들이 모여서 놀이 시간을 가질 때 활발한 아이의 사냥 활동을 잠깐씩 제지하면서 조절해야 합니다. 활발한 아이가 장난감을 독식할 때마다 바로바로 장난감을 흔들지 말고, 잠깐 손으로 제지하거나 몸으로 막고 다른 아이에게 몇 초라도 더 흔들어 주세요. 그 후에 활발한 아이에게 다시 장난감을 흔들어 사냥감을 잡을 수 있게 한 다음, 다시 다른 아이에게 흔들어 주세요. 놀이 반응이 떨어진 아이가 놀이에 관심을 가질 때까지 장난감을 흔들면서 활발한 고양이를 기다리게 하면, 활발한 아이는 기다리지 못하고 다시 사냥감을 향해 돌진할 거예요. 그렇기 때문에 놀이 반응이 떨어진 아이가 움직이도록 하는 것이 아니라, 활발한 아이가 잠깐이라도 기다리는 법을 알려 주는 것이 우선입니다.

이렇게 놀이를 반복하면 활발한 아이는 조금 기다리면 다시 자기 차례가 온다는 것을 알게 되고, 다른 아이 앞에서 흔들리는 장난감이 자기 앞에 올 때까지 기다리는 것이 가능해집니다. 그러면 놀이 반응이 떨어진 고양이도 비로소 저 활발한 고양이와 함께 있어도 자신의 시간을 방해받지 않는다는 신뢰를 하게 되며, 조금씩 놀이에 흥미를 느낄 수 있어요.

또한 다묘 가정이라면 놀이 시간을 위한 두 개 이상의 장난감을 준비하세요. 활발한 고양이가 장난감을 물고서 놓지 않으면, 장난감을 그냥 그 아이에게 줍니다. 그런 다음 미리 준비해 둔 다른 장난감을 나머지 고양이들에게 흔들어서, 전체적인 놀이 흐름이 끊기지 않게 하는 것이지요.

레이저 포인터는 손으로 잡을 수 없기 때문에 고양이의 좌절감을 키우는 안 좋은 놀이라는 정보를 접한 분이 많을 것입니다. 하지만 이 부분을 보완해서 놀아 주는 방법이 있습니다. 레이저 포인터는 고양이의 호기심을 강하게 자극하는 대표적인 장난감 중의 하나예요. 그래서 놀이 반응이 별로 없는 냥이도 레이저 포인터에는 관심을 두는 경우가 많습니다. 레이저 포인터를 이용할 때는 놀이 시간이 끝난 후 먹이 보상으로 만족감을 주는 패턴으로 마무리를 해서, 목표물의 실체를 잡을 수 없어 느꼈던 좌절감을 보상해 주면 됩니다.

시중에는 정말 많은 종류의 셀프 토이가 있습니다. 그러나 안타깝게도 고양이는 대부분의 셀프 토이를 빨리 질려 합니다. 또한 몇몇 셀프 토이는 냥이의 호기심을 불러일으키기는 하지만, 한편으로 좌절감도 부추깁니다.

대표적인 셀프 토이인 서킷볼은 목표물을 바깥으로 꺼낼 수 없는 구조로 되어 있습니다. 레이저 포인터와 달리 손에 목표물이 닿긴 하지만, 절대 사냥감을 손에 넣을 수 없는 구조예요. 놀이를 몇 번 반복하면서 냥이는 이 사실을 인지하게 됩니다. 그리고 이 목표물이 그림의 떡이라는 결론을 내리게 되는 것이지요. 틱톡 박스 역시 고양이에게 꽤 좋은 장난감이 될 수 있습니다. 그러나 어떤 틱톡 박스는 안에 들어 있는 공을 밖으로 뺄 수 없는 구조입니다. 이렇게 목표물을 바깥으로 꺼낼 수 없는 장난감은 호기심 때문에 초기에 몇 번 깨작거려 볼 수는 있지만, 지속적인 흥미를 줄 수는 없습니다. 보상이 없는 구조를 가지고 있으니까요. 고양이에게 장난감 놀이는 사냥 행위이기 때문에, 직접 만지고 꺼내서 입에 물어 볼 수 있는 것이 가장 좋은 형태의 장난감입니다.

15분 이상을 쉬지 않고
놀 수 있는 성묘는
생각보다 많지 않습니다.
고양이 자체가
끈기 있는 성격이 아니기 때문이지요.
몇 분 놀다가 멈추는 아이라면,
짧게 자주 놀아 주면 됩니다.

하지만 셀프 토이들이 무조건 나쁘다는 것은 아니에요. 이런 장난감은 놀이 반응이 높고 호기심이 아주 많은 아기 고양이의 낮 시간 장난감으로 사용할 수 있습니다. 밖으로 빼낼 수 없어 그 안에 항상 목표물이 있는 것이기 때문에, 활발한 고양이라면 혼자서 심심할 때 가지고 놀 수 있어요.

장난감에 시들해지는 것을 방지하는 좋은 방법은 셀프 토이들을 평소에 숨겨 두었다가 바꿔 가며 꺼내 주는 것입니다. 그리고 가끔 서킷볼이나 틱톡 박스의 뚜껑 한 부분을 열어 두어서 목표물을 꺼낼 수 있게 하는 것도 도움이 될 수 있습니다.

4
실내 고양이의 신분 세탁

"우리는 영리해.
당신도 그걸 알고 나도 그걸 알고 있지."

– 데비 멜튼

평소에 고양이를 백허그 한 채로 놀아 주면, 생활 케어를 할 때 많이 수월해질 수 있습니다. 냥이가 앉아 있는 뒤쪽에 집사님이 양반다리를 하고 앉아 앞쪽으로 팔을 뻗어 막대 장난감 종류를 흔들어 주세요. 그리고 냥이의 뺨이나 정수리, 턱 밑 등을 부드럽게 간질여 주세요. 종종 뒤편에 앉아서 냥이를 쓰다듬고 간식을 주거나, 냥이 뒤쪽에서 느슨하게 안아 주었다가 풀어 주고 턱을 간질이며 마무리하는 것도 좋습니다. 이러한 방법으로 평상시에 고양이가 뒤쪽에 집사님이 가깝게 자리하는 것에 익숙해지도록 해 주세요. 많이 친해졌다면 집사님이 냥이 뒤에서 앞발을 양손으로 잡고 펀치 펀치 장난을 한 다음, 먹이 보상으로 트릿 한 조각을 주세요. 이렇게 백허그가 익숙해진 고양이에게는 발톱 깎기, 귀 청소하기, 약 먹이기 등의 생활 케어를 좀 더 편안하게 시도할 수 있습니다.

발톱 깎기

발톱 깎는 것을 정말 싫어하는 고양이라면, 평소 스킨십을 할 때 냥이의 발을 부드럽게 자주 만져 주세요. 그래도 심하게 거부하는 경우에는 발톱 하나 깎고 먹이 보상 한 조각을 주고, 또 하나 깎고 먹이를 주는 식으로 조금씩 시작해 보세요. 칭찬 보상이 꼭 간식일 필요는 없습니다.

과격하게 발버둥 치는 고양이를 너무 강압적으로 붙잡고 시도하면, 오히려 더 강하게 거부감을 느낍니다. 그리고 냥이를 들어 올려 집사님의 다리 위에 앉히는 것보다, 아이의 뒷발과 엉덩이가 바닥에 닿게 앉히고 최대한 발을 낮게 들어서 잡는 것이 더 안정감을 줍니다. 냥이를 위한 발톱깎이는 작은 가위처럼 생긴 기본적인 형

태가 가장 좋아요. 너무 크면 냥이의 발톱 형태와 맞지 않거나, 발톱의 자르는 부분이 잘 안 보일 수 있습니다.

귀 청소하기

평소 귀 질환이 있는 고양이는 귀 청소 자체를 부정적으로 인식하기 쉽습니다. 그렇기 때문에 귀 질환으로 인해 자주 귀 청소를 해야 하는 고양이일수록 평소에 평화로운 스킨십이 병행된 귀 마사지로 먼저 집사님의 손길에 신뢰를 쌓아 주세요. 귀 청소 시간은 너무 길지 않게 해 주세요. 귀 안쪽의 보이지 않는 곳까지 닦아 줄 필요는 없습니다. 솜을 감은 겸자(집게)를 귀 안쪽으로 지나치게 깊숙이 넣게 되면 귀지가 더 깊이 밀려 들어가서 종종 귀 안쪽에 상처를 내기도 합니다.

고양이의 귀를 청소할 때 면봉 사용은 추천하지 않습니다. 귀 청소 도중 예기치 않은 돌발 상황에 의해 면봉이 부러져 면봉 팁이 귀 안쪽에 박혀 동물 병원을 찾는 상황이 발생하기도 하거든요. 부러지지 않는 플라스틱 면봉이라고 해도 면봉 팁이 단단하게 감겨 있기 때문에 예민한 귀의 피부를 자극하기 쉽습니다.

가정에서 귀 청소를 할 때는 반려동물용 귀 세정제보다 세척용 멸균 생리 식염수의 사용을 권합니다. 고양이는 약물이나 계면 활성제를 비롯한 화학 성분에 대한 피부 반응이 강아지와 비교해 더 예민한 경우가 아주 빈번하기 때문이에요. 세척용 식염수는 약국에서 쉽게 살 수 있는데, 용량이 큰 통에 담긴 것보다 작은 플라스틱 용기에 밀봉된 멸균 생리 식염수가 더 효율적입니다. 멸균 생리 식염수는 고양이의 얼굴을 닦을 때, 눈에 이물질이 들어갔을 때도 세척용으로 안전하게 사용할 수 있어요. 그리고 냥이의 귀가 많이 지저분하다면 동물 병원에 가서 그 원인을 찾아 적절한 치료를 받아야 합니다.

약 먹이기

고양이와 함께 살면서 가장 어려운 것 중 하나는 약 먹이기입니다. 음식의 달라진 냄새와 맛에 아주 예민하게 반응하는 고양이에게는 약을 습식 사료에 타서 먹이는 것이 불가능할 때가 많아요.

고양이에게 약을 먹이는 가장 좋은 방법은 캡슐 형태로 급여하는 것입니다. 처음에는 캡슐 약을 직접 먹이는 것이 어렵게 느껴질 수 있지만, 집사님이 조금만 연습하면 곧 능숙해질 수 있습니다. 캡슐 약을 먹이게 되면, 가루약을 간식에 타거나 주사기로 먹였을 때보다 약 먹는 스트레스도 현저히 줄일 수 있어요.

고양이에게 알약을 먹이는 방법에는 손으로 먹이는 방법, 필건을 이용하는 방법, 필포켓이라는 간식을 이용하는 방법 등이 있습니다. 알약의 크기가 아주 작다면 필포켓을 이용하는 것도 나쁘지 않아요. 필포켓은 말랑한 주머니 형태의 간식 안에 알약을 넣어 먹이는 방법입니다. 간식을 씹지 않고 넘기는 아이에게 특히나 효과적이지요. 그러나 씹어서 먹는 습관을 가진 아이의 경우, 또 알약의 크기가 필포켓보다 큰 경우에는 추천하지 않습니다. 알약이 들어 있는 필포켓을 씹다가 캡슐이 터져 가루약의 맛을 느낀 고양이는 그 즉시 뱉어 내게 됩니다. 이때 구역질과 게거품을 동반하기도 하지요. 즉, 필포켓은 작은 알약일 때, 간식을 씹지 않고 삼킬 수 있을 때, 혹은 너무 쓰지 않은 약을 먹일 때 사용하는 것이 좋습니다.

알약을 먹일 때 손을 이용하든, 필건을 이용하든 기본적인 동작은 같습니다. 우선 집사님이 뒤쪽에 앉아 백허그를 하듯이 냥이를 편안하게 잡아 주세요. 알약을 먹일 때 정면에서 마주한 상태로 얼굴을 잡으려고 하면, 아이는 뒤로 빠져나가서 약 먹이기에 실패하기 쉽습니다.

집사님이 오른손잡이라면 왼손으로 냥이의 머리 위쪽을 잡으면 됩니다. 이때 왼손은 엄지와 검지가 아래쪽으로, 새끼손가락이 위쪽으로 가도록 해서 얼굴을 잡아 주세요. 보호자님의 손이 뒤편에서 오기 때문에 자연스럽게 왼손 손바닥은 냥이 눈을 가리는 위치가 됩니다. 왼손의 엄지와 검지로 입을 벌려 치아 위아래 사이로 넣으면서 상악을 잡고, 입이 벌어져서 틈이 생기면 그때 오른손에 쥔 알약을 목 안쪽으로 넣어 줍니다. 아주 빠른 동작으로 최대한 깊게 넣어야 해요. 알약을 넣고 난 뒤에 왼손 엄지와 검지로 바로 입을 닫아 주세요. 오른손으로는 목을 간질여 주는 동작을 해도 되고, 왼손과 오른손을 모두 이용해 냥이의 입을 닫고, 집사님이 냥이 코에 바람을 살짝 불어 주는 방법도 좋습니다. 이렇게 한 다음 입을 풀어 주었을 때 냥이가 혓바닥을 내밀며 입가를 핥으면 알약을 삼킨 것입니다. 손으로 알약을 줄 때는 필건으로 넣을 때보다 입 안쪽 깊숙이 넣기가 힘들어 약을 바로 삼키지 않는 경우도 있습니다. 이때를 대비해 주사기에 물을 조금 넣어서 옆에 준비해 두세요. 약을 먹은 냥이의 입을 한 손으로 잡고, 다른 손으로 물을 먹이면 완전히 삼키는 데 도움이 됩니다.

손으로 약을 먹이기 힘들다면 필건이 더 효과적입니다. 필건은 알약을 먹일 때 사용하는 막대 형태의 도구입니다. 필건을 처음 사용하는 분은 필건이 위험하다고 생각할 수도 있어요. 실제로 필건은 자칫 고양이의 입 안에 상처를 내거나, 너무 깊게 들어가면 위험한 상황을 초래할 수도 있어서 주의해야 합니다. 그러나 요즘은 필건 끝이 고무로 마무리되어서 입 안에 상처가 나지 않게 제작된 제품들이 많습니다. 만약 알약이 기도로 넘어가려 하면 고양이는 기침을 하면서 뱉어 내게 되고, 알약이 기도로 넘어갈 만큼 필건을 깊이 넣기도 쉽지 않으니 너무 걱정하지 마세요. 필건은 손으로 직접 알약을 먹이는 것에 비해 훨씬 빠르게 약을 먹일 수 있다는 장점이 있습니다. 그리고 손으로 약을 먹이다 집사님이 다치는 위험도 낮습니다. 필건의 두께는 손가락보다 가늘기 때문에 필건을 통해 입 안에 알약이 들어왔을 때 냥이의 거부감이 덜합니다. 필건을 처음 선보일 때는 필건 끝에 간식을 묻혀서 고양이가 그 간식을 핥아먹게 해 주세요. 이러한 과정을 통해 필건에 친숙하게 해 주면 알약을 먹는 것에 대한 거부감을 많이 줄일 수 있습니다.

양치질하기

고양이는 강아지보다 작은 이빨을 가지고 있어요. 그래서 일반적인 형태의 반려동물용 칫솔이 아무리 작다고 해도 고양이에게 사용하기는 큽니다. 크기가 맞지 않는 칫솔을 사용하면 입 안쪽의 이빨을 닦는 게 힘들고, 잇몸에 상처가 나기도 쉽습니다. 고양이의 구강 관리에 적합한 칫솔 모양은 작은 팁 형태의 칫솔이에요. 아주 작은 둥근 팁 끝에 브러쉬가 있는 형태여서, 냥이의 송곳니와 어금니 안쪽도 수월하게 닦을 수 있습니다. 마모가 빠르다는 단점이 있지만, 냥이의 구강 관리를 위해서 고양이 전용 작은 칫솔을 권장합니다.

고양이를 위한 다양한 종류의 구강 관리 제품도 시중에 나와 있습니다. 뿌리기만 하면 되는 스프레이 타입부터 바르는 젤 타입, 그리고 물에 넣어서 관리해 줄 수 있는 제품도 있습니다. 치석 제거를 위해 급여할 수 있는 사료나 트릿 종류도 있어요. 고양이의 구강 관리를 위한 차선책으로 이런 제품을 이용해 볼 수는 있지만, 가장 좋은 구강 케어 방법은 양치질입니다.

고양이에게 양치질 훈련을 시작하기 전에, 칫솔을 냥이에게 익숙하게 만드는 과정이 필요합니다. 가장 많이 사용되는 양치질 훈련의 첫걸음은 집사님이 손가락을 냥이의 입속에 넣어 잇몸을 마사지해 주는 방법입니다. 그러나 처음부터 입속으로 손가락을 깊게 넣거나, 어금니가 있는 안쪽 깊숙이 손가락을 넣는 시도는 고양이

에게 거부감을 줍니다. 손을 완전히 넣지 말고, 입 주변과 송곳니 정도를 손가락으로 살살 문질러서 입 주변에 뭔가가 닿는 것에 대한 거부감을 줄여 주는 것부터 시작하세요. 양치질 훈련을 할 때는 고양이를 편하게 바닥에 앉힌 다음, 집사님은 뒤쪽에 앉아 느슨하게 백허그를 하는 자세를 취하세요. 고양이가 안정감을 느껴야 거부감이 적어집니다.

냥이가 집사님의 손가락이 자신의 잇몸과 입 주변에 닿는 것에 익숙해졌다면, 칫솔 자체에 대한 거부감을 줄이는 단계로 진입하면 됩니다. 초기에는 고양이용 칫솔에 무스 타입의 습식 간식을 조금 묻혀서 냥이가 핥아 먹게 해 주세요. 그리고 핥아 먹고 간식의 냄새만 남은 칫솔로 고양이의 뺨과 정수리, 턱 아랫부분 등 입 주변을 중심으로 쓸어내리세요. 칫솔로 브러싱을 받는 것에 익숙해지도록 이 과정을 짧게 짧게 반복해 주세요. 그다음 단계로 다시 간식을 칫솔에 묻혀 핥아 먹게 하고, 간식 냄새만 남은 칫솔로 송곳니만 짧게 쓸어내려 보세요. 이 과정을 몇 번 반복해서 냥이가 간식을 묻히지 않은 칫솔이 이빨에 닿는 것에 어느 정도 익숙해졌다면, 칫솔을 입 안쪽으로 조금 더 밀어 넣으면 됩니다. 이 과정도 역시 여러 번 반복하세요.

이제부터는 본격적으로 양치질을 시도해 보는 겁니다. 먼저 집사님의 한 손으로 고양이의 아래턱을 받쳐주듯이 잡아 주세요. 그 다음에 엄지와 검지를 이용해 입 양쪽 가장자리를 옆으로 밀어서 웃는 입 모양을 만드세요. 그렇게 하면 자연스럽게 냥이의 어금니 쪽이 밖으로 드러나게 됩니다. 다른 한 손으로 밖으로 보이는 어금니 부분을 칫솔로 가볍게 닦아 보세요. 이 모든 과정을 한 번에 다 끝내지 말고 조금씩 익숙해지도록 시간을 두고 유도해 주세요.

AMG

목욕시키기

물을 싫어하는 대표적인 동물로 손꼽히는 고양이를 목욕시키는 것은 집사님들에게 큰 도전 과제 중 하나입니다. 고양이에게는 브러쉬 역할을 하는 혓바닥으로 그루밍을 하여 자신의 몸에서 나는 냄새를 지울 수 있는 능력이 있습니다. 그래서 건강한 고양이에게는 나쁜 냄새가 나지 않기 때문에 대부분의 냥이에게 목욕이 필수적인 생활 관리는 아닙니다. 그러나 산책을 자주 다니는 외출냥이거나, 특정 상황으로 인해 냥이가 지저분해졌거나, 혹은 질병 등의 이유로 목욕을 시켜야 하는 상황도 발생합니다.

고양이를 욕실로 데려오기 전에 먼저 욕조나 세숫대야에 물을 받아 주세요. 세숫대야 두 개에 물을 받아 하나는 씻는 용도로, 하나는 헹구는 용도로 사용합니다. 그리고 바닥에 빳빳한 재질의 발 매트를 깔아 주세요. 미끌미끌한 재질보다 발을 닦을 수 있는 두께감이 있는 천 재질의 발 매트를 추천합니다. 목욕 타월이나 수건을 깔아 두면, 아이가 목욕을 거부하고 발버둥 치는 과정에서 바닥에 펼쳐져 있는 상태가 흐트러져 좋지 않아요. 고양이가 목욕할 때 패닉을 느끼는 것은 몸이 물에 젖는다는 이유도 있지만, 공포스러운 샤워기 소리가 더 큰 이유입니다. 또 발버둥 칠 때마다 미끄러지는 바닥도 아이의 흥분 행동을 더 강화시킬 수 있어요. 두께가 얇은 수건 하나를 따뜻한 물에 적셔 몸에 둘러 주면 냥이에게 안정감을 주는 데 도움이 됩니다.

냥이의 몸에 직접 비누칠을 하지 말고, 얇은 수건 위에 비누칠한 다음 수건을 이용해 거품을 내서 몸을 문질러 주세요. 얇은 수건을 이용한 목욕 방법은 목욕 시 고양이의 피부 자극을 줄일 수 있습니다. 그리고 냥이가 몸이 젖은 상태에서 찬 공기를 만나 체온의 변화가 생기는 것을 줄이는 데에도 도움이 됩니다. 고양이에게는 샴푸 타입보다 비누 타입이 훨씬 효율적입니다. 비누는 샴푸보다 빨리 깨끗하게 헹궈지기 때문이지요. 많은 집사님이 비누를 사용하면 아이의 털이 목욕 후에 더 뻣뻣해지지 않을까 걱정을 합니다. 그러나 사람 샴푸에 사용되는 모발 보습 성분이나 털을 매끄럽게 하는 코팅 성분은 모공을 막을 수 있기 때문에, 반려동물 샴푸에는 이런 성분이 많이 첨가되어 있지 않습니다. 그래서 고양이용 샴푸 역시 뻣뻣해지는 것은 비누와 크게 다르지 않습니다. 반려동물용 비누를 사용해 빠르고 쾌적하게 헹궈내는 것이 고양이 목욕에 더 효율적입니다.

목욕 후 고양이에게 보습제를 발라 주는 것은 추천하지 않습니다. 보습제를 바른다고 해도 냥이는 끈기 있는 그루밍으로 모두 핥아 버립니다. 그 과정에서 보습제 성분을 섭취하게 되는 것이지요. 고양이는 자신의 몸에서 원치 않는 냄새가 나는 것을 허락하지 않습니다.

고양이 심리 들여다보기

STEP 2

고양이와 함께하는 일상

1
고양이의 행동 언어 이해하기

"당신이 보고 있을 때 고양이는 공주처럼 행동하지만,
당신이 보고 있지 않다는 것을 알게 된 순간에
고양이는 바보처럼 행동합니다."

– KC. 배핑턴

발라당과 항복 자세의 비밀

고양이가 바닥에 누워 배를 보여 주는 행동을 '발라당'이라고 부릅니다. 고양이의 발라당이 좋은 기분을 표현하는 것임은 틀림없습니다. 그런데 고양이가 배를 보여 주면서 발라당 몸을 뒤집은 모습이 귀여워서 배를 쓰다듬을 때는 신중해야 합니다. 대다수 고양이가 집사님의 손이 자신의 배에 닿는 순간, 몸을 돌리거나 누운 상태에서 뒷발로 팡팡 치는 행동을 하며 집사님의 손과 팔에 상처를 입힐 수 있습니다. 자신의 기분 좋은 상태를 발라당으로 표현하는 것은 결코 상대에 대한 복종을 의미하지 않아요. 특히 집사님이 서 있을 때 발라당을 하는 경우가 많은데, 이때 고양이의 배를 만지기 위해서는 집사님이 허리를 구부려 손을 위에서 아래로 뻗어야 합니다. 많은 고양이가 자신의 머리보다 훨씬 위쪽에서 아래로 빠르게 내려오는 동작에 거부감을 느낍니다. 집사님과의 스킨십 신뢰도가 높은 고양이는 기꺼이 자신의 배를 만지도록 허락하기도 해요. 그러나 냥이가 집사님에게 배를 만지도록 허락하는 대다수의 상황은 집사님이 편하게 앉아 있거나 아이와 함께 누워 있을 때입니다. 자신의 위치와 집사님 위치의 높이 차이가 크지 않을 때, 스킨십에 대한 경계심은 낮아집니다.

어떤 냥이는 배를 보여 주는 행동으로 허세를 부리기도 합니다. 이런 고양이는 낯선 상대(사람이든 고양이든) 앞에서 어느 정도의 거리를 두고서 편안한 듯 뒹굴면서 배를 살짝 보이고 상대를 바라보며 옆으로 눕는 행동을 합니다. 이는 "난 네가 좋아."의 의미보다는, "난 네 앞에서 이렇게 편안히 있을 수 있어."라는 의미의 행동이에요. 이렇게 편안한 척 누워 있는 냥이를 자세히 보면, 상대방이 있는 쪽으로 귀를 쫑긋거리고 시선도 자주 주면서 상대의 반응과 행동을 관찰합니다. 그런데 이 허세를 부리는 행동을 적대적인 행동으로 볼 수는 없습니다. 고양이는 상대가 자신에게 위협적으로 느껴지지 않을 때 이렇게 배를 살짝 보이며 옆으로 눕는 행동을 잘하기 때문입니다. 이는 "네가 위협적으로 느껴지지 않아."라며 자신의 강인함을 표현하는 동시에, 상대에 대한 적대감이 없음을 알리는 행동입니다.

기분이 좋아서 바닥에 발라당 뒹굴 때 말고도, 고양이가 배를 보여 주는 또 다른 상황이 하나 있습니다. 고양이의 '항복 자세'라고 오해하고 있는, 싸움 중 배를 보여 주는 행동입니다. 사이가 좋지 않은 고양이들을 반려하는 많은 집사님이 공격을 당하는 냥이가 배를 보이면서 항복을 하는데도 공격하는 냥이가 싸움을 멈추지 않는다고 말합니다. 이런 배 보여 주기 자세는 냥이들끼리의 과격한 놀이 중에도 자주 목격됩니다. 싸움 중이든 혹은 놀이가 과격해진 경우이든, 배를 보이며 상대를 향해 네 다리를 뻗고 있는 상황은 대치 상황입니다. 누워 있는 냥이는 꼬리를 바닥에 탁탁 치고 있고, 상대는 서서 그 냥이를 노려보면서 꼬리를 좌우로 세차게 흔들며 긴장감이 감돌지요. 그렇다면 이 상황에서 공격하는 냥이는 항복하는 냥이를 봐주지 않는 못된 고양이일까요? 보통 이런 대치 상황은 공격을 당하던 고양이가 궁지에 몰리면서 발생합니다. 결국 이 자세는 배를 보여 주는 것이 목적이 아니라, 더는 도망갈 곳이 없는 상황에서 네 다리와 이빨을 모두 무기로 사용할 태세를 갖춘 적극적 방어 행동입니다.

그런데 여기에서 우리는 이 자세를 취하는 고양이의 상황을 눈여겨볼 필요가 있습니다. 대치 상황에서 배를 보여 주는 자세를 취하는 고양이는 해당 싸움이나 흥분 상황에서 우위를 차지하지 못하는 고양이입니다. 상대방을 향해 자신의 무기를 모두 꺼내 보이긴 해도 싸움에 이길 자신은 없는 상황이지요. 그래서 이렇게 대치하며 약간의 시간을 벌고, 조금이라도 상대의 집중력이 흐트러지는 틈을 타 누워 있던 냥이는 다른 곳으로 달아날 수 있는 것입니다.

싸움 중 항복한 고양이는 어떤 행동을 할까요?

항복한 고양이는 한바탕 몸싸움을 하고 난 후 별다른 대치 상황 없이 멀리 달아납니다. 뿐만 아니라 자신이 힘으로 상대를 제압할 수 없다는 것을 알게 되면, 자신을 괴롭히는 고양이를 조심스럽게 피해 다녀요. 이 상황이 바로 서열이 잡힌 상황입니다. 그리고 이렇게 피해 다니는데도 상대의 공격이 잦아지면, 배를 보여 주며 바닥에 누워 대치하게 되는 것이지요.

고양이의 부비부비

'부비부비'란 고양이가 좋아하는 대상이나 새로운 물건 등에 자신의 얼굴이나 몸을 비비는 행동을 말합니다. 고양이가 사람이나 다른 냥이에게 몸을 비비는 행동은 자신의 냄새를 상대에게 묻혀서 직접적인 동질감을 느끼려는 심리에서 출발합니다. 부비부비를 하는 냥이는 기분 좋을 때 내는 그르렁 소리를 함께 내는 경우가 많습니다. 그리고 자신의 몸을 집사에게 비비면서 시선을 마주치고 야옹거리며 행복함을 표현하지요. 하지만 이 부비부비에도 숨은 비밀이 있습니다.

낯선 환경에서 경계심을 쉽게 느끼는 고양이는 낯선 곳에서 여러 가지 방법으로 자신의 냄새를 주위에 묻혀 안정감을 찾으려 노력합니다. 어떤 고양이는 자신의 소변 냄새를 이용해 적극적으로 주위를 점령하려 하기도 하고, 어떤 고양이는 새로운 장소나 물건을 탐색하면서 자신의 페로몬 냄새를 묻힙니다. 익숙한 냄새는 고양이에게 심리적인 안정감을 주기 때문에, 긴장되는 상황에서 자기 주변에 몸을 비비는 행동을 하는 것입니다.

고양이의 부비부비는 사이가 나쁜 고양이들의 다툼 이후(종종 싸움 이전 대치 상황)에도 발견할 수 있어요. 어떤 냥이는 다른 냥이와 싸운 후 상대를 쫓아내고 나서, 그 냥이가 있던 자리에 뒹굴면서 자기 냄새를 묻히는 모습을 보입니다. 이러한 행동은 집사님에게 흡사 '얘가 바닥에 뒹굴거리며 애교를 부리고 있네.'라는 생각이 들게 하지요. 실제로 고양이는 자기가 좋아하는 냥이 앞에서 뒹굴뒹굴 구르면서 바닥이나 주위에 몸을 비비는 행동으로 호감을 표현하기도 합니다. 그래서 고양이들이 싸움을 하고 나서 공격하던 냥이가 이러한 행동을 보이면 집사님은 헷갈리게 되고, 이 행동을 자주 목격하면 오해하기도 합니다. "막내가 첫째를 너무 짝사랑하는데 언니

고양이가 사람이나
다른 고양이에게
몸을 비비는 행동은
자신의 냄새를 상대에게 묻혀서
직접적인 동질감을 느끼려는
심리에서 출발합니다.

가 받아 주지를 않아요. 첫째는 막내가 다가오기만 해도 으르렁거려요."라고 말하는 분들이 많습니다. 하지만 동영상으로 냥이들의 실제 상황을 보고 나서야 진실을 알게 되지요. 이때 냥이는 '여기 내 자리야.'라는 심리와 함께, 싸움 이후 긴장감 해소의 목적을 가지고 이 행동을 한다고 볼 수 있어요. 고양이들끼리 애정 표현의 목적으로 하는 부비부비는 평소에 사이가 좋은 아이들에게서 목격됩니다. 특히 상대에게 이마를 비비는 행동을 자주 볼 수 있습니다.

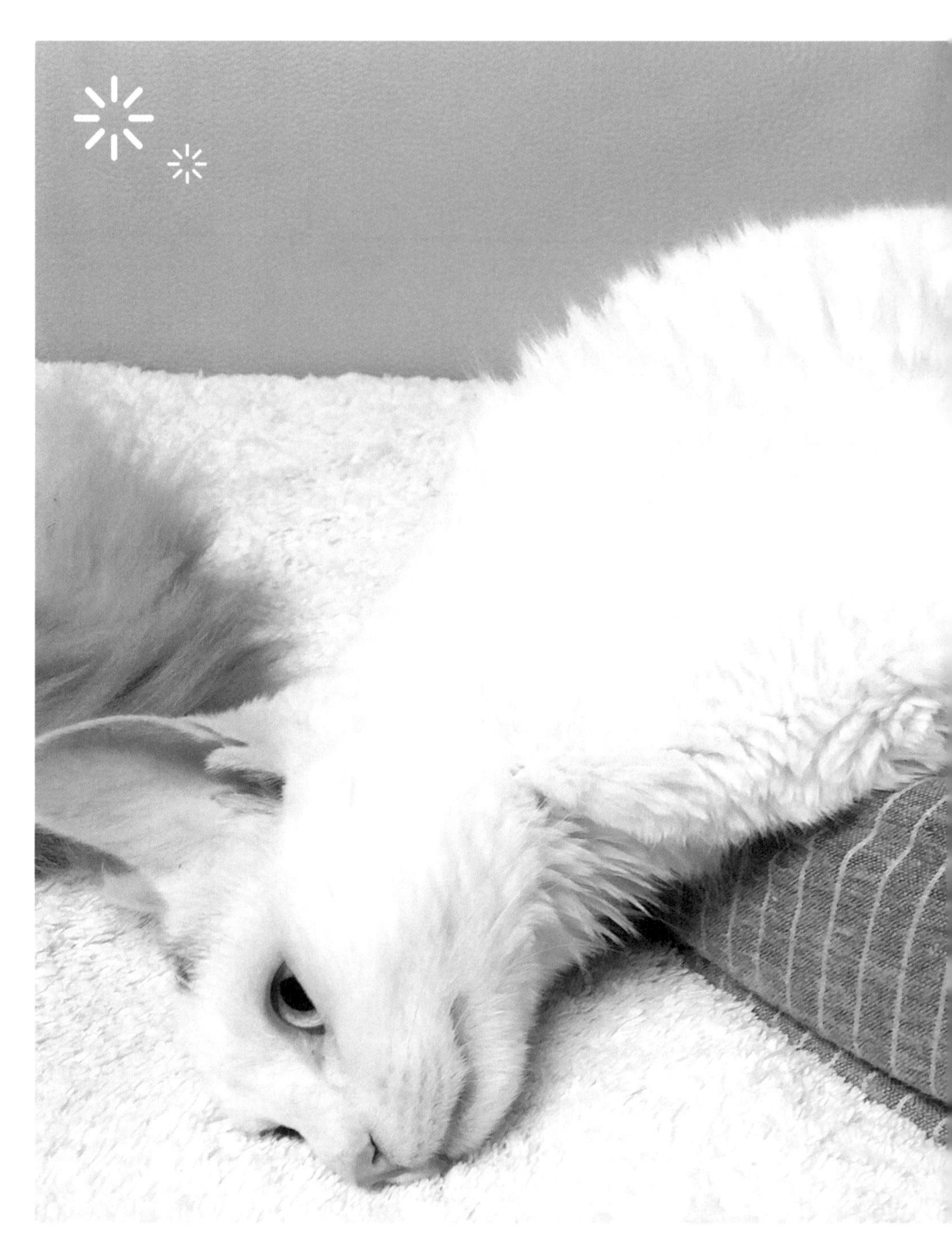

서로 그루밍하다 싸우는 고양이들

함께 사는 고양이들이 꼭 붙어 앉아서 서로를 그루밍하는 모습은 보는 사람의 마음마저 흐뭇하게 합니다. 그러나 이런 아름다운 장면도 잠시, 방금까지 서로를 핥아 주던 아이들이 갑자기 으르렁거리기 시작하지요. 그러다 결국은 다툼으로 끝나는 상황을 심심치 않게 볼 수 있습니다.

우선 그루밍을 하다가 상대방의 목을 무는 상황을 자세히 살펴보면, 그루밍을 먼저 해 주기 시작한 고양이가 상대 고양이의 목을 뭅니다. 그런데 여기저기 막 깨무는 것이 아니라, 상대가 움직이지 않는 한 목을 앙 물고 가만히 있어요. 어린 고양이라면 서툰 그루밍과 깨물기를 동반합니다. 이 당황스러운 행동은 애정 표현의 한 방법입니다. 하지만 목을 물린 냥이가 거부감을 느끼고 피하기 위해 자세를 바꾸는 과정에서, 처음 목을 물었던 아이가 상대가 움직이니 다시 목을 무는 동작을 반복하게 되지요. 이 상황에서 상대방은 불편한 심기를 표현하기 위해 으르렁거리거나 냥펀치를 날리게 되고, 곧 다툼으로 번지게 됩니다.

그루밍 중에 상대의 목을 무는 행동을 무조건 말리면, 애정 표현 자체를 저지당하게 되어 고양이들의 관계가 더 나빠질 수 있으니 주의해야 합니다. 안 그래도 목을 물려서 기분이 썩 좋지 않은데 집사님이 직접 나서서 말리기까지 하면, '정말 내게 안 좋은 일이 생겼던 거구나.'라는 인식을 확정하게 됩니다.

고양이들은 각자의 성격에 따라 서로 다른 방식으로 애정을 표현합니다. 어떤 고양이는 좋아하는 동거묘에게 얼굴을 비비고, 어떤 고양이는 상대의 몸을 핥아 주면서 애정 표현을 합니다. 즉, 모든 고양이가 그루밍으로 애정을 표현하지 않는다는 것이지요. 심지어 어떤 고양이는 상대방이 자기에게 해 주는 그루밍을 그다지 달가워하지 않기도 합니다. 하지만 동거묘에게 그루밍을 하지 않는 성격이라고 해서 사회성이 떨어지는 것은 아닙니다.

상호 그루밍을 그다지 즐기지 않는 아이는 상대가 자신에게 과도한 애정 표현의 그루밍을 할 때 상대의 머리를 짧게 맞그루밍 해 주기도 합니다. 이 행동은 상대에게 정중하게 그만하라고 요청하는 행동이에요. 그렇게 했는데도 상대가 과한 애정 표현을 멈추지 않으면, 자리를 피하거나 으르렁거리고 하악질을 하기도 합니다. 그러면 열심히 그루밍하던 냥이는 상대에게 헤드락을 걸며 강압적인 그루밍을 시도하거나, 자신에게 으르렁거리는 상대에게 과격한 행동으로 맞대응하게 되는 것이지요. 결국 조금 전까지도 서로 그루밍을 하던 모습을 보였던 고양이들이 티격태격하며 한바탕 싸움을 하게 됩니다.

이렇게 함께 사는 고양이들이 그루밍을 하다가 싸움으로 번지는 경우가 잦다면, 평소 두 냥이의 관계를 좀 더 개선해야 할 필요가 있습니다. 좋은 유대감을 가지고 있고 서로 간에 신뢰가 확고하면, 상대가 과한 애정 표현으로 목을 물 때 귀찮아도 그냥 가만히 참아 줄 수 있으니까요. 두 고양이가 서로 그루밍을 해 주기 시작하면, 싸움으로 변하기 전에 집사님이 가서 두 고양이를 쓰다듬어 주세요. 턱이랑 머리를 부드럽게 만져 주면 냥이들의 관심은 자연스럽게 집사님의 손길로 바뀝니다. 그렇게 되면 그루밍을 하다 목 물기로 넘어가는 행동이 집사님의 스킨십으로 인해 긍정적인 방향으로 멈춰질 수 있고, 그루밍을 당하던 냥이도 싸움으로 끝나지 않고 편안한 그루밍의 상태로 마무리되는 좋은 인식을 쌓을 수 있습니다.

앞에서 이야기했듯이 고양이는 상대의 행동에 대해 중단 요청을 정중하게 할 때도 그루밍을 이용합니다. 성격 좋은 성묘는 깨발랄한 행동으로 귀찮게 하는 동생을 좋게 타일러야 할 때도 짧은 그루밍을 해 주지요. 뿐만 아니라 집사님이 자신의

몸을 쓰다듬을 때 원치 않는 신체 부위를 만지면, 골골송을 멈추고 자세를 바꿔 집사님의 손을 핥으며 중단을 요청합니다. 고양이의 그루밍은 단순한 자기 안정과 애정 표현 외에도 생각보다 더 다양한 의미의 의사소통 수단으로 쓰입니다.

다른 고양이의 목을 무는 행동

고양이 중에는 자꾸 다른 냥이를 덮치고 목을 무는 아이가 있습니다. 주로 어린 고양이가 이러한 행동을 하지만, 성묘 중에서도 종종 목격됩니다. 그리고 성묘가 다른 고양이를 덮쳐서 목을 무는 행동은 어린 고양이와는 조금 다른 양상을 보여요. 어린 냥이가 동거묘를 덮치고 목을 무는 것은 놀자고 상대를 도발하는 것이 목적이지만, 성묘의 목 물기는 상황마다 다른 심리를 기반으로 합니다.

그루밍을 하다가 상대의 목을 가볍게 무는 것과 다르게 고양이가 목을 무는 상황은 싸울 때를 예로 들 수 있습니다. 싸움에서 우위를 차지하는 고양이는 상대를 구석으로 몰아갑니다. 그때 앞발 펀치를 주무기로 사용하기도 하지만, 어떤 고양이는 상대를 덮치고 목을 무는 것이지요. 그런데 싸움이 나서 목을 무는 게 아니라, 목을 물어서 싸움이 나는 상황도 있습니다.

그리고 천천히 걸어 다니다가 다른 냥이를 갑자기 덮쳐 목을 무는 경우가 있습니다. 이때 두 고양이의 자세는 마치 수컷 고양이가 암컷 고양이와 교미할 때의 양상을 보입니다. 이 상황을 자세히 살펴보면, 목을 물고 있는 고양이는 싸울 때처럼 목을 물고 뒹굴거나 펀치를 날리지 않고, 그냥 가만히 차분하게 상대의 목을 물고 있을 뿐이에요. 목을 물리고 있는 냥이도 격렬하게 저항하지 않습니다. 야옹거리며 싫다고 하긴 하는데, 이때의 야옹 소리는 싸울 때 내는 소리와는 다릅니다. 좀 더 가냘프게 야옹거리지요. 대부분 큰 싸움으로 번지지 않고 둘 중 하나가 자리를 피하면서 상황이 종료됩니다. 주목할 것은 이 두 고양이가 평상시에 그다지 사이가 나쁘지 않은 경우가 많다는 것입니다. 오히려 나름 친한 냥이들도 있어요.

그런데 이렇게 한 고양이가 걸어 다니다 다른 고양이의 목을 무는 똑같은 상황인데, 싸움으로 끝나는 경우도 있습니다. 목을 물린 고양이가 화들짝 놀라면서 하악질을 하고 다른 곳으로 자리를 피하는 상황이지요. 이때 두 고양이의 관계를 보면, 목을 문 냥이는 집 안에 딱히 친하게 지내는 동거묘가 없는 경우가 대부분이고, 그나마 평소 제일 장난을 많이 거는 냥이의 목을 무는 일이 많습니다. 하지만 목을 물린 아이는 이 행동을 받아 줄 만큼 상대를 좋아하지 않는 것이에요. 고양이가 이러한 행동을 하는 가장 큰 이유는 무료함입니다. 엄청난 스트레스까지는 아니더라도 불만족스러운 상황이라면 이러한 행동을 통해 다른 고양이에게 투정을 부려보는 것이지요.

동거묘를 덮쳐서 목을 무는 행동을 할 때는 가볍게 떼어만 주세요. 이 행동에 대한 어떤 긍정적인 강화도 주지 마세요. "안 돼."라고 주의를 주는 것도 큰 효과가 없습니다. 어차피 심심한 냥이에게는 "안 돼."라는 말도 나름의 반응이 될 수 있습니다. 평소에 고양이가 재밌게 돌아다닐 수 있도록 집 안 환경을 풍요롭게 꾸며 주고, 꾸준한 놀이로 생활의 활력을 주는 것이 중요합니다.

싸우는 건지 노는 건지 구별하는 방법

고양이들이 과격하게 놀고 있는 모습은 때로 굉장히 살벌하게 느껴지기도 합니다. 서로 목을 물고 뒹굴기도 하고, 앞발로 상대의 머리를 잡고 뒷발로 마구 갈기는 듯한 행동을 하기도 합니다. 그런데 냥이들이 너무 격하게 논다고 생각했던 상황이, 알고 보면 진짜 서로 싸우는 것일 때도 있습니다. 그럼 고양이들이 서로 놀고 있는 건지, 아니면 싸우고 있는 건지는 어떻게 구별하면 될까요?

우다다

고양이가 집 안 여기저기를 활기차게 뛰어다니는 모습을 '우다다'라고 표현합니다. 그런데 이 우다다가 냥이들이 재미있게 놀고 있을 때도 나타나지만 싸움 중에도 일어나기 때문에, 우리는 종종 두 가지 다른 상황을 확실히 구분하기 힘들 때가 있습니다.

우선 서로 놀고 있을 때의 우다다를 관찰하면, 둘 중 한 고양이가 장소를 벗어나 다른 곳으로 달아나고 나머지 한 고양이가 그 뒤를 쫓아갑니다. 이때의 우다다는 도망자와 추격자의 역할이 수시로 바뀌게 되지요. 물론 더 많이 쫓는 아이와 더 많이 도망가는 아이가 있긴 하지만 이들의 앞뒤 순서는 바뀝니다. 반면 싸울 때의 우다다는 추격자와 도망자가 전혀 바뀌지 않습니다. 그리고 이 두 고양이는 평상시에도 사이가 돈독하지 않아요. 대부분은 공격을 하는 냥이와 공격을 당하는 냥이가 정해져 있습니다. 싸울 때의 우다다는 신체 접촉이 있기 전에 두 고양이가 대치하면서 공격당하는 냥이의 으르렁 소리가 들려옵니다.

고양이들이 서로를 쫓으며 달리기 놀이를 하는 상황을 싸움과 헷갈리는 가장 큰 이유는, 실제로 놀이를 하면서 우다다를 하다가 싸움으로 끝나는 경우가 많기 때문입니다. 매번 이렇게 싸움으로 끝나면서도 계속 함께 우다다를 하며 과격한 놀이를 합니다. 이러한 행동을 보이는 것은 놀이 역할이 그렇게 정해졌기 때문이에요. '쟤는 나의 우다다 놀이 파트너야.'라고 인식된 것입니다. 평소에 사냥놀이 시간이 부족하면 에너지가 넘치는 냥이는 동거묘와 신체적인 상호 놀이를 하게 되는데, 이 과정에서 과격한 육탄전이 강화되는 것이지요.

이렇게 번번이 우다다가 싸움으로 끝나는 냥이들에게 적용할 수 있는 먹이 보상 방법이 있습니다. 우다다를 시작하면 싸움으로 진행하기 전에 박수를 짝짝짝 치고, "우리 간식 먹자!"를 외쳐 보세요. 그리고 바닥에 간식이나 사료를 몇 알 넓게 뿌려 주세요. 그렇게 하면 냥이들이 함께 노는 상황에 대한 긍정적인 인식은 유지되면서, 그들의 우다다가 싸움이 아니라 맛있는 간식 먹기로 끝날 수 있습니다.

끊임없이 싸우는 고양이들?!

고양이들의 관계 개선 상담을 하다 보면 냥이들이 잘 때를 제외하고 만나기만 하면 맞붙어서 계속 싸운다는 말을 자주 듣게 됩니다. 그러나 막상 촬영된 영상을 보면 싸움이 아닌 경우가 훨씬 더 많습니다. 만나기만 하면 맞붙는 냥이들은 주로 어린 고양이들입니다. 이들은 레슬링을 하면서 신체적인 상호 놀이를 하는 것이지요. 꼬리도 팡 하고, 옆으로 통통 뛰면서 맞붙고, 도망가서 스크래칭하고, 금방 다시 달려와서 또 맞붙기를 빈번하게 반복합니다. 이러한 과격한 상호 놀이는 싸울 때보다 티격태격하는 지속 시간이 긴 편입니다.

이에 반해 사이가 안 좋은 고양이들이 진짜 싸움을 하는 경우에는 다시 맞붙기까지 재충전의 시간을 갖습니다. 싸움은 상대를 해하는 동시에 자신의 위험도 감수해야 하는 큰 에너지가 필요하기 때문에, 보통 격렬하게 싸운 뒤 바로 다시 맞붙는 경우는 극히 드물어요. 단, 한바탕 싸운 후 서로가 아주 가까운 곳에 있다면 다시 맞붙기도 합니다.

고양이의 근육은 순발력을 극대화하기 좋게 발달해서, 단거리는 빠르게 달리지만, 오래 달리지는 않아요. 그래서 진짜 싸움이 난 경우 때때로 굉장히 격렬하게 진행되지만, 지속 시간은 그리 길지 않습니다. 그렇기 때문에 고양이들이 서로 레슬링을 하고 떨어졌다가 스크래칭하면서 발동을 걸고 바로 다시 상대방을 향해 돌진하거나, 돌진하는 상대가 수시로 바뀐다면 아이들은 격렬한 놀이를 하는 것입니다. 또 이렇게 레슬링 놀이를 할 때의 냥이들은 맞붙기 전에 으르렁 등의 경계 소리를 내지 않아요. 서로 레슬링을 하다가 힘에 부치는 아이가 하악질이나 으르렁을 할 수 있지만, 싸움 전 대치 상황에서의 으르렁거림은 발견되지 않습니다. 이를 바탕으로 우리는 고양이의 으르렁거리는 소리가 싸움과 놀이를 구분하는 아주 중요한 요소라는 것을 알 수 있습니다.

그런데 어떤 냥이는 으르렁거리면서도 계속 다가가고, 그러면서 또 으르렁거리고, 또다시 먼저 시비를 걸기도 합니다. 자세히 관찰하면 으르렁 소리를 내는 냥이는 정해져 있습니다. 처음에는 자기가 먼저 동거묘와 놀이를 시작하는 경우가 많아요. 그런데도 결국 먼저 으르렁거리고 하악질을 하면서 신경질을 내고 자리를 피하고, 스크래칭으로 재충전을 하고 난 뒤 다시 상대에게 달려듭니다. 이런 행동을 하는 냥이는 자주 이런 식으로 으르렁거리면서 노는 것을 볼 수 있어요. 집사님을 아주 헷갈리게 하지만, 이것은 그 냥이의 놀이 패턴일 뿐입니다. 고양이는 각자 자신의 기본적인 성격을 토대로 서로 다른 놀이 스타일이 있고, 또 놀이하면서 상대의 과격함을 참아 주는 정도가 다 다른데, 이 냥이의 경우 참을성의 정도가 낮은 것이지요. 빈번하게 이런 상황을 만드는 냥이가 있다면, 놀이가 과격해진다고 생각될 때 집사님이 장난감으로 놀이를 마무리해 주세요. 서로 레슬링하며 놀다가 장난감 놀이로 전환하게 되면, 으르렁거림 없이 평화롭게 마무리할 수 있습니다.

하지만 티격태격 노는 것을 방관하면 상호 놀이를 하면서 상대방에게 짜증을 내는 냥이의 성향이 더욱 강화될 수 있습니다. 동거묘와 놀 때 으르렁거리면서 노는 습관이 있거나, 너무 과격한 레슬링을 하는 아이에게는 사냥 장난감을 이용한 상호 놀이 시간을 충분히 가져 주세요. 다른 상호 놀이를 접하게 해 줌으로써 과격하게 노는 습관을 고쳐 나갈 수 있습니다.

진짜 싸우는 고양이들의 행동

고양이들의 싸움을 관찰하면, 몸싸움으로 번지기 전에 곧 싸움이 시작될 거라는 전조 상황이 존재합니다. 싸우기 전 대치를 하는 것이 발견되기도 하지만, 이보다 먼저 발생하는 상황은 공격하는 냥이가 공격당하는 냥이를 일정 거리 밖에서 노려보는 것입니다. 신중한 사냥꾼의 본성을 가지고 있는 고양이는 적이 보인다고 해서 바로 적에게 달려들지 않아요. 조용히 지켜보면서 상대가 약해진 틈을 포착하여 공격합니다. 그래서 먼저 무섭고 차갑게 상대를 주시하면서 겁먹게 만듭니다. 그러다 상대가 자신에게 겁을 먹는 것이 확실해지면(그 신호는 대개 공격당하는 아이의 으르렁거림과 도망가기입니다) 그때 상대를 덮치지요. 싸움을 피해 달아나면, 공격하던 고양이는 공격당하던 아이가 있던 위치의 바닥이나 주위 모서리 등에 자신의 몸을 비비며 냄새를 퍼트리는 마킹 행위를 하기도 합니다. 그리고 긴장이 풀리지 않은 뻣뻣한 걸음걸이와 좌우로 힘 있게 흔들리는 꼬리의 형태를 보입니다. 공격을 당한 아이는 싸우던 장소에서 멀리 벗어나서 구석으로 몸을 숨깁니다.

싸움이 끝나면 서로 안전거리만큼 떨어져 흥분을 가라앉히는 정리의 과정으로 행해지는 셀프 그루밍을 볼 수 있습니다.

고양이들의 싸움을 관찰하면, 몸싸움으로 번지기 전에
곧 싸움이 시작될 거라는 전조 상황이 존재해요.
공격하는 고양이가 상대 고양이를
일정 거리 밖에서 노려보는 것입니다.

2
고양이가 상황을 기억하는 방법

"고양이는 주인이 깨어날 정확한 시간을 본능적으로 알고 10분 일찍 깨웁니다."

– 짐 데이비스

감각을 이용하는 고양이

동물의 단기 기억을 조사한 여러 연구에서 동물이 단독 대상을 기억하는 능력은 평균 27초(개는 2분 정도)로, 그리 높지 않은 것으로 나타났습니다. 그러나 동물이 어떤 대상이나 상황을 기억할 때 청각, 후각, 촉각, 시각, 미각 등의 신체 감각을 통해 단기 기억을 더 오래 지속시킨다는 사실에 주목할 필요가 있습니다.

단기 기억을 형성하는 여러 방법 중 공간 기억에 대해 먼저 살펴보겠습니다. 공간 기억은 다른 대상이나 환경과 관련해서 신체적인 행동을 취하는 기억을 말하는데, 고양이는 이 공간 기억 분야에 특히 뛰어난 능력을 가지고 있어요. 고양이가 신체를 움직여 장애물을 피하는 한 연구에서, 일부 고양이의 단기 기억은 24시간 이상 지속되는 것으로 나타났습니다. 더욱 흥미로운 것은 실험을 위해 세팅된 상황이 아닌 다른 환경에서는 다시 정상적인 움직임을 보였다는 것이에요. 이것은 특정 행동을 유발하는 특정 상황과 장소가 변하면 고양이의 행동도 변한다는 것을 알려 줍니다. 그리고 고양이가 상황에 따라 하는 반복된 일련의 행동은 그 반복 횟수가 많아질수록 더 오래 지속됩니다. 고양이는 운동, 즉 자신의 움직임을 기억하는 능력과, 상황에 따라 행동한 것을 기억하는 능력이 탁월한 동물인 것이지요.

그리고 생존에 관련된 상황은 더 오래 기억할 수 있는데, 음식에 관해서는 고양이가 개보다도 월등합니다. 고양이에게 음식을 찾을 수 있는 기회를 단 한 번만 주는 테스트에서 고양이의 단기 기억은 약 16시간 정도 지속되는 것으로 확인되었습니다(개는 5분 정도 지속).

고양이가 단기 기억을 더 오래 지속하는 방법 중 하나인 시각 기억은 다른 신체 감각에 비해 활용 비중이 그리 크지 않습니다. 때로는 비슷한 색의 고양이를 잠시 착각하기도 하지만 이내 냄새로 구별해냅니다. 그러므로 '우리 고양이가 예전에 노란색 고양이와 사이가 안 좋았는데, 새로 들어온 애가 노란색이라서 더 싫어하나 봐.'라는 걱정은 많이 안 해도 됩니다.

동작과 상황을 기억하는 고양이

고양이가 특정 사건이나 상황을 얼마나 오래 기억할 수 있는지는 정확히 명시하기가 힘듭니다. 장기 기억이라는 것은 그 기억의 중요도에 따라 지속과 소멸의 여부가 바뀔 수 있기 때문이에요. 그래서 "고양이가 얼마나 오래 기억하는가?"가 중요한 것이 아니고, "어떤 기억이 고양이에게 오래 지속되는가?"가 더 올바른 질문이 될 것입니다. 의심의 여지 없이 동물의 장기 기억은 생존에 관련된 것, 그리고 감정적인 영향을 미치는 사건이 중심이 됩니다.

동물이 인간에 비해 다소 초라한 기억력을 가지고 있지만 장기적으로 무언가를 기억할 수 있는 까닭은, 바로 연관 기억(Associative memory)을 사용한다는 데 있습니다. 연관 기억은 말 그대로, 특정 대상이나 상황의 전후 흐름을 긍정적인지 부정적인지 연관 지어 기억하는 방법을 말합니다. 예를 들어, 고양이는 간식 먹는 시간이 따로 정해져 있지 않아도, 간식이 들어 있는 수납장 문이 열리거나 캔 따는 소리가 나면 열광하며 모여들지요. 사냥 장난감으로 놀이를 할 때도 집사님이 장난감을 들고 갈 때 이미 아이들은 각자의 포지션에서 대기합니다. 그동안의 경험상 다른 고양이의 방해를 덜 받을 수 있고 사냥 성공률이 가장 높았던 위치에서 사냥감이 자기 앞으로 오기를 기다리는 것이지요. 이렇게 고양이는 단독으로 한 장면씩 상황을 기억하는 것이 아니라, 흐름에 따라서 예측하고 행동합니다. 이것은 고양이의 문제 행동을 수정할 때 단독으로 그 문제 행동 하나만 제거할 수 없는 이유가 되기도 합니다. 문제 행동을 하는 전후 상황까지 변경해 주어야 다른 행동을 유도할 수 있는 것입니다.

그럼 이제부터 고양이의 연관 기억 방법에 따라서, 왜 고양이를 혼내는 것이 큰 효과가 없는지를 설명하겠습니다. 고양이의 연관 기억법이므로 철저하게 고양이 의식의 흐름을 따라가 주세요.

어린 꼬맹이는 까칠이가 화장실 갈 때마다 따라가서 귀찮게 합니다. 그래서 집사님이 꼬맹이를 들어다가 다른 방에 격리해 둡니다. 그러면 화장실로 향해 있던 꼬맹이의 관심이 중간에 갑자기 단절됩니다. 꼬맹이에게는 격리된 상황이 갑자기 생긴 돌발 상황이기 때문입니다. 이렇게 되면 꼬맹이는 자기가 갇힌 이유를 확실히 깨달을 수 없어요. 그러나 가두는 대신에, 꼬맹이가 까칠이를 따라갈 때 집사님이 꼬맹이가 좋아하는 장난감이나 간식통을 흔듭니다. 그러면 꼬맹이는 까칠이의 화장실을 따라가는 것보다 더 흥미 있는 것이 생겼기 때문에 관심이 그쪽으로 변경됩니다. 그래서 더 흥미 있는 것을 따라서 집사님에게 다가오는 것이지요. 이와 같은 상황에서는 꼬맹이의 의식 흐름에 단절이 없습니다. 나아가 꼬맹이는 '까칠이가 화장실을 가면 나한테 재미있는 일이 생기는구나.'라고 이 일련의 상황을 연관 지어 패키지로 인식하게 됩니다.

그럼 이야기를 좀 더 확장해 보겠습니다. 꼬맹이가 까칠이를 따라갈 때 집사님이 화를 내거나 격리하는 상황이 반복되면, 꼬맹이는 자신이 까칠이의 화장실을 따라가면 격리되는 상황을 연결 짓게 되는데 문제는 여기서부터 시작됩니다. 집사님에게 야단맞거나 격리방에 갇힌 꼬맹이는 그 기점을 시작으로 새로운 연관 기억 패키지를 형성합니다. 그래서 역으로 집사님과의 관계가 불편해지거나, 집사님이 없을 때 까칠이의 화장실을 따라가는 문제 행동이 생기는 것이지요.

*

*

고양이는 단독으로
한 장면씩 상황을 기억하는 것이 아니라,
흐름에 따라서
예측하고 행동합니다.

사람과의 관계 속 고양이의 기억

너무나 명백한 사실이지만 고양이는 함께 있는 보호자를 기억하고 구분합니다. 고양이를 키우는 집사님이라면 이미 다 알고 있는 이 사실을 실험으로 증명한 연구가 있습니다. 고양이를 낯선 공간에 두고 혼자 있을 때, 그들의 주인과 함께 있을 때, 그리고 낯선 사람과 있을 때를 비교하는 실험이었습니다. 당연히 고양이가 낯선 사람보다 주인과 있을 때, 사람과 함께하는 것에 많은 시간을 보낸다는 것을 알 수 있었습니다. 특히 주인과는 함께 잘 놀았지만, 낯선 사람과는 거의 놀지 않는 모습을 보였어요. 그리고 낯선 사람과 있을 때 대부분의 고양이가 잘 움직이지 않았지만, 호기심이 많은 고양이의 경우 혼자 있을 때는 여기저기 탐색을 한다는 사실도 발견했습니다. 그러나 소심한 고양이는 두 경우 모두 거의 움직이지 않았어요. 또한 많은 고양이가 혼자 있을 때 우는 행동을 가장 많이 보였습니다. 이 실험 결과를 통해 고양이가 보호자를 기억하고 유대감을 느낀다는 것을 알 수 있었습니다.

또 다른 연구에서는 낯선 상황에서 고양이가 사람에게 의존하는지의 여부를 조사했습니다. '사회적 참조'에 대한 실험으로, 낯설고 불편한 대상을 접해서 거부감이나 두려움이 들 때, 함께 있는 다른 사람이 좋은 시간을 보내고 있다면 이것이 그렇게 두려운 것이 아니라고 인지하게 되는 실험입니다. 고양이도 이런 인식을 하는지를 알아보기 위한 실험이었지요. 실험에서는 고양이가 두려움을 느끼게 하기 위해 큰 선풍기를 이용했습니다. 집사님은 선풍기에 별 관심을 두지 않거나, 선풍기를 두려워하거나, 선풍기 주변에서 행복하고 편안하게 행동하라는 지시를 받았습니다. 실험 결과 대부분의 고양이(79%)가 선풍기에 대한 사람의 반응에 영향을 받는 것으로 나타났습니다. 사람이 겁먹었을 때는 고양이도 선풍기를 멀리하는 행동을 하였고, 이에 반해 무관심하거나 선풍기를 곁에 두고도 밝은 태도를 유지할 때는 고양이도 훨씬 더 안정된 행동을 보이는 것으로 나타났지요. 이 실험을 통해 고양이가 사람의 감정적인 반응에 함께 반응한다는 것을 알 수 있습니다.

고양이의 기억법을 통해 유추해 보면, 어쩌면 고양이는 우리의 얼굴을 생각만큼 오래 기억하지 못할 수도 있습니다. 하지만 고양이는 우리의 냄새, 목소리, 손길의 촉감, 그리고 우리와 있었던 상황들을 기억합니다. 우리는 함께 사는 고양이의 생존에 가장 중요한 매개체입니다. 우리가 그들을 위해 마련한 환경에서 아이들은 각자의 행동을 패턴화하고, 우리가 그들과 나누는 교감을 통해서 자신들의 애정을 행동으로 표현하지요. 고양이는 우리와 함께하는 이런 상황들을 묶음으로 기억할 것입니다.

고양이의 기억력도 나이가 들면서 조금씩 퇴화합니다. 고양이의 노화 예방에 오메가3나 오메가6 지방산, 타우린, 셀레늄, 비타민 E 등의 항산화 효과를 가지고 있는 영양소들이 도움이 될 수 있습니다. 그리고 가장 중요한 것은 평소 아이의 뇌를 적당히 자극하는 환경을 만들어 주는 것이에요. 고양이의 호기심을 자극할 수 있는 생활 환경은 신체적인 활력뿐만 아니라 뇌의 활력에도 아주 많은 도움이 됩니다.

3
고집쟁이 고양이를 상대로 협상하기

"고양이는 그들의 동의 없는 변화를 좋아하지 않는다."

– 로저 A. 카라스

예민한 고양이 느긋하게 만들기

예민함에 최적화된 신체 구조를 가진 고양이에게 세세히 맞추다 보면 오히려 그 성향이 더욱 강화될 수 있습니다. 그래서 평소에 고양이가 더는 예민해지지 않는, 혹은 덜 예민하게 하는 환경을 만들어야 합니다. 행동은 상황에 대한 반응입니다. 그리고 이러한 반응은 보상에 의해 더 강화되지요. 고양이가 먹이 보상 훈련 등을 통해 하이파이브를 하는 것, 평소에 야옹거릴 때마다 간식을 주거나 쓰다듬거나 대답을 해 주면 우는 행동이 더 커지는 것 등이 보상에 따른 행동 강화의 예입니다. 이렇게 모든 행동은 보상에 의해 더 강화됩니다. 그런데 특정 상황에 공포 반응을 보이는 고양이에게 먹이 주기 등의 보상이 이루어지면, 아이의 공포 반응은 오히려 반감됩니다.

가정에 있는 냥이가 작은 소리에 잘 놀라고 갈수록 그 정도가 심해진다면, 우선 집사님의 집이 조용하다 못해 고요한 곳인지를 먼저 체크해 주세요. 고양이에게 안정적인 생활 환경은 필수입니다. 종일 시끄럽게 헤비메탈 음악이 들리거나 TV 소리가 쉴 새 없이 들린다면, 고양이는 스트레스를 받을 것입니다. 그러나 고양이가 다양한 패턴의 일상 소음을 두려움으로 느끼지 않게 해 주는 것은 꼭 필요합니다. 고양이는 훈련을 통해 자주 들리는 일상 소음들에 익숙해질 수 있고, 이것이 바로 둔감화입니다. 두려운 대상에 둔감해지는 훈련을 할 때 가장 중요한 것은, 아이가 스트레스나 공포라고 느낄 수 있는 최대치와 최소치를 잘 파악하는 거예요. 처음에는 아이가 스트레스로 느끼는 대상 자극의 최소치를 보상(먹이, 칭찬, 놀이 등)과 함께 노출해 주세요. 그리고 점차 그 자극의 노출 수치를 올려 주는 것입니다.

특정 물건을 무서워하는 고양이

어떤 고양이는 특정 물체에 심한 경계심을 보이고 심지어 공포를 느끼기도 합니다. 그런 경우에는 그 물건을 무조건 숨기지 말고, 멀리 떨어진 선반 위나 집 안 구석에 항상 두세요. 그리고 아이가 그 물건을 좀 더 자세히 볼 수 있는 곳으로 서서히 시간을 두고 위치를 점차 이동해 주세요. 어느 정도 익숙해졌다면 그 물건을 아이가 좀 더 매력적으로 느낄 수 있게 만들어 주면 됩니다. 캣닢을 묻혀서 냥이가 잘 보이는 곳에 두는 방법도 좋습니다. 박스를 좋아한다면 빈 박스가 생겼을 때 박스 안에 그 물건을 넣어 볼 수도 있습니다. 그 물체를 조금씩 노출해 주고 스스로 조금이라도 그 물건에 관심을 보인다면, 그때마다 사료나 트릿 등의 먹이 보상을 해 주세요. 이 과정에서 가장 중요한 것은 냥이에게 그 물건을 억지로 만져 보게 하거나,

냄새를 맡도록 가까이에 들이밀지 않아야 한다는 것입니다. 스스로 관심을 갖도록 유도해 주세요.

진공청소기를 무서워하는 고양이

고양이가 진공청소기 소리를 무서워한다면 우선 청소기를 잘 보이는 곳에 배치하세요. 그리고 냥이와 놀이를 하기 전에 청소기를 잠깐 윙~ 돌리고 장난감을 흔들어 냥이가 오게 해 주세요. 이렇게 놀이 시간 전에 청소기로 놀이 시간을 알리는 훈련을 하는 것입니다. 처음에는 청소기를 1초도 안 되게 틀다가, 점점 노출 시간을 늘리는 거예요. 꼭 놀이가 아니더라도 냥이가 좋아하는 것을 시작하기 전에 청소기 소리를 시작 신호로 사용하면, 청소기에 대한 인식을 바꿀 수 있습니다.

초인종 소리를 무서워하는 고양이

고양이가 초인종 소리에 우웅 소리를 내면서 도망간다면, 집사님이 들어올 때 먼저 초인종을 누르고 들어와 보세요. 물론 냥이는 집사님의 귀가 시간을 알고 있습니다. 현관문 바깥 멀리서 들리는 집사님의 발소리도 구분하지요. 그런데도 이 방법을 쓰는 이유는 초인종이라는 불쾌한 소리와 집사님의 귀가라는 기분 좋은 인식을 연결시켜서 초인종 소리에 대한 거부감을 낮출 수 있기 때문입니다. 그리고 초인종 소리가 들릴 때마다, 혹은 바깥에서 누가 오는 소리에 우웅 소리를 내며 경계할 때마다 냥이에게 간식 한 알씩을 주세요. "괜찮아, 괜찮아."라고 하며 아이를 달랠 필요도 없습니다. 놀라는 이 상황을 최대한 별것 아닌 상황으로 연출하는 것이 중요합니다. 냥이가 현관 밖에서 들리는 발소리나 초인종 소리를 먹이 보상의 신호로 여길 수 있게 연결 지어 주세요.

돌발 상황에 놀라서 뛰어다니는 고양이

예기치 못한 돌발 상황으로 크게 놀라서, 그 사건을 계기로 예민해지는 고양이가 있습니다. 비슷한 상황에 처할 때마다 긴장하거나 예민해지고, 다른 고양이들과의 관계가 틀어지기도 합니다.

예를 들어, 의도치 않게 물건을 와장창 떨어뜨려 냥이들 모두가 그 소리에 놀라 당황하는 상황이 발생하는 것은 다묘 가정에서 흔히 생기는 일 중 하나입니다. 놀란 고양이들이 단체로 우당탕 뛰고 부딪히며 집 안이 한바탕 난리가 납니다. 만약 이러한 돌발 상황이 발생했다면 침착하게 행동하세요. 냥이들을 따라다니면서 "괜찮아.", "어떡해!"라고 큰소리로 외치거나, 뛰어다니는 것을 막으려고 헐레벌떡 냥이들을 뒤쫓지 않아야 합니다. 이 상황에서 집사님은 낙상 등의 위험이 있는 위치의 고양이를 신속하게 파악해서 안전하도록 도와주면 됩니다. 집사님이 당황하지 않고 차분하게 대처하면, 고양이들은 더욱 빨리 안정을 찾습니다. 고양이들이 당황하며 뛰던 행동을 멈추면, 집사님도 자연스럽게 원래 하던 일을 하세요. 행동을 멈췄다 해도 사실 냥이들은 여전히 긴장이 완전히 풀리지 않았기 때문에 간식 보상이나 위로는 큰 도움이 되지 않아요. 아이들 스스로 충분히 안정을 찾으면, 그때 먹이 보상도 주고 쓰다듬어 주거나 위로해 주세요. 돌발 상황이 생겼을 때는 최대한 고양이가 그 상황이 별거 아니라고 인식할 수 있게 만들어 주는 것이 가장 좋은 방법임을 다시 한번 강조합니다.

손님이 방문했을 때 숨는 고양이

고양이가 예민한 면모를 발휘하는 또 다른 상황은 바로 손님이 방문했을 때입니다. 손님이 오면 구석에 숨어서 손님이 갈 때까지 안 나오는 고양이가 많습니다.

하지만 이렇게 경계심이 높은 고양이는 오히려 매너 좋은 손님이 자주 오면 더 좋아질 수 있습니다. 손님 방문이 별로 없는 가정에 사는 고양이가 이런 증상이 훨씬 더 심하거든요. 그런데 무조건 많은 손님의 방문이 좋다는 것은 아닙니다. 매너 좋은 손님의 방문이 도움이 되는 것이지요. 우선 손님에게 고양이를 만지지 말 것을 부탁하세요. 가정에서 접대냥이로 통하는 고양이라고 해도 손님이 먼저 적극적으로 만지거나 안는 것은 좋지 않습니다. 접대냥이는 그저 호기심이 더 많은 것일 뿐, 낯선 사람의 스킨십을 좋아하는 건 아니기 때문입니다. 고양이에게 관심 없는 척하는 손님이 가장 좋은 손님입니다. 낯선 손님이 자신에게 별다른 관심을 보이지 않으면 고양이는 손님을 큰 위협으로 느끼지 않습니다. 그래서 시간이 지나면 숨었던 고양이들이 하나둘씩 얼굴을 내밀기도 하지요.

손님이 올 때마다 구석이나 다른 방에 숨어 절대 나오지 않는 아이가 있다면, 집사님은 숨어 있는 냥이에게 먹이 보상을 하세요. 냥이가 먹는다면 그 간식 조각을

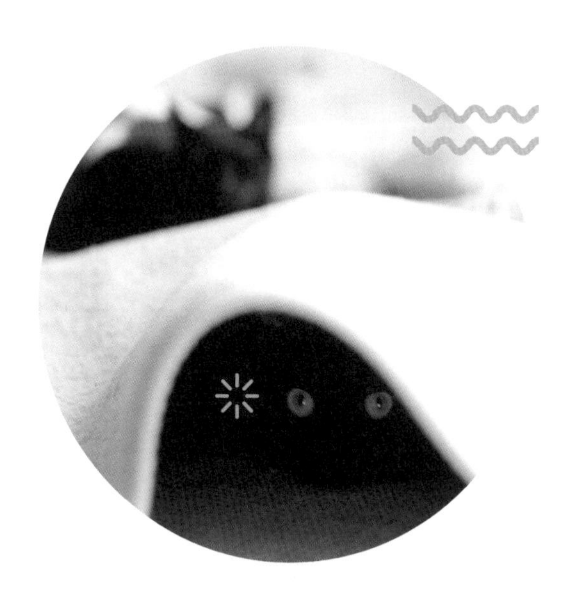

바닥에 띄엄띄엄 놓아서 냥이가 손님을 볼 수 있는 위치까지 먹이를 따라오게 유도해 볼 수 있습니다. 물론 손님이 있는 위치와 충분히 떨어진 안전거리가 필요합니다. 간식을 먹으면서 냥이가 조심스럽게 손님의 모습을 먼발치에서 구경할 수 있게 하세요. 집에 손님이 자주 오지 않는다면, 손님이 올 때마다 숨어 버리는 냥이의 성격을 완전히 변화시키긴 힘들 수 있습니다. 그러나 적어도 너무 숨어만 있지 않도록 간식이나 장난감 등으로 손님을 먼발치에서 볼 수 있게 유도하면, 상당 부분 완화할 수 있습니다.

변화에 예민한 고양이를 위한 환경 정비

평소에 고양이의 호기심을 높일 수 있는 생활 환경으로 꾸며 주는 것이 중요합니다. 집 안 의자나 선반, 고양이 숨숨집 등 작은 가구의 배치를 가끔 바꿔서, 실내에 사는 고양이가 소소하게 변화된 것을 탐색하며 호기심을 충족할 수 있게 해 주세요. 고양이처럼 낯선 것을 경계하고 예민한 동물이 환경에 적응하고 후손을 번창시킬 수 있었던 것에는 고양이의 왕성한 호기심도 큰 역할을 했습니다. 영역 동물의 습성상 낯선 것에 대한 경계심을 멈출 수는 없지만, 한편으로 낯선 것의 정체를 궁금해하는 고양이의 호기심은 새로운 것을 기꺼이 탐색할 수 있는 용기를 주기 때문입니다.

고양이에게는 안정적이고 조용한 환경이 필요하지만, 그 환경이 무소음의 환경을 의미하지는 않습니다. 가뜩이나 변화 없이 무료한 실내 생활을 하는 냥이에게 종일 명상 교실을 만들어 줄 필요는 없는 것이지요. 냥이가 점점 더 예민해져서 생활에 너무 많은 제약이 생기지 않도록, 익숙해져야 할 것들에는 익숙해지고, 또 변화된 것들은 호기심으로 탐색해 보도록 이끌어 주세요.

예기치 못한 돌발 상황으로
크게 놀라서, 그 사건을 계기로
예민해지는 고양이가 있습니다.
비슷한 상황에 처할 때마다
긴장하거나 예민해지고
다른 고양이들과의
관계가 틀어지기도 합니다.

금지 구역에 출입하는 고양이

고양이를 키우는 집사님은 고양이 안 가는 곳은 있어도 못 가는 곳은 없다고 말합니다. 강아지는 높은 곳을 올라가지 못하기 때문에 물건을 위쪽에 올려놓거나, 선반이나 수직 구조의 윗부분을 강아지 금지 구역으로 지정할 수 있습니다. 그러나 고양이에게는 그런 구조적인 장치가 큰 효과가 없는 경우가 많지요.

고양이가 금지 구역에 출입하는 행동을 수정하기 위해서 가장 먼저 해야 할 일은, 평상시 집사님이 고양이에게 금지 구역과 금지가 아닌 곳을 명확하게 구분해 주는 것입니다. 가령, 어떨 때는 싱크대나 아일랜드 식탁 위에 올라오는 냥이를 예쁘다고 쓰다듬어 주고, 식사 준비를 할 때는 올라오지 말라고 혼을 내면 안 됩니다. 고양이는 이러한 상황의 다름을 이해할 수 없습니다. 평소에 절대 식탁에 올라오지 못하도록 확실하게 교육을 한다고 해도, 식탁 위에 항상 건조된 명태나 멸치, 냥이의 간식 봉투가 있다면 집사님의 교육은 실패할 확률이 높습니다. 식탁 위 맛있는 냄새의 유혹을 이겨낼 고양이는 많지 않아요. 출입이 안 되는 곳은 평소에도 허락하지 않는 명확한 기준을 만들어 두고, 그곳에 냥이의 호기심을 끌 만한 매력적인 것들을 두어서는 안 됩니다.

또한 고양이가 금지 구역에 들어갔을 때 집사님이 그 장소에 가서 아이를 데리고 나오는 것보다 다른 장소에서 장난감을 흔들거나 관심을 끌 만한 소리 등의 자극을 이용해 스스로 그곳에서 나오도록 유도해야 합니다. 금지 구역 안에서의 자신을 향한 집사님의 관심은 그 목적이 무엇이든 그 장소에서의 기억과 인식을 더욱 강화시킵니다. 그곳이 재미없는 장소라는 것을 알려 주는 가장 좋은 방법은 집사님이 냥이를 다른 곳으로 스스로 나오게 하는 것입니다.

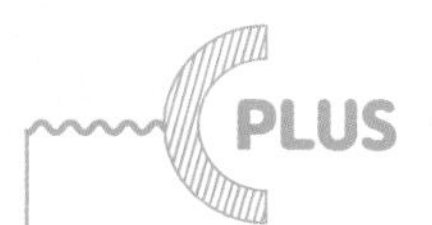

출입 금지 구역 환경 차단 방법

출입 금지 구역에 자꾸 들어가는 고양이의 행동을 수정하기 위해서는 금지 구역에 출입하지 못하도록 환경을 차단하는 방법을 병행해야 합니다.

❶ 양면테이프 이용하기

두꺼운 도화지 한쪽 면에 양면테이프를 전부 붙여 주세요. 그리고 고양이가 금지 구역에 출입하기 위해 발을 디디는 부분에 끈적한 면을 위쪽으로 해서 도화지를 놓아둡니다. 문을 두드리는 아이라면 문 앞과 바닥에 도화지를 붙이고, 조리대에 올라오는 고양이라면 도움닫기를 하는 지점에 도화지를 놓아두세요. 신발장이 있는 현관에 자주 나온다면 중문을 항상 닫아 주세요. 중문이 없다면 현관으로 들어서는 마루 끝부분에 충분한 면적의 양면테이프를 붙인 도화지를 놓아두세요.

❷ 발 디딜 곳 차단하기

고양이가 올라가는 곳에 물건을 빽빽하게 올려 두어 발 디딜 곳이 없도록 만듭니다. 고양이가 이 지점에 올라가기 위해 도움닫기 할 수 있는 가구 등의 구조물이 있다면, 그 구조물을 치워 주세요.

❸ 변기 물을 먹는 고양이

욕실 문을 개방하지 않거나 변기 뚜껑을 닫아 두는 방법밖에는 없습니다. 아이에게 변기 물은 식탁 위의 건어물과 같은, 왜 먹으면 안 되는지 납득할 수 없는 유혹거리가 될 수 있어요. 다른 물은 다 되는데 변기 물은 왜 먹으면 안 되는지 고양이는 이해하기 힘듭니다.

❹ 문을 잘 여는 고양이

대부분의 경우 가로로 긴 형태의 손잡이 문을 더 잘 엽니다. 이런 손잡이는 둥근 손잡이로 바꾸거나, 상황에 따라 문 아래쪽에 양면테이프를 붙인 도화지를 놓아 주는 것을 병행해야 합니다. 그리고 스크린 도어를 비롯한 각종 미닫이문을 잘 여는 고양이도 있습니다. 미닫이문이 닫히는 곳에 빠지링을 장착해서 힘을 세게 주어야 문이 열릴 수 있게 하고, 스크린 도어는 스크린 도어 안전장치를 설치하면 고양이가 문을 열 수 없습니다.

❺ 대체 구조물 마련하기

고양이가 이 장소 대신 사용할 수 있는 더 매력적인 조건의 대체 구조물을 주위에 마련하면 도움이 됩니다. 예를 들어, 현관에 자주 나가는 냥이에게는 현관이 보이는 가까운 곳에 캣타워나 선반 등 대체 장소로 이용할 수 있는 구조물을 마련해 주세요. 조리대나 식탁에 자주 오르는 아이에게도 식탁이나 조리대 주변에 상황을 관람할 수 있는 수직 구조물을 설치하면 도움이 됩니다.

고양이가 금지 구역에 출입하는
행동을 개선하기 위해서
가장 먼저 해야 할 일은
평상시 집사님이 고양이에게
금지 구역과 금지가 아닌 곳을
명확하게 구분해 주는
것입니다.

고양이 이동장 적응 훈련

어떤 고양이는 이동장에 들어가기조차 쉽지 않고, 어떤 고양이는 동물 병원으로 이동하는 차 안에서 심한 긴장감과 불안감에 개구 호흡을 하거나 쉴 새 없이 울기도 합니다. 꼭 병원이 아니더라도 낯선 장소로 이동을 하는 과정은 냥이에게 스트레스를 주게 될 때가 많아요. 그래서 평상시에 고양이가 이동장을 편하게 여기도록 따로 교육할 필요가 있습니다.

이동장 익숙해지기

가장 첫 번째 단계는 이동장 자체에 대해 친숙하게 하는 작업입니다. 평소에도 냥이가 이동장을 자주 접할 수 있게 꺼내 놓고, 이동장을 편한 보금자리처럼 이용할 수 있게 잘 꾸며 주세요. 이동장 문을 항상 개방한 채로 비치해 놓고 폭신한 담요나 수건, 스크래쳐 등을 안에 깔아 주면 냥이는 점차 이동장을 숨숨집처럼 편하게 이용할 수 있습니다. 숨숨집의 형태를 좋아하지 않는 고양이는 이동장을 꾸며 주어도 이용하지 않기 때문에, 윗 뚜껑이 열리는 형태의 이동장으로 시작해야 합니다. 이동장의 윗면과 앞문을 걷어 내고 아랫면만 이용해서 집 안에 놓고, 담요 등으로 완전히 오픈된 이동장을 꾸며 주세요. 그리고 스스로 편하게 다가와서 오픈된 이동장을 이용하도록 트릿이나 장난감 등으로 유도하세요. 냥이가 이동장 아랫면에 익숙해졌다면 이동장의 윗면은 덮고 문은 떼어 놓고, 같은 방법으로 사료나 트릿을 몇 알 넣어서 냥이가 스스로 들어가도록 유도하세요. 처음부터 트릿이나 장난감을 찾아 스스로 들어가게 하면, 나중에는 굳이 냥이를 잡아서 이동장 안에 넣을 필요 없이 트릿이나 장난감으로 스스로 들어가게 할 수 있습니다.

하지만 평소에는 이동장을 집처럼 편하게 드나들다가도 병원에 가는 날에는 기를 쓰고 이동장 안에 들어가지 않는 눈치 빠른 냥이도 있습니다. 이때는 냥이가 들어갔을 때 이동장 문을 잠깐 닫았다가 열어 주고, 놀이나 먹이의 보상을 주세요. 한두 번 만에 만족스러운 결과를 얻기는 힘들겠지만 틈틈이 이동장으로 보상 시간을 가져 주세요. 냥이가 이동장 문이 닫혔다가 열리는 것에 거부감이 없어지는 시점이 되면, 들어갔을 때 이동장 문을 닫고 거실을 한 바퀴 돌고, 이동장 문을 열고 다시 보상하세요. 거실을 도는 시간을 늘려 갈 수도 있고, 집에서 나와 현관문 밖의 조용한 복도까지 나와 볼 수도 있습니다. 간단한 산책이 끝났다면 문을 열고 보상을 주어서 이동장을 이용해 이동하는 것이 안전하다는 인식을 심어 주세요.

함께 이동할 때 유의할 점

고양이를 이동장에 넣고 차량을 통해 다른 곳으로 이동할 때도 냥이는 불안과 긴장감을 표현합니다. 이때 집사님들이 이동장 안에서 불안해하는 고양이의 스트레스가 염려되어 이동장 밖으로 꺼내 주곤 합니다. 그러나 혼자 운전하는 차에서 이동장 안에 있는 냥이를 바깥으로 나오게 하는 것은 아주 위험해요. 왜냐하면 고양이는 이동하는 것 자체에 공포와 불안을 느끼는 것이지, 답답해서 꺼내 달라고 우는 것이 아니기 때문입니다. 이동장 안에서 울면서 문을 긁는 냥이가 답답해 보여 꺼내 주어도, 냥이는 밖에 나와서 편하게 한숨 돌리며 차분하게 있지 않습니다. 오히려 차 안의 다른 구석진 곳을 찾아 더 깊이 숨으려고 하는 경우가 많습니다.

차로 이동하는 중에 고양이가 받는 긴장감을 줄여 주기 위해 우리가 할 수 있는 몇 가지 방법이 있습니다. 먼저 익숙한 냄새가 나는 수건이나 담요로 이동장을 채워 줍니다. 그리고 이동 중에 잔잔한 클래식 음악을 틀어 주면 긴장감 해소에 도움이 됩니다. 고양이의 긴장 완화에 도움이 되는 레스큐 레메디 등의 플라워 에센스, 라벤더 등의 아로마 스프레이, 혹은 펠리웨이 스프레이를 냥이가 들어가기 10분 전에 이동장 안에 뿌려 주는 방법도 긴장감을 줄일 수 있어요.

이동장의 정면 부분을 앞쪽으로 향하게 해서 바깥을 훤히 볼 수 있게 하는 것은 고양이를 더 긴장하게 합니다. 오히려 창 부분을 옆쪽으로 돌리거나 이동장을 수건으로 덮어서 주위가 보이지 않게 하는 방법이 더 효과적이에요. 울면서 당황해하는 냥이에게 계속해서 괜찮다고 말하며 달래 주는 행동도 상황 해결에 큰 도움이 되지 못합니다. 이동장 안에 있는 고양이를 자주 확인하는 것은 중요하지만, 집사님의 태도는 차분해야 합니다.

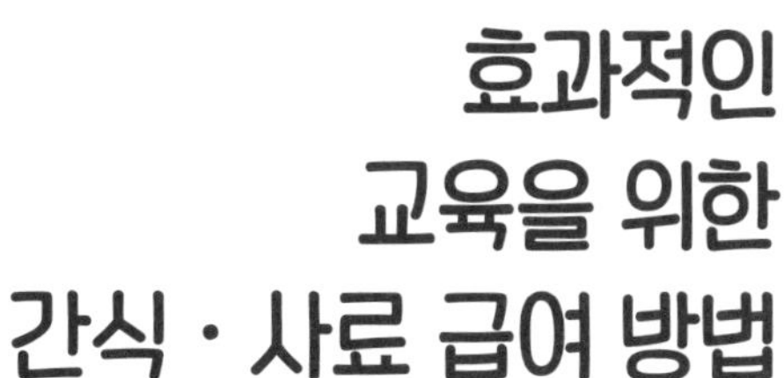

4
효과적인 교육을 위한 간식 · 사료 급여 방법

"고양이는 자기가 무엇을 원하는지 알지 못하면서
그것을 더 원한다."

– 리차드 헥젬

의외로 중요한 간식 타이밍

많은 집사님이 '우리 아이 집에서 심심할 텐데 먹는 낙이라도 있어야지.'라며 틈틈이 이유 없는 간식을 주곤 하지요. 귀여워서 주고, 간식 달라고 보채니까 주고, 멍때리고 있는 모습이 안쓰러워서 주고, 인기 많은 간식을 발견하면 우리 냥이도 먹여보고 싶어서 주기도 합니다. 그런데 이렇게 힘들이지 않고 간식을 자주 접한 고양이는 점차 간식에 대한 확고한 기호성을 드러냅니다. 급기야 자기는 아무거나 먹는 고양이가 아니라며 편식 고양이로 변하기도 하지요. 어떤 냥이는 습식을 안 먹고, 어떤 냥이는 건조 간식을 안 먹고, 어떤 냥이는 자기가 먹는 것만 먹다가 나중에는 그것조차 질려서 간식을 별로 안 좋아하는 고양이로 변하기도 합니다. 하지만 간식은 사람과 고양이와의 동거에서 굉장히 중요한 역할을 합니다. 간식 주기만 잘 이용해도 우리는 냥이를 모시는 집사가 아닌, 그들의 엄마 아빠가 될 수 있습니다.

먼저 함께 사는 고양이가 간식을 확실한 보상으로 여길 수 있도록 밑 작업이 필요합니다. 평소에 먹는 주사료를 질 좋은 기호성 2순위의 사료로 바꿔 보세요. 사료의 기호성이 엄청나게 좋아 봐야 아이가 사료만 왕창 먹고 살만 찝니다. 자율 급식을 하고 있다면 더욱 심각해질 테지요. 사료의 성분을 꼼꼼히 살펴보고 아이가 너무 싫어하지 않는다면, 그 사료를 주사료로 정하세요. 고양이는 한 가지 맛에 쉽게 익숙해지기 때문에 가뜩이나 익숙한 것만 먹으려고 하는 아이의 입맛이 더욱 까다로워질 수 있으므로, 사료를 가끔 바꿔 주는 것이 더 좋습니다. 그렇게 되면 자율 급식을 하더라도 종종 주어지는 간식에 더욱 열광하는 냥이로 만들 수 있습니다. 또한 기호성 좋은 사료를 먹이 보상으로 사용할 수 있는 옵션도 생기게 됩니다.

간식을 줬을 때 평소에 좋아하던 간식인데도 아이가 먹지 않는다면, 간식을 바로 치워 주세요. 굳이 손으로 떠먹이거나 먹어 보라고 매달리지 않아야 합니다. "먹기 싫어? 그럼 말어."라는 태도로 시작해야 합니다.

간식 횟수와 적정량

간식은 한 번에 소량씩만 주세요. 간식으로 고양이를 배부르게 하면 절대 안 됩니다. 평소에는 건조 간식을 조금씩 주고, 건조 간식을 먹지 않는 냥이에게는 튜브 형태의 습식 간식부터 시도해보세요. 습식 캔 간식은 긍정적인 행동 하나당 한 티스푼 정도를 보상으로 주는 것을 권합니다. 평소에 건사료를 주식으로 먹고 있다면, 습식 캔 간식으로 간식 파티를 하는 특별한 시간은 일주일에 1~2번 정도면 충분합니다.

재미있는 간식 시간

간식은 그냥 주는 것보다 재미있게 주는 것이 좋습니다. 집사님 손에 간식을 묻히거나 손바닥에 올려서 먹게 하거나, 활발한 냥이라면 건조 간식을 바닥에 넓게 뿌려서 간식을 찾아 돌아다니면서 먹게 할 수도 있습니다. 간식을 한 알씩 띄엄띄엄 던져서 냥이가 간식을 쫓아 달려가게 할 수도 있지요. 간식 던진 곳을 레이저 포인터로 가리켜서 놀이와 간식을 함께 접하게 하는 방법도 있습니다.

놀이 반응이 별로 없는 고양이에게는 꿩 깃털이나 짧은 길이의 막대 장난감을 냥이 발 앞에 흔들어 주고, 앞발로 장난감을 잡으며 놀이를 시도했을 때 보상으로 간식을 한 조각 주면서 놀이 행동을 강화시켜 주세요. 이외에도 트릿볼이나 먹이 미로 등의 푸드 토이를 이용해서 간식과 사료를 함께 놓아두고, 놀이를 하며 하나씩 꺼내 먹게 할 수도 있습니다. 냥이의 행동을 촉진하고 활력을 깨울 수 있도록 보상용으로 간식 시간을 이용하세요.

행동 보상 목적의 간식 시간

재미있게 간식을 주는 것의 목적은 흥미와 행동 유발입니다. 다시 말해, 집사님이 아이에게 간식을 주는 행위에 목적을 만들어 주세요. 냥이의 긍정적인 행동을 강화시키는 목적으로 간식을 적극 활용합니다.

앞서 말한 것처럼 재미있는 방법으로 간식과 놀이를 병행하거나, 놀이를 하고 나서 놀이 시간의 끝을 알리는 보상의 의미로 간식을 이용하세요. 그리고 코터치 훈련 등 간단한 훈련의 먹이 보상으로 간식을 이용할 수도 있어요. 손을 잘 타지 않는 아이라면, 집사님이 손을 내밀었을 때 손에 얼굴을 대거나 비볐을 경우에 간식 한 조각을 주세요. 서로 예쁘게 앉아서 그루밍해 주고 있다면, 이때의 상황을 강화하기 위한 보상으로 간식을 한 조각씩 주세요. 특정 상황에서 잘 놀라는 아이가 있다면, 그 상황에 대한 두려움을 극복할 수 있는 보상의 의미로 간식을 주세요. 이외에도 칭찬하고 싶은 행동을 할 때, 집사님이 하라고 하는 행동을 했을 때 간식을 이용하면 됩니다.

이렇게 간식을 힘들게 먹으면 고양이가 스트레스를 받는다고 생각하는 분도 있습니다. 하지만 사실 그렇지 않습니다. 물론 처음부터 난이도가 너무 높은 훈련이나 푸드 토이를 시도하면, 좌절감을 느끼고 스트레스를 받을 수 있어요. 하지만 행동의 보상으로 간식이 주어지는 것 자체가 고양이에게 스트레스가 되지는 않습니다. 행동에 대한 보상으로 주어지는 간식은 오히려 도파민의 분비를 증가시킵니다. 도파민은 기분이 좋아지는 감정에 관여하는 호르몬인데, 보상이 주어졌을 때 그 분비량이 증가합니다. 그저 주니까 먹는 간식보다 뭔가를 하고 칭찬의 의미로 보상을 받았을 때 더 큰 만족감을 느끼고 더 맛있게 먹게 되는 것입니다.

푸드 토이를 시작할 때는 냥이가 할 수 있는 쉬운 것부터 차근차근 시도하면, 더 재미있고 만족스럽게 간식이나 음식을 먹을 수 있습니다. 간식으로 활력을 깨우고, 긍정적인 행동과 간식을 연결 지을 수 있게 유도하세요. 만약 집사님의 냥이가 그 어떤 종류의 푸드 토이에도 관심이 없고 행동 보상으로 주어지는 간식에 전혀 관심을 보이지 않는다면, 여러 이유로 인해 무기력해졌거나 스트레스 상황에 놓여 있는 것은 아닌지 확인할 필요가 있습니다.

고양이의 식이 습성

자연 속에서 고양이는, 각자의 사냥 능력에 따라 조금씩 다르긴 하지만 하루에 대략 10마리 이상의 작은 동물을 잡아먹습니다. 매번 사냥에 성공하긴 쉽지 않기 때문에 적어도 2배 이상의 사냥 시도를 하게 됩니다. 자신보다 몸집이 작은 설치류 혹은 조류 등을 사냥해 먹는 생활 패턴은 고양이를 조금씩 자주 먹는 습성을 가진 동물로 만들었어요. 그리고 이런 사냥 활동은 24시간 동안 이뤄집니다. 고양이가 야행성 동물이라고 알려진 것도, 어두운 곳에서의 사냥에 최적화된 시각과 예민한 감각을 가지고 있어서 밤과 새벽 시간에 더 활발하게 활동을 하기 때문입니다. 그러나 고양이는 밤에도 사냥할 수 있는 능력을 갖췄을 뿐, 낮에는 잠만 자고 밤에 활동하는 철저한 야행성 동물은 아닙니다. 고양이는 깊은 잠을 자는 시간이 아주 적기 때문에 잠으로 많은 시간을 보내긴 하지만, 24시간을 밤낮 구분 없이 활용하는 동물이에요.

조금씩 자주 먹는 습성이 있기 때문에 고양이를 반려하는 가정에서는 대부분 자율 급식 방법을 택합니다. 하지만 최근 들어 냥이의 건강과 케어에 대해 많이 공부하고 세심히 신경 쓰는 집사님이 늘어나면서 제한 급식을 하는 가정도 늘고 있습니다. 자율 급식과 제한 급식의 장단점은 언제나 집사님들 사이에서 커다란 쟁점입니다. 그렇다면 제한 급식은 고양이의 건강을 위한 완벽한 급식 방법이고, 자율 급식은 밥 챙겨 주는 거 귀찮아하는 집사님들의 게으른 선택일까요?

제한 급식

제한 급식은 고양이의 건강 관리를 위해 체중을 비롯하여 알레르기 등의 세세한 부분까지 체크할 수 있는 장점이 있습니다. 고양이의 건강을 위한 좋은 급식 방법임에는 틀림이 없습니다. 하지만 제한 급식을 하는 가정에 사는 냥이가 더 쉽게 스트레스에 노출될 수도 있다고 생각해 보셨나요? 앞에서 말한 것처럼 고양이는 밤낮 구분 없이 능동적으로 그때그때 사냥을 하면서 배고픔을 해결하는 동물입니다. 이런 고양이에게 하루 2번의 제한 급식으로 배고픔을 해결하게 한다면, 아이는 심리적인 불만족을 느낄 수 있습니다. 집사님이 없는 동안 배가 고픈 고양이는 먹을 것도, 할 것도 없는 실내 공간에서 잠이나 자다가 일어나고, 또 딱히 할 일이 없으니까 먹을 것이라도 찾아봅니다. 그런데 먹을 것도 없고 할 것도 없으니 무료해지고, 때때로 기분이 나빠지기도 하지요. 더군다나 함께 사는 다른 고양이 중에 사이가 좋지 않은 냥이라도 있다면, 다툼이 일어나기도 합니다. 제한 급식은 집사님이 고양이의 건강을 위해 모든 것을 컨트롤하는 그만큼을, 그들의 자율권과 맞바꾸는 것과 같습니다.

저는 다묘 가정, 특히 사이가 좋지 않은 고양이들이 함께 사는 곳에서는 하루 2번 정도를 급여하는 제한 급식을 권장하지 않습니다. 독립적이고 사회성이 부족한 고양이의 습성상 함께 좁은 공간에 모여 사는 것은 별로 내키지 않는 일이에요. 그런데 여기에다가 배고픔도 능동적으로 해결할 수 없는 상황은 고양이를 훨씬 더 예민하게 만들 수 있습니다.

자율 급식

제한 급식과 달리 자율 급식을 하면, 고양이는 일단 배고픔의 스트레스에서는

자유로워집니다. 그리고 먹는 것에 대한 집착을 줄일 수 있습니다. 이러한 환경은 고양이가 실내 생활을 하면서 좀 더 여유로운 심리를 갖게 하는 기본 장치가 될 수 있어요. 그러나 이 점은 자율 급식이 가진 유일한 장점입니다. 요즘 실내 고양이의 상당수가 비만 체형을 가지고 있습니다. 이는 당뇨를 비롯한 여러 질환에 취약할 뿐만 아니라, 활동성을 저하시키는 큰 요인 중의 하나입니다. 집고양이의 실내 생활은 그들의 호기심을 자극하고 흥미를 느낄 만한 변수를 부여하기에 취약한 환경을 가지고 있어서, 자연에서 생활하는 고양이에 비해 무료함을 더 쉽게 느끼게 됩니다. 생활 환경에서 무료함을 느낀 냥이는 수시로 어슬렁거리며 사료만 찾게 되는 경우가 빈번해지는 것이지요. 이렇듯 자율 급식은 고양이에게 공복 시간을 허락하지 않을 정도로 먹는 것에 집중하게 하는 환경을 만들 수 있다는 단점을 가지고 있습니다.

그리고 자율 급식의 또 다른 단점은 위생적이지 않다는 것입니다. 여전히 많은 집사님이 반자동 급식기를 이용해서 사료 한 봉지를 몽땅 부어 놓고 급여를 합니다.

더군다나 반자동 급식기는 매일 그릇을 씻어 주기도 힘든 구조예요. 따라서 이 방법은 결과적으로 오래된 사료를 더러운 그릇에 급여하는 것이 됩니다. 반자동 급식기를 이용하지 않고 아침부터 새벽까지 먹을 양을 아이의 밥그릇에 두둑이 부어 놓는 분들도 있습니다. 공기 중에 오랫동안 노출되어 있던 눅눅하고 비위생적인 사료는 기호성이 떨어질 뿐 아니라, 냥이의 건강에도 좋지 않습니다.

바람직한 급여 방법

식탐이 많은 고양이의 체중 관리를 위해 엄격한 제한 급식을 하는 집사님이 많습니다. 식탐이 강한 냥이 중에는 비만이거나 평소 놀이 반응이 떨어져서 무료함을 느끼는 경우가 많아요. 따라서 무료함이나 불만족의 심리를 먹는 것으로 대체하는 욕구 자체를 억누르는 것만으로는 근본적인 욕구 충족을 할 수 없습니다. 그뿐만 아니라 제한 급식으로 인해 오히려 식탐이 더 강해질 수도 있어요. 따라서 식탐이 강한 고양이에게는 성분은 좋지만 기호성이 월등하지 않은 사료를 찾아서 좀 더 유연성 있는 자율 급식 형태로 급여하는 것이 효과적입니다. 자율 급식의 초기에는 더 많이 먹는 모습이 관찰되기도 해요. 그러나 먹고자 하는 욕구를 놀이 등의 다른 활동으로 대체해 주고, 언제나 원할 때 먹을 수 있는 환경을 마련해 주면, 아이는 차츰 먹을 것에 대한 집착이 줄어듭니다. 그리고 아이가 사료를 먹을 때 먹지 말라고 옆에서 말을 걸거나 그릇을 뺏지 말고 그냥 무관심해 주세요.

식탐이 강한 아이가 사료를 조금 더 어렵게 먹도록 푸드 토이 등을 이용하는 것도 좋은 방법입니다. 처음에는 고양이용 푸드 토이 중 쉬운 단계(앞발을 넣어 사료를 끄집어내서 먹는 난이도)부터 시작해서, 익숙해지는 정도에 따라 푸드 토이의 난이도를 올리며(뚜껑을 열고 앞발을 넣어 끄집어내서 먹는 난이도, 여러 다른 모양의 미로가 합쳐져 있는 난이도) 바꿔 줍니다. 이렇게 하면 푸드 토이를 이용하여 아이는 좀 더 재미있게 배고픔을 해결하고, 먹는 것 자체보다 먹을 것을 꺼내는 행위에 집중하게 되면서 먹는 것을 그 행위에 대한 보상이라고 생각하게 됩니다.

고양이가 하루에 먹는 횟수를 아침, 낮, 저녁, 밤으로 나눠 주세요. 하루 2번 먹던 고양이가 4번 먹게 되는 것은 2배를 더 먹게 되는 것을 의미하지는 않습니다. 고양이의 하루 급여량을 4번으로 나눠서 더 조금씩 급여하는 것입니다. 아침과 저녁은 제한 급식으로 그릇에 담아 주고, 낮과 밤에 먹을 사료는 푸드 토이로 급여하세요. 다묘 가정에는 다른 냥이들보다 더 많이 먹는 고양이도 있습니다. 이것은 자연에서 사는 고양이도 마찬가지입니다. 어떤 고양이는 하루에 10마리 정도의 사냥에 성공하고, 어떤 고양이는 30번의 사냥에도 성공하지요. 즉, 더 많이 먹기 위해서는 더 움직이고 머리를 써야 합니다. 따라서 아침과 저녁은 제한 급식으로, 낮과 밤에 먹는 양은 푸드 토이를 이용해서 사료 한 알이라도 더 먹으려면 머리를 더 쓰고, 앞발을 더 쓰고, 더 움직이게 만듭니다.

아침과 저녁에 습식으로 제한 급식을 하고, 낮이나 밤에 먹을 것은 건사료로 푸드 토이를 이용해서 준다면, 고양이의 건강 관리를 위한 훨씬 더 좋은 환경이 될 수 있습니다. 처방식을 먹어야 하는 냥이가 있다면 아침과 저녁에는 각자 필요한 종류의 사료를 공급하고, 낮 동안에 먹을 수 있는 건사료는 푸드 토이에 넣어 주세요. 이때 푸드 토이에 넣는 사료를 처방식으로 맞춰 주는 겁니다. 아침과 저녁에 먹을 양은 조금 더 많이, 낮과 밤에 먹을 푸드 토이에 넣는 사료의 양은 적게 줍니다. 이렇게 하면 계속 처방식을 먹는 게 아니라 낮 동안에만

처방식을 접하게 되어 영양적인 위험 부담을 줄일 수 있습니다.

집사님이 항상 집에 있다면 제한 급식을 해도 좋습니다. 대신 조금씩 적게 먹는 고양이의 습성을 존중해 주고, 적어도 하루 4번 정도로 나눠서 급여해 주세요. 그리고 제한 급식을 한다고 해도 밤이나 새벽에 아이가 일어나서 먹을 수 있도록 푸드 토이에 건사료를 추가로 마련해 주는 것을 추천합니다.

시간마다 정해진 사료를 급여할 수 있는 자동 급식기를 이용할 수도 있습니다. 그렇지만 자동 급식기를 이용해도 푸드 토이 사용은 병행할 것을 추천해요. 고양이가 여러 번에 나눠서 먹는 것도 중요하지만, 재미있게 활동을 하면서 먹는 것도 중요하기 때문입니다. 다시 한 번 강조하지만 냥이가 먹는 행위 자체에 집중하지 않고 행위에 대한 보상의 결과가 먹는 것이라고 인식하는 것이 바람직합니다.

사료 그릇

고양이를 위한 사료 그릇은 작은 사이즈의 종지형보다 너무 작지 않은 오목한 접시형이 더 좋습니다. 고양이의 수염은 작은 감각까지도 감지할 수 있기 때문에 종지형의 작은 식기는 수염에 쉽게 닿아 불편함을 느낄 수 있습니다. 사료 그릇의 재질은 플라스틱보다는 세라믹이나 스테인리스 재질을 추천합니다. 플라스틱 재질의 그릇은 사용할 때나 세척 과정에서 흠집이 생기고, 그 사이로 세균 등의 미세한 이물질이 낄 수 있기 때문에 권하지 않아요.

반자동 급식기는 추천하지 않습니다. 반자동 급식기는 사료통에 연결된 받침 부분과 아래쪽 그릇 부분이 연결되어 있어 하루 한 번씩 세척하기가 쉽지 않아요. 또한 바깥에 사료가 쌓여 있는 부분은 항상 공기 중에 노출되어 있기 때문에 산패의 위험이 있습니다. 이러한 반자동 급식기는 가뜩이나 자주 세척하기도 힘든데 플라스틱 재질로 되어 있어서 미생물 번식에도 취약합니다.

자동 급식기는 효율성으로만 보면 최고의 장치임이 틀림없습니다. 조금씩 자주 먹는 고양이의 습성을 고려해서 하루에 몇 번씩 일정량이 나오도록 타이머를 설정하면, 아이가 정해진 식사량을 규칙적으로 먹을 수 있지요. 자동 급식기를 구매할 때 사료가 담기는 그릇을 따로 세척할 수 있는지, 세척할 때 흠집이 나지 않는 재질인지를 확인해야 합니다. 또한 사료를 부어놓는 사료통 부분도 분리해 세척할 수 있는지 확인 후 구매하세요.

물그릇과 정수기

고양이는 음수량이 많지 않기 때문에 물그릇이나 정수기를 적극적으로 활용해야 합니다. 물그릇은 사료 그릇보다 더 많은 개수를 준비하는 것을 권합니다. 다양한 장소에 다양한 형태의 물그릇을 놓아 아이가 자주 물을 마실 수 있게 해 주세요.

정수기를 구매할 때 몇 가지 고려할 사항이 있습니다. 현재 아이가 사용하는 물그릇의 물 먹는 형태와 너무 확연하게 다른 물 흐름을 가진 정수기라면 거부감을 느낄 수 있어요. 처음에는 물이 고이는 부분이 있는 수반 형태의 조용한 물흐름을 가진 정수기부터 시작하는 것을 추천합니다. 물론 정수기 구매가 필수 사항은 아니에요. 정수기를 전혀 이용하지 않는 고양이도 종종 있기 때문입니다. 그리고 정수기는 결코 관리하기 편한 고양이 용품이 아닙니다. 일반 물그릇은 자주 비워 주고 세척도 간편하게 할 수 있지만, 복잡한 정수 구조를 가진 정수기는 매일 세척하는 게 생각보다 번거로워요. 수반이나 분수 부분뿐 아니라 모터 안까지 분해해서 청소해야 합니다. 필터를 이용하더라도 가급적 물은 매일 갈아 주고, 매일 세척해 주세요.

고양이 심리 들여다보기

STEP ❸

고양이 행동 수정

1
문제 행동 수정의 기본 개념

"고양이들은 그들이 뭔가를 거부할 수 있다는 것을
증명하기 위해 무작위적으로 명령을 거부한다."

– 일로나 앤드류스

고양이 문제 행동 개선에 대한 본격적인 이야기에 앞서, 아이의 특정 행동을 집사님이 왜 싫어하는지를 생각해 볼 필요가 있습니다. 아이에게는 큰 문제가 없는데, 집사님이 그 행동을 싫어해서 문제가 되는 경우도 있기 때문입니다. 고양이와 사람, 서로 너무나 다른 습성을 가진 우리는 함께 살면서 타협이 필요할 때가 많습니다. 우선 고양이의 습성을 존중하는 생활 여건을 마련해 주고, 그 안에서 문제 행동이 발견된다면 개선을 위해 힘써 주세요.

모든 문제 행동은 그 행동을 촉발한 원인이 존재합니다. 오랜 시간에 걸쳐 축적될 수도 있고, 하나의 사건이 계기가 될 수도 있습니다. 문제 행동의 효과적인 개선을 위해서는 그 원인을 찾아 해결해야 하지만, 쉽지 않을 때가 많지요. 그리고 집사님을 더욱 좌절하게 하는 것은, 원인을 찾아서 그 부분을 해결해도 화장실 문제 행동을 비롯한 많은 문제 행동이 시간이 지나면서 패턴화, 즉 습관이 되고, 이 습관을 고치는 데 많은 시간이 걸린다는 것입니다. 이 습관을 고쳤다고 해도 재발이 잘 됩니다. 왜냐하면 특정한 스트레스로 인해 문제 행동을 하게 되었을 때, 고양이에게는 스트레스와 문제 행동 사이에 직접적인 연결 고리가 생기기 때문입니다. 그 상황이 되면 아이는 자동으로 문제 행동을 하게 되는 것이지요. 문제 행동을 처음 촉발한 당시의 스트레스 레벨을 10이라고 했을 때, 다음에는 스트레스 레벨이 10보다 낮아도 아이는 그 행동을 하게 됩니다. 급기야 별다른 스트레스가 없고 단지 무료하기만 해도 그 행동을 하기도 합니다. 그래서 고양이의 문제 행동은 초기에 교정해 주어야 해요. 행동이 반복될수록 더 견고하게 고착되어 개선하는 데 시간이 더 걸리게 됩니다. 행동을 없애는 유일한 방법은 비슷한 상황에서도(행동을 촉발하는 트리거가 되는 상황) 그 행동을 떠올리지 않을 정도로, 오랜 기간 행동이 촉발되지 않게 차단된 상태를 유지하는 것뿐입니다. 또한 행동 자체만 차단할 것이 아니라, 그 행동을 대신할 다른 긍정적인 행동을 허락해서 아이의 관심 채널을 바꿔 주는 작업도 함께 해야 해요.

문제 행동은 한 번에 없어지는 것이 아니라 빈도가 줄어들면서 개선됩니다. 그리고 한동안 괜찮았다가 재발하기도 하지만, 좌절하지 마세요. 모든 문제 행동은 이렇게 서서히 사라지거나 줄어듭니다. 행동 수정을 하면서 평소 아이의 문제 행동 빈도를 체크하고 주기적으로 확인하세요. 그렇게 문제 행동이 정말 교정이 되는 건지 아닌지를 객관적으로 판단할 지표를 만들면, 보다 효과적으로 집사님의 마음을 다잡을 수 있습니다.

스트레스 메커니즘

모든 동물은 각자의 스트레스 역치를 가지고 있습니다. '스트레스 역치'란 상황에서 오는 자극에 스트레스를 느끼는 시점을 말합니다. 즉, 생활에서의 자극이 역치 이상으로 올라가면 동물은 스트레스를 더 많이 느끼게 되고, 그것이 최대치가 되는 상태를 '트라우마'로 설명할 수 있습니다. 그래서 많은 집사님은 소중한 고양이가 스트레스에 노출되는 것을 우려해서 가능한 모든 스트레스 요인을 차단하려고 노력하지요. 그러나 약간의 스트레스는 생활에 적당한 각성과 긴장감을 주어 활력 있고 호기심이 충만한 상태를 만들어 줍니다.

모든 동물은 스트레스를 이겨 내기 위한 아주 중요한 무기를 가지고 있습니다. 그 무기는 바로 '습관화(habitation)'라는 인지 장치입니다. 이 습관화는 우리가 일반적으로 생각하는 습관이나 버릇과는 다른 개념이므로, 이해가 쉽도록 습관화를 자극에 둔감해지는 '둔감화'로 설명하겠습니다. 모든 동물은 특정 자극에 반복적으로 노출될수록 자극에 무뎌집니다. 그래야만 환경에 적응하고 안정감을 느낄 수 있기 때문이지요. 고양이를 스트레스 역치에 도달하지 않는 범위의 스트레스 자극에 노출하고 보상을 주면서, 스트레스 자극 강도를 조금씩 높여 둔감화를 이끌어 주는 것입니다. 이 방법은 고양이가 스트레스로 느끼는 원인 자극에 대한 근본적인 인식을 바꿔 줄 수 있습니다. 모든 스트레스 자극의 원인을 막고 덮는 것은 문제를 해결해 주지 않습니다. 피할 수 없고 제거할 수 없는 요건이라면, 아이의 스트레스 원인을 조금씩 꺼내 보여 주고 극복하게 해 주세요.

스트레스 메커니즘은 체벌과 연관 지어서도 시사하는 바가 큽니다. 아이가 문제 행동을 보였을 때 집사님은 안 된다고 살짝 꿀밤을 때리기도 합니다. 처음에는

모든 동물은 스트레스를 이겨 내기 위해
'습관화'라는 아주 중요한 무기를 가지고 있어요.
습관화는 특정 자극에 반복적으로 노출되면서
그 자극에 무뎌지는 것을 말합니다.

살살 때리지요. 그러면 이 꿀밤의 강도는 아이에게 견딜 만한 자극이 되고, 아이는 곧 이 자극에 무뎌집니다. 꿀밤 정도로는 문제 행동을 멈출 수 없는 단계가 오게 되는 것이에요. 그러다 보면 집사님도 모르는 사이에 체벌의 강도가 점차 높아집니다. 결국 아이의 행동을 중단할 만큼의 체벌은 폭력이 되고 이는 스트레스의 극대치, 즉 트라우마가 됩니다. 따라서 체벌은 문제 행동 수정에 사용될 수 없습니다.

칭찬이 그리운 말썽쟁이 고양이

고양이는 자신의 행동에 대한 집사님의 부정적인 신호(야단치기)와 긍정적인 신호(칭찬, 보상)를 구분할 줄 압니다. 집사님이 문제 행동을 야단치면, 냥이는 집사님이 자신의 행동을 달가워하지 않는다는 것을 인지하게 되지요. 문제는 여기에서 발생합니다. 소위 '말썽쟁이 고양이'는 칭찬보다 문제 행동에 대한 지적을 더 많이 받습니다. 심한 경우 칭찬받을 일은 없고, 문제 행동에 대해 야단이나 제지만 받기도 합니다. 이렇게 되면 냥이는 자신이 어떤 행동을 해야 칭찬받는지를 모릅니다. 집사님이 어떤 행동을 원하는지 알 수가 없는 것이지요. 그래서 고양이는 집사님의 관심을 얻기 위해 자기가 할 수 있는 행동 중에서 가장 반응이 강했던 행동을 선택하여 강화합니다. 강한 반응에는 호의적인 반응뿐 아니라, 당연히 부정적인 반응(야단치기)도 함께 포함됩니다. 어차피 뭘 해야 할지 모르니까 자기가 현재 제일 잘하는 것을 계속하는 것이지요. 잘못된 행동을 알려 주는 것보다 훨씬 더 중요한 것은, 아이가 어떤 행동을 했을 때 집사님의 칭찬을 받는지 확실하게 가르쳐 주는 것입니다. 아주 작은 거라도 좋습니다. 하루에도 몇 번씩 야단만 맞는 말썽쟁이 고양이에게 칭찬받는 기쁨을 먼저 알게 해 주세요.

고양이에게 행동의 옳고 그름을 알려 주는 것은 불가능합니다. 무엇이 맞고 틀리다는 것은 인간의 주관을 기준으로 한 것들이기 때문입니다. 고양이에게는 맞고 틀리다가 아닌, 집사님이 좋아하는 행동과 싫어하는 행동을 알려 주어야 합니다.

고양이를 혼란스럽게 하는 야단치기

때로는 문제 행동을 보이는 고양이에게 "안 돼."를 알려 줄 필요가 있습니다. 이 행위를 '야단치기'로 정의하겠습니다. 야단치기는 행동을 중단시키는 것이 목적이어야 합니다. 고양이에게 행동의 옳고 그름을 알려 주는 일장 연설이나 화풀이가 되어서는 안 됩니다. 따라서 "안 돼."를 알려 주는 야단치기는 아주 간결하고 단호해야 합니다. "스읍" 등의 방울뱀 소리나 짧고 단호한 "안 돼.", "그만." 정도로 끝내는 것이 좋아요. 평소와는 다른 단호하고 명료한 톤으로 "안 돼."를 알려 주는 집사님의 야단치기를 통해 고양이는 '아 집사가 지금 화가 났다.', '내가 이 행동을 하는 걸 집사가 싫어하는구나.'를 인지할 수 있습니다.

그리고 여기에 약간의 액션 연기도 필요합니다. "안 돼."라고 단호하고 짧게 말한 뒤, 차분히 아이 눈을 바라보면서 잠시 동작을 멈춰 주세요. 동물은 눈을 정면으로 마주하는 것에 긴장감을 느낍니다. 따라서 단호하게 정면을 바라보는 행위는 여러 동작으로 아이를 말리고 야단치는 행동보다 빠르게 현재 상황을 인지하게 해 줄 수 있습니다.

많은 집사님이 문제 행동을 보이는 고양이를 야단칠 때, 아이의 행동을 참다 참다 화가 나서 큰소리를 내는 경우가 많습니다. 이러한 야단치기에 아이는 '난 이 행동을 그동안 꾸준히 했는데 집사는 왜 지금 화가 날까?'라고 혼란을 느낍니다. 그래서 아이는 자신의 지금 행동 때문에 집사님이 화를 낸다는 것을 연결 짓지 못합니다. 그리고 야단치기의 수위는 온전히 집사님의 당시 감정에 기반할 때가 많습니다. 기분이 좋으면 똑같은 문제 행동을 해도 가벼운 훈방 조치로 넘어가거나, 심지어 웃으면서 "넌 어쩜 이러니."라고 관심을 보여 주기도 합니다. 하지만 기분이 안 좋으면 냥이의 똑같은 행동에 크게 화를 내기도 합니다. 이러한 야단치기의 형태 역시 냥이에게 혼란을 줍니다. 어떨 때는 괜찮고 어떨 때는 화를 내는 이중 잣대는 야단치기를 무의미하게 만들어요. 야단치기는 항상 객관적이어야 합니다.

야단치기와 위로를 병행하는 행동 역시 고양이를 혼란스럽게 합니다. 예를 들어, 냥이가 간식을 달라고 심하게 보챌 때 종종 야단을 치게 되지요. 그런데 야단을 쳤으면 간식을 주지 말아야 하는데, 대부분의 집사님은 야단을 치고 미안한 마음에 잠시 후 못 이긴 척 간식을 줍니다. 한 아이가 동거묘를 때리는 일이 발생했을 때, 많은 집사님은 공격을 한 고양이를 야단칩니다. 그러고는 대부분 야단맞고 저만치 떨어져 있는 아이에게 곧바로 다가가서 쓰다듬고 미안하다고 말합니다. 하지만 이렇게 되면 냥이는 집사님이 왜 혼을 냈는지 파악할 수 없어요. 야단치고 곧 이어서 위로하는 행동은 아이에게 집사님이 이 행동을 싫어한다는 것을 알리는 데도 실패하고, 문제 행동도 효과적으로 제지할 수 없게 합니다. 야단치기가 꼭 필요한 상황이라 판단되어 단호하고 간결, 명확하게 "안 돼."를 말했다면, 한동안은 아이에게 무관심해져야 합니다. 야단치고 바로 다시 위로하는 행동으로 아이를 혼란스럽게 하지 않아야 합니다. 그래야 고양이는 집사님의 야단치는 행동이 어떤 의미인지 확실하게 구분할 수 있습니다.

행동이라는 것은 각 상황에 따른 욕구에 의해서 발생합니다. 그리고 그 욕구들은 행동이 행해졌을 때의 반응, 즉 나름의 보상에 의해 패턴화로 고착되기 시작합니다. 다시 말해, '이 상황에서는 이 행동'이라는 것이 고양이의 머릿속에 입력되는 것이지요. 결국 특정한 행동을 계속 반복하는 현상은 고양이가 이 행동을 통해 얻어지는 반응을 예측하기 때문에 생깁니다. 그래서 문제 행동을 할 때마다 야단을 치면, 야단맞는 게 싫어서 문제 행동을 안 하게 될 수 있습니다. 그러나 불행히도 야단치기로 문제 행동을 교정하는 일은 그렇게 간단한 문제가 아닙니다. 행동이 처음 행해진 계기가 바로 욕구이기 때문이지요. 어떤 욕구에 의해서 시작된 행동이라면, 그 욕구를 해결할 다른 행동을 찾아 주지 않는 이상 계속될 수 있습니다. 따라서 아이가 그 욕구를 해결하기 위해 취할 수 있는 다른 긍정적인 활동이나 행동을 유도해 그 행동을 보상하는 방법을 병행해야 합니다. 그렇게 되면 아이는 자연스럽게 자신의 욕구를 충족하기 위해 그 긍정적인 행동을 하게 될 거예요. 이것이 야단치기보다 더 효과적인 방법인, '관심 채널 변경하기'입니다.

그리고 집사님이 문제 행동에 야단치기를 완벽하게 연결해 아이가 문제 행동을 멈췄다고 하더라도, 욕구가 해결되지 않았다면 또다시 다른 문제 행동을 하게 될 수도 있어요. 그러므로 고양이가 문제 행동을 보일 때는 반드시 왜 이런 행동을 하게 되었는지를 파악해야 합니다. 그 원인에 대한 타협이나 해결이 없다면 고양이의 문제 행동을 완전히 멈추게 할 수 없습니다. 문제 행동 대신에 행할 수 있는 긍정적인 대체 행동을 찾아 주고, 문제 행동 자체는 무관심하게 대해서 문제 행동의 빈도와 강도를 줄여 주세요. 문제 행동만을 제거하거나 달래는 것으로 아이의 욕구를 충족할 수 없다는 것을 꼭 기억하고, 문제 행동을 촉발하는 감정에 접근해서 원인을 해결해 주세요.

집사님이 자신의 행동에 무관심하기 시작하면, 초기에는 냥이의 문제 행동의 빈도나 강도가 올라가는 경향을 보입니다. 자신이 예측하는 반응이 나오지 않으니까 문제 행동의 강도를 높이는 것이지요. 냥이가 내가 이 행동을 해도 달라지는 게 없다는 것을 인지하기까지 시간이 필요하기 때문에, 이 격동의 시기를 잘 지나야 합니다. 문제 행동에 대한 무관심과 원인 해결을 위한 노력을 함께한다면, 아이의 문제 행동은 점차 개선됩니다.

고양이가 문제 행동을 보일 때는
반드시 왜 이런 행동을 하게 되었는지를
파악해야 합니다.
그 원인에 대한 타협이나 해결이 없다면
문제 행동을 완전히 멈추게 할 수
없습니다.

2
오버그루밍

"평범한 고양이는 없습니다."

– 콜레트

고양이가 까슬한 혓바닥으로 자신의 털을 핥아 정리하는 그루밍 행위는 고양이의 가장 대표적인 행동 습성입니다. 고양이는 그루밍을 하면서 심리적인 안정감을 주는 화학 물질인 엔도르핀을 방출합니다. 그래서 많은 고양이가 일상적인 털 손질의 목적 외에도, 긴장했을 때나 불안할 때 심리적인 안정감을 찾기 위해 그루밍을 합니다. 일반적으로 고양이는 깨어 있는 시간의 30~50% 정도를 그루밍으로 보내는 것으로 알려져 있습니다. 그러나 정상적인 그루밍 행위가 과도하게 강화되어 문제 행동이 되는 경우가 있어요. '오버그루밍'이라는 문제 행동을 가지고 있는 고양이는 반복적인 핥기로 인해 털이 빠지고, 급기야 2차 피부 감염을 일으키기도 하지요. 또한 고양이의 그루밍은 털을 핥기만 하는 것이 아니라 이빨로 씹는 행동을 포함하고 있기 때문에, 어떤 고양이는 그루밍하며 자신의 털을 물어뜯어 뽑기도 합니다.

오버그루밍의 이유

고양이가 과도하게 그루밍을 하는 원인은 다양합니다. 첫 번째 원인으로 알레르기, 벼룩, 피부 진드기, 백선, 박테리아 또는 곰팡이 감염 등의 피부 질환을 가장 먼저 고려해 볼 수 있는데, 피부가 가려운 고양이가 지나치게 그 부위를 핥게 되는 것이지요. 피부 질환 외에도 갑상샘항진증(체중 감소, 과잉 행동, 식욕 증가를 유발하는 갑상선 호르몬 과다로 인한 선상 장애) 역시 오버그루밍의 원인이 되기도 합니다. 그뿐만 아니라 통증을 유발하는 다양한 원인(고양이 하부요로계 질환, 외상, 감염 등)에 의해서도 과도한 그루밍이 나타날 수 있습니다. 예를 들어, 요로계 질환을 가지고 있는 많은 고양이가 배, 허벅지 안쪽, 외음부 주위를 과도하게 핥는 행동을 보이는데, 신체 특정 부위에 통증을 느껴서 그 부위를 반복적으로 핥는 것입니다. 따라서 오버그루밍 행동을 보인다면 무조건 스트레스를 원인으로 생각하지 말고, 동물 병원을 방문해서 의심되는 다른 요인을 확인하여 신체적인 질환에 대한 감별을 우선으로 하는 것이 필요합니다.

오버그루밍은 굉장히 많은 고양이에게서 발견됩니다. 그루밍 행위 자체가 고양이의 자연스러운 습성이기 때문에, 집사님이 아이가 평소에 오버그루밍 문제를 가지고 있는지 확인하기가 어렵지요. 반려묘의 오버그루밍이 꽤 진전되고 나서 털이 빠진 부위나 반점 모양의 상처가 생긴 것을 발견하기도 합니다.

고양이의 오버그루밍은 환경을 정비하고, 스트레스의 원인을 해결해 주면, 이내 문제 행동이 개선됩니다. 그러나 심각한 경우에는 아이가 오랫동안 그루밍하는 행동 자체가 습관화되어서, 스트레스의 원인을 제거해도 행동이 개선되지 않는 경우도 많습니다. 즉, 초기에 스트레스나 불안정으로 시작된 오버그루밍이, 지금 별다른 스트레스가 없어도 행동 패턴으로 남게 되는 것이지요. 통증이나 피부 가려움으로 시작된 오버그루밍 역시 신체적인 병변이 치유되었다고 해도, 오버그루밍 행동 패턴은 습관으로 남는 경우가 많습니다. 이런 이유로 다른 문제 행동과 마찬가지로 오버그루밍 역시 호전되었다가 다시 재발하는 경우도 아주 많습니다.

지각 과민 증후군

지각 과민 증후군과 오버그루밍을 같은 맥락으로 이해하는 경우가 많습니다. 하지만 오버그루밍은 고양이가 자신의 털을 지나치게 핥거나 씹고 뽑는 행위이며, 그 행위의 다양한 원인 중 하나가 지각 과민 증후군입니다.

지각 과민 증후군은 고양이 피부의 민감도가 비정상적으로 높아진 증상으로, 이 증상을 일으키는 확실한 원인은 밝혀지지 않았습니다. 모든 고양이는 예민한 신체 감각을 가지고 있습니다. 창가에 평화롭게 앉아 식빵을 굽던 고양이가 살랑 바람을 맞고 몸의 털을 꿀렁거린다거나, 때때로 우다다를 하던 고양이가 갑자기 멈춰 서서 자신의 몸을 핥기도 해요. 어떤 고양이는 집사님이 자신의 몸을 쓰다듬으면 그 부위를 곧바로 핥기도 하지요. 반려묘와 함께 사는 많은 보호자님이 혹시 우리 고양이도 지각 과민 증후군이 있지 않은지 걱정한 경험이 한 번씩은 있을 겁니다.

고양이의 지각 과민 증후군에는 정확한 기준이 없습니다. 그래서 고양이가 감각으로 인해 생활에 불편함을 느끼는 정도로 치료의 기준을 가늠해 볼 수 있습니다. 지각 과민 증후군을 가지고 있는 대부분의 고양이는 보호자가 자신의 몸을 만지는 것을 달가워하지 않는 경우가 많아요. 뺨이나 턱, 정수리를 만지는 것은 허락해도, 보호자님이 등을 만질 때는 등줄기에 심한 파동이 일어납니다. 가벼운 쓰다듬기로도 아이가 불편한 피부 자극을 느끼며 이내 자리를 피하거나 신경질적인 반응을 보이기도 해요. 그리고 갑자기 강박적으로 골반에서 꼬리가 이어지는 부위를 핥거나 긁으려고 시도하는 경우가 많습니다. 잠을 자던 고양이의 등에 꿀렁거리며 파도가 일고, 갑자기 일어나 뛰다가 멈춰 서서 등을 긁거나 핥기도 하지요. 아이에 따라 지각 과민 증상이 발현될 때 동공이 확장되거나, 몇 초에서 몇 분 동안 강박적인 핥기와 꼬리 물기 등의 행동이 동반되기도 합니다.

지각 과민 증후군을 가진 고양이가 주로 공략하는 신체 부위는 옆구리, 꼬리 등이며, 단순한 핥기가 아닌 앞발로 긁기와 털 물어뜯기, 극심한 구르기와 달리기가 병행되는 경우가 많아요. 일부 아이는 종종 침을 흘리거나, 동공이 확장되기도 하고, 울거나, 갑작스러운 배뇨 실수(소량씩 지리는 형태)를 하기도 합니다.

일반적으로 고양이의 지각 과민 증후군은 강박 장애로 분류하는데, 단순한 강박 장애가 아니라 발작 증상으로 보는 사람도 있습니다. 그리고 모든 고양이에게서 나타날 수 있지만, 특히 샴, 뱅갈, 아바시니안 고양이들에게 많이 발생하는 것으로 알려져 있습니다. 오버그루밍을 하는 고양이에게는 부드러운 브러싱이 도움이 되기

오버그루밍은 고양이가 자신의 털을
지나치게 핥거나 씹고 뽑는 행위인데,
그 행위의 다양한 원인 중 하나가
지각 과민 증후군입니다.

도 하지만, 지각 과민 증후군을 가진 고양이에게 과도한 브러싱은 오히려 피부 자극을 촉발할 수 있기 때문에 그다지 추천하지는 않아요. 그리고 아이가 가려운 피부 상태나 스트레스가 있다면 지각 과민 증후군의 증상이 더욱 심해질 수 있습니다.

오버그루밍 행동 수정

오버그루밍에는 다양한 심리적인 원인이 있지만, 외동묘의 경우 혼자 지내는 무료한 시간이 긴 생활 환경을 가진 아이에게, 다묘 가정은 다른 동거묘와 잘 어울리지 못하는 아이에게 자주 발생합니다. 그래서 아이가 오랜 시간 무료하게 지내지 않도록 흥미롭고 풍요로운 환경 개선이 필요하며, 동거묘와의 관계 개선으로 심리적인 스트레스를 해결해 주어야 합니다.

불안, 걱정, 근심으로 인해 과도한 그루밍을 하는 고양이에게는 안정적인 일상이 매우 중요해요. 그러나 안정적인 환경이 모든 종류의 변화가 차단된 무료한 환경을 의미하지는 않습니다. 오히려 적절한 환경적인 자극은 필요하지요. 소소한 가구의 재배치나 실내 고양이가 흥미를 느끼고 집 안을 탐색할 수 있는 구조물은 심리적인 불안감을 완화하고, 생활에 긍정적인 각성을 줍니다. 반면 이사, 새로운 동물의 입양, 임시 보호 등 생활 환경의 급격한 변화는 아이에게 심리적인 불안감을 초래합니다. 따라서 고양이가 그루밍 행동에 집중하지 않을 수 있는 흥미 있는 놀이 시간을 규칙적으로 가지는 것이 아주 중요합니다.

오버그루밍은 심리적인 위축감이나 불안감과 밀접한 관련이 있기 때문에, 고양이에게 심리적인 안정감을 느끼게 해 주는 고양이 페로몬 제재인 펠리웨이 훈증기 타입을 함께 사용하면 증상 완화에 도움이 될 수 있습니다. 그리고 고양이 우울증 보조제인 질켄을 급여하는 것도 오버그루밍을 촉발하는 심리적인 불안감을 완화하는 데 도움을 줄 수 있어요. 아이의 증상이 심각하다면 동물 병원에서 행동 약물 처방을 받을 수도 있습니다.

오버그루밍 행동 개선 시 주의할 점

오버그루밍 증상을 가지고 있는 고양이의 집사님 중 대다수는 아이가 그루밍을 하려고 할 때마다 못하게 제지합니다. 그러나 그루밍을 방해하면 오히려 과잉 행동이 더욱 심해질 수 있으므로, 그루밍 행동 자체를 차단하는 것은 주의해야 합니다. 그루밍을 하는 시간이 지나치게 길다고 생각되면, 조금 떨어진 위치에서 장난감을 흔들거나 아이의 이름을 불러서 집사님에게 오도록 하세요. 냥이가 너무 과하게 그루밍에 집중해서 관심 돌리기 작전이 잘 통하지 않는다면, 집사님이 브러쉬를 들고 가서 브러싱을 해 주면서 특정 부위만 그루밍하는 행동을 중단시키는 방법도 있습니다. 그러나 스킨십이나 브러쉬를 사용하는 것은, 지각 과민 증후군을 가지고 있는

고양이에게는 적극 권장하지 않습니다.

오버그루밍이 심각한 고양이의 경우 주로 복부 하단, 옆구리, 허벅지 안쪽, 앞발 등을 과도하게 핥거나 털을 씹어서 그 부위에 탈모와 피부 질환이 발생하기도 합니다. 이럴 때는 아이가 병변 부위를 더 핥지 못하게 넥카라를 씌우거나 옷을 입혀 줄 수도 있어요. 그런데 문제는 이런 장치로 인해 이전보다 훨씬 더 스트레스를 받는 상황에 처한다는 것입니다. 자연스러운 자기 위안 행위인 그루밍을 할 수 없는 상태에 놓인 고양이는 더욱 강박적으로 그루밍을 완수하려고 노력하게 되지요. 그래서 넥카라가 보호할 수 없는 부위로 그루밍의 범위가 넓어지거나, 넥카라나 옷을 벗고 나면 다시 강박적으로 그루밍을 시작하는 등의 악순환이 반복됩니다. 따라서 고양이가 몸을 핥지 못하게 차단하는 방법과 흥미 있는 놀이 시간을 통해 패턴화된 그루밍 행동을 긍정적으로 차단하는 방법이 반드시 병행되어야 합니다.

많은 수의사님이 고양이의 오버그루밍은 한번 발생하면 평생 지속되는 문제라고 말합니다. 그렇기 때문에 오버그루밍의 행동이 자주 발생하거나 이전에 발생한 적이 있다면, 고양이가 심리적으로 스트레스를 느끼지 않는 환경을 만드는 데 지속해서 힘써 주세요.

3
이식증

"우리가 고양이에게 매료된 이유 중 하나는
그런 작은 동물이 높은 독립성, 존엄성, 정신의 자유를
가지고 있기 때문입니다."

– 로이드 알렉산더

집사님의 고양이가 집에 있는 화분의 풀을 뜯어 먹는다면, 이것은 이식증의 범주에 속하지 않습니다. 풀을 뜯는 행위 자체는 자연스러운 고양이의 습성이기 때문에 화분의 풀을 뜯어 먹는 것은 무료하거나 배고픈 아이가 열심히 채식 활동을 하고 있는 것이에요. 이식증은 대변이나 화장실 모래, 장난감, 옷, 비닐 등 영양분이 없는, 음식이 아닌 것들을 먹는 행위를 말합니다.

많은 고양이가 먹지는 않아도 비닐이나 박스 등을 씹어 보는 행위를 합니다. 이런 행동을 하는 이유 중 하나는 뭔가를 씹는 행위가 고양이의 뇌에 심리적인 만족감을 주는 화학 물질을 전달하기 때문이라는 견해가 있습니다. 따라서 고양이가 천이나 박스 등을 씹는 행동 자체는 이식증과 구별되어야 하지만, 이식증이 과도한 핥기나 씹어 보기에서 시작되는 사례가 많다는 사실도 역시 염두에 두어야 해요.

이식증의 이유

고양이에게 이식증이 발견되는 원인은 다양합니다. 어미젖을 일찍 뗀 아기 고양이, 부적절한 양육 방법(학대나 체벌), 생활에서 발현되는 불안감(새 가정으로의 입양)이나 외로움(동거묘와의 관계 문제, 보호자의 잦은 부재), 분리 불안 등의 심리적인 스트레스에 처해 있는 아이에게서 이식증이 발생할 수 있습니다. 또한 섬유소가 부족한 식사를 하는 고양이, 사냥이나 탐색 등의 놀이 시간 부족으로 인해 무료한 고양이에게서도 이식증이 나타날 수 있습니다.

이러한 심리적, 환경적인 요인 외에도 식욕에 대한 신경계의 이상, 갑상샘 항진증으로 인한 식욕 과다 증가, 혹은 잘못된 식이로 인한 영양 결핍, 기생충, 빈혈 등의 질환적인 이유로도 이식증이 발생합니다. 꽤 많은 이식증의 원인을 차지하고 있는 또 다른 이유는, 어린 고양이의 정상적인 탐색 행동(걷다 ⇨ 보인다 ⇨ 뒤적거린다 ⇨ 입에 넣어 본다)이 보호자님의 잘못된 중재로 인해 먹는 행동으로 변화되고 강화되는 것입니다. 대부분 이식증은 어린 고양이에게 많이 발병하지만, 인지 장애를 겪는 노령묘에게도 발생할 수 있어요.

키우는 아이에게 이식증이 발견되었다면, 당연히 가장 먼저 할 일은 아이의 건강 검진입니다. 요즘은 좋은 먹거리가 많기 때문에 영양적인 불균형으로 이식증이 발병하는 경우는 극히 드물지만, 다른 질환을 체크해 볼 필요가 있습니다.

이식증 행동 수정

이식증은 활발한 고양이에게서도, 소심하고 자신감이 없는 고양이에게서도 발생합니다. 이식증을 일으키는 여러 가지 원인이 있지만, 그중 가장 큰 비중을 차지하는 것은 심리적인 요인입니다. 그렇기 때문에 이식증이 발견하였을 때 이식 행위를 막는 것에 너무 집중해서 아이를 야단치지 마세요. 아이가 왜 이러한 행동을 하는지, 아이가 어떤 심리적인 불편함이 있는지 파악해서 여러 방면에서 접근하는 것이 가장 중요합니다.

이식 행동을 차단하는 환경 조성

이식 행동이 일어나지 않도록 미리 환경적으로 차단해야 합니다. 평소 냥이가 자주 씹는 물건을 중심으로 아이가 관심을 가지고 입 안에 넣어 볼 만한 물건은 치워 두세요. 치울 수 없는 물건이거나, 혹은 커튼, 걸어 놓은 옷가지 등을 씹고 뜯어 먹는다면, 고양이가 싫어하는 기피향을 이용하는 것이 좋습니다.

고양이가 싫어하는 맛이나 향을 그 물건에 뿌려 주세요. 아마존 사이트에서 판매되는 비터 애플 스프레이(Grannick's Bitter Apple Spray with Dabber Top for Cats)가 고양이에게 무해하고, 많이 사용하는 제품 중 하나입니다. 일부 행동 수정가들은 고양이가 싫어하는 대표적인 향인 유칼립투스 오일을 발라 두라고 권하기도 하는데, 소량이라고 해도 유칼립투스 에센셜 오일 원액을 직접 사용하는 것은 권장하지 않습니다. 원액을 이용하는 것보다는 안전을 위해서 정제수나 알코올을 함께 섞고, 유칼립투스 에센셜 오일을 0.5% 이하로 첨가하여 향기 스프레이로 사용하는 것이 좋습니다.

그리고 이갈이 시기에 이것저것 씹어 보는 어린 고양이를 위해 감전의 위험이 있는 전선은 평소에 안전하게 정리해 주세요.

고양이가 씹거나 먹을 수 있는 물건을 치우는 것과 동시에, 고양이의 문제 행동을 대체할 다른 요소를 함께 마련해야 합니다. 이식 행동을 대체할 수 있는 좋은 방법 중 하나는 캣그라스 재배입니다. 캣그라스는 고양이가 먹을 수 있는 식물을 말하는데, 귀리와 보리가 대표적입니다. 개묘차가 있긴 하지만, 귀리가 보리보다 잎사귀가 연해서 고양이들에게 기호성이 더 좋습니다.

캣닢은 캣그라스의 용도로 사용할 수 있는 식물이 아닙니다. 캣닢은 네펠탈락톤이라는 성분으로 인해 향으로 고양이에게 도취감을 주는 식물인데, 과량으로 먹게 되면 설사와 구토를 유발할 수 있어요. 건조 캣닢 냄새를 맡다가 조금씩 먹게 되는 것은 크게 위험하지 않지만, 캣닢을 굳이 고양이에게 급여하는 것은 바람직하지 않습니다. 구토나 설사 같은 부작용을 일으킬 수 있는 페퍼민트 등의 민트 종류 역시 마찬가지예요. 특히나 민트 종류의 식물이나 캣닢 종류는 고양이가 좋아하는 향을 가지고 있기 때문에 과량으로 먹을 수 있어서 더욱 주의가 필요합니다.

이식증을 가지고 있는 고양이를 반려한다면 자율 급식을 권장합니다. 무료함이 병행된 배고픔은 고양이의 이식 행동을 강화할 수 있기 때문에, 자율 급식으로 아이에게 항시 먹을 수 있는 기회를 주세요. 먹을 것을 두고도 굳이 천 종류에 집착하는 아이라면, 식이에 섬유질을 추가하는 방법을 고려할 수 있습니다. 찐 호박을 습식 캔에 함께 넣어 주거나, 섬유질이 풍부하게 들어간 사료를 제공해 주는 방법을 병행할 수 있어요. 식이 섬유가 들어간 반려동물 영양제나 보조제를 급여해 주는 것도 도움이 될 수 있습니다(단, 식이 섬유가 많이 들어간 음식을 급여할 때는 물을 많이 마시게 해야 합니다).

놀이 시간 활용

이식증이 주로 발생하는 연령대는 어린 고양이의 이갈이 시기를 포함하는 2~8개월령입니다. 그런데 이 시기를 지나 고양이가 성적으로 성숙을 이루고 다른 동거묘와 충돌을 일으키기 시작하는 1살이나 2살 때 다시 발생 빈도가 높아진다는 연구 결과가 있습니다. 그뿐만 아니라 새로운 가정으로 입양되어 적응을 못하는 아이, 기존 아이들과 잘 어울리지 못하는 소심한 아이에게서도 이식증이 발견되지요. 이러한 사실을 바탕으로 이식증이 심리적인 부분과도 깊게 연관이 있음을 알 수 있습니다. 그렇기 때문에 이식증이 있는 아이가 스트레스를 해소할 수 있는 환경을 만들어 주는 것이 가장 중요해요. 먼저 선행되어야 하는 것은 역시 집사님과의 상호 놀이입니다. 사실 상당수의 이식증은 무료할 때나, 놀이 시간의 부족으로 인해 생활 반경에서 흥밋거리가 제한될 때 발생합니다.

집사님과의 사냥놀이 이외에 이식증이 있는 고양이에게 추천할 수 있는 장난감

중 하나는 틱톡 박스입니다. 틱톡 박스는 공이나 작은 장난감들을 넣어 앞발로 끄집어내며 놀 수 있는 장난감입니다. 쥐돌이는 만약을 대비해서 꼬리를 떼어 두는 것을 권장합니다. 평소 냥이가 가지고 노는 장난감은 쉽게 해체해서 작은 조각으로 나누기 힘든 것들로 마련해 주세요. 작은 조각들을 해체해서 삼키는 아이라면 한입에 오물거리기에는 부피가 큰 천 종류의 장난감이 좋고, 천을 씹는 아이라면 천 종류보다는 공 종류의 장난감이 적합합니다.

놀이를 할 때 흥분이 과해져서 장난감을 물고 놓지 않는 아이들이 있습니다. 그저 물고 놓지 않는 것이 아니라 장난감을 구석에 물고 가서 다 뜯어 놓는다면, 작은 크기의 낚싯대 장난감이나 비닐 날개가 달린 형태보다는 크기가 조금 크고 잘 뜯어지지 않는 쿠션 쥐돌이나 쿠션류의 새가 달린 낚싯대가 좀 더 안전합니다. 장난감을 물고 놓지 않으려고 집착하는 아이라면, 집사님도 함께 당겨서 줄다리기를 하지 말고 그냥 장난감을 놓아 주세요. 집사님과 줄다리기를 하는 것이 냥이에게는 더 흥미진진하기 때문에 장난감을 놔 주어서 냥이가 현재 하는 행동의 흐름을 재미없게 만들어 주는 것이 이 행동을 강화하지 않는 현명한 방법입니다.

푸드 토이 · 노즈 워크 활용

이식증이 있는 고양이에게는 먹는 것과 먹지 못하는 것을 구별하는 훈련이 필요합니다. 가장 많이 추천하는 방법은 푸드 토이를 이용하는 것입니다. 그리고 강아지가 노즈 워크하듯이, 종이컵이나 종이에 사료나 간식을 넣은 뒤 살짝 구겨서 아이에게 던져 주는 방법도 있어요. 대부분의 냥이가 종이를 입으로 찢기는 해도 먹을 것이 앞에 있으므로, 먹을 것을 두고 종이를 먹는 경우는 흔치 않습니다. 초기에는 종종 먹이를 종이와 함께 삼키기도 하지만, 이내 먹는 것과 종이를 구별하게 됩니다.

강아지용 노즈 워크 매트를 활용하는 것도 도움이 됩니다. 먹는 것과 먹을 수 없는 것을 명확하게 구분시키고 먹는 것을 선택하게 하는 작업이기 때문에, 고양이의 이식증 개선을 위한 효과적인 훈련 방법입니다.

행동 약물 병행

이식증이 심각하다면 추가로 고양이 페로몬인 펠리웨이 훈증기 타입을 이용해 볼 수 있습니다. 그리고 수의사 선생님과 상의해서 질켄 등의 스트레스 보조제를 급여하는 것도 도움이 되어요. 심각한 이식증은 고양이가 자신의 몸을 과도하게 핥아서 광범위한 탈모를 일으키는 오버그루밍이나 털 물어뜯기 등과 같은 강박증(OCD)의 범주로 분류됩니다. 이럴 때는 동물 병원에서 행동 약물 처방을 받아 병행할 수 있습니다.

이식 행위를 하는 고양이를 대하는 집사님의 행동 중재 역시 굉장히 중요합니다. 많은 집사님이 먹지 못하는 것을 입에 문 아이를 발견하면, "안 돼, 안 돼, 안 돼."를 수십 번 외치면서 달려가 손가락으로 입안에 들어 있는 장난감을 꺼내려고 애를 씁니다. 그러나 집사님의 이러한 행동으로 인해 냥이는 입속의 보잘것없는 물체가 더욱 소중해지고 뺏기기 싫어집니다. 결국 집사님의 이 행동이 아이의 이식 행동을 더욱 강화시는 것이지요. 아이가 입에 장난감을 넣는 것을 목격했다면 절대 당황하지 말고, 조용히 다가가서 차분하게 입 안의 장난감을 꺼내 주세요. 사료를 한 알 가지고 가서 건네주면 냥이가 으르렁거리며 꼭 다문 입을 여는 데 도움이 될 것입니다.

4
무는 행동

"고양이가 말을 할 수 있다 해도
그들은 말하지 않을 것입니다."

– 난 포터

고양이 중에는 자주 집사님의 손이나 신체를 무는 버릇을 가진 아이가 있습니다. 정도의 차이가 있기는 하지만, 모든 고양이는 가볍게 무는 습성을 가지고 있습니다. 기분이 좋을 때 상대방을 가볍게 무는 행동을 하기도 하고, 자신의 몸을 그루밍하면서 털을 조금씩 씹어서 고르는 행동을 하기도 하지요. 이렇게 무는 행동 자체는 고양이의 습성이기 때문에, 사람 손을 전혀 물지 않게 하는 것은 불가능합니다. 그런데 이러한 무는 습성이 극대화되고, 집사님의 신체를 너무 세게 물어서 문제가 되는 경우가 있습니다.

저는 고양이의 무는 버릇을 '장난으로 시작된 어마어마한 나비 효과'라고 설명합니다. 아기 고양이 시절에 손을 깨무는 가벼운 장난으로 시작된 것이, 시간이 지나 견고하게 자리 잡혀 집사님을 위협하는 행동으로 정착된 것이지요. 그뿐만 아니라 상당수의 무는 버릇을 가진 고양이는 보호자가 자신이 강하게 물면 겁을 낸다는 사실까지도 인지합니다. 그래서 무는 행동이 극대화된 고양이 중에는 자신이 원하는 것이 있을 때 무는 행동으로 원하는 것을 얻어 내는 아이도 있습니다.

너무 어릴 때 어미 품을 벗어나 사람과 살게 된 고양이, 특히 외동묘(외동묘로 어린 시절을 보낸 경우도 포함)가 다묘 가정의 고양이보다 무는 버릇이 훨씬 더 심각합니다. 왜냐하면 고양이는 어릴 때 상대방을 깨물거나 뒷발로 팡팡 치는 등의 신체 접촉을 하면서 행동의 강약 조절을 학습하는데, 이러한 대화법을 배우는 시기에 사람하고만 살았던 어린 고양이는 학습을 하는 데 한계가 있었던 것이지요.

어떤 분은 고양이의 무는 행동을 야생성과 연관 짓기도 합니다. 그러나 무는 버릇을 가진 고양이의 상당수는 평소에는 '개냥이'라고 불릴 만큼 사람 친화적인 성격을 가진 아이들이에요. 반면, 길 생활을 하다가 성묘 때 구조되어 가정으로 입양된 아이 중에는 사람 손을 전혀 타지 않는 아이도 있습니다. 이 아이는 사람이 가까이 가면 하악질과 으르렁과 냥펀치의 3단 콤보를 선보이지만, 가까이 다가가지 않으면 먼저 달려들어 물지는 않습니다. 이처럼 고양이의 무는 버릇은 야생성과는 관련이 없습니다. 고양이의 무는 버릇은 전적으로 잘못된 소통 방법의 결과입니다.

무는 버릇이 생기는 이유

호기심이 충만한 아기 고양이는 움직이는 거의 모든 것들을 따라다니며 깨물어 보고, 껴안고, 뒷발로 팡팡 차는 활발한 모습을 보입니다. 집사님이 걸어만 다녀도 깡충깡충 달려와서 다리에 매달려 무는 행동을 하기도 합니다. 이러한 행동의 이유는 이것이 고양이들의 행동 언어이기 때문입니다. 다행히도 초기에는 아기 고양이가 무는 힘은 그리 강하지 않아요. 그래서 대부분의 집사님은 흥분한 아기를 안아서 무릎에 올려놓고 손으로 배를 막 간질간질해 주며 아기 고양이의 버둥거림을 부추깁니다. 이 과정에서 아기 고양이는 더욱 흥분하면서 집사님의 손을 깨물고 더 힘차게 뒷발 팡팡을 하지요. 깨물기가 병행된 스킨십을 이어가면서 점차 영구치가 나기 시작하고, 이 무렵부터 아기 고양이의 무는 힘은 꽤 강해집니다.

성묘가 된 냥이가 애교를 부리다가 한 번씩 물기 시작하면, 그 강도가 너무 세서 아이를 대하기가 버거워지기도 합니다. 그래서 냥이가 물 때마다 인터넷에 나와 있는 방법대로 스프레이 뿌리기, 코 때리기, 아프다고 소리 지르기 등을 시행하다가, 물 스프레이를 맞거나 코를 맞은 고양이가 더 강하게 무는 것을 발견하게 되지요. 아무리 아프다고 소리를 질러도 집사님의 손을 꼭 깨물고 놓아 주지 않아요. 그 후로 집사님은 점차 냥이를 만지는 것을 망설이게 되고, 영리한 아이는 그러한 집사님의 행동을 읽습니다. 그리고 냥이는 원하는 것을 얻어 내야 할 때 집사님을 물기 시작합니다. 당연히 발톱 깎기, 귀 청소, 양치질 같은 기본적인 생활 관리조차 하기 힘듭니다. 아이는 이미 싫은 것을 안 할 수 있는 가장 효과적인 방법을 터득했기 때문이지요.

무는 행동을 하는 아이 중 일부는 불행한 삶으로 빠지기도 합니다. 집사님은 계속 무는 냥이를 점점 피하게 되고, 결국 냥이는 집사님과의 사이가 멀어져서 더 사랑받지 못하는 고양이가 됩니다. 그러면 아이는 집사님의 관심을 받기 위해 자신이 제일 잘하는 것을 집착하며 하기 시작합니다. 집사님을 따라다니며 애교를 부려 봤다가, 울어도 봤다가, 그러다 물면서 자신의 감정을 표출하고, 관심을 요청합니다.

이 상황에서 시시때때로 무는 고양이를 집사님이 아주 크게 야단치는 일이 생긴다면 어떻게 될까요? 집사님이 무는 아이를 떼어 내기 위해 심하게 폭력적인 방법으로 야단치는 상황을 가정해 보면, 집사님의 이러한 행동이 아이를 공격적인 고양이로 만듭니다. 폭력적이고 과격한 대응은 고양이를 흥분되고 공포스러운 상황으로 내몰게 되고, 공포를 느낀 고양이는 극심한 공격성을 표출하는 것이지요. 상황으로 자신의 행동을 기억하는 능력이 뛰어난 고양이는 이러한 상황을 경험한 후에, 그다지 공포스럽지 않은 상황에서도 공격성을 나타낼 수 있습니다. 소위 '사람을 공격하는 사나운 고양이'는 대부분 이 과정으로 탄생합니다. 아기 고양이의 앙증맞은 깨물기로 시작해, 함께 살기 힘들 정도의 사나운 고양이로 변모하게 되는 것이지요.

'공격성'이라는 딱지가 붙은 많은 아이는 세상에 이런 고양이를 감당할 사람은 없을 거라며 쉽게 버려지기도 합니다. 많은 분들이 사람을 공격하는 고양이는 학대나 심각한 트라우마 등의 특수한 상황에서만 생긴다고 생각하지만, 사람을 공격하는 고양이의 상당수는 깨물기에서부터 시작한 잘못된 행동의 강화로 탄생합니다.

무는 고양이의 행동 수정

무는 행동을 하는 고양이들은 집사님이 무는 것을 싫어할 거라고 생각하지 못합니다. 어릴 때부터 깨무는 행동을 귀엽다고 받아 줬던 것은 집사님이니까요. 무는 행동을 시작한 어린 고양이의 행동을 개선할 수 있는 가장 좋은 방법은 아이가 집사님을 물었을 때 집사님이 동작을 멈추고 가만히 있는 것입니다. 이러한 집사님의 행동은 무는 것으로는 소통할 수 없음을 알려 주는 가장 효과적인 방법입니다. 그러나 초기 대응에 실패해서 무는 강도가 강해졌다면 아이에게 집사님이 무는 행동을 좋아하지 않는다는 것을 알려 주어야 합니다. 아이가 손가락을 물었을 때 손의 움직임을 멈추고 짧게 "아!"라고 말하며 아이 눈을 바라보거나, "스읍.", "안 돼." 등의 아주 짧고 단호한 소리로 경고를 하여, 이 행동을 반기지 않는다는 것을 알려 주세요. 이때 집사님은 차분하게 행동해야 합니다. 손을 물었을 때 집사님이 손을 파닥파닥 움직이거나 큰소리를 내는 행동은 생동감 있는 사냥감의 역할을 하는 것이나 마찬가지입니다.

물 스프레이나 코 때리기 역시 추천하지 않습니다. 이 방법들은 일종의 가벼운 체벌이기 때문에 물 스프레이, 코 때리기로 무는 행동이 나쁘다는 것을 알려 줄 수 있다고 생각하는 집사님들이 많습니다. 하지만 가벼운 체벌이 가해졌을 때 우리의 악동 아깽이는 '이 정도면 한번 붙어 볼 만한데?'라고 판단하고, 처음에만 잠깐 멈칫하다가 다시 무는 행동을 재개하고, 오히려 더 강화되는 경우가 생깁니다.

이미 많은 집사님이 아기 고양이는 손이 아니라 장난감으로 놀아 줘야 하는 것을 알고 있습니다. 하지만 이 규칙은 대부분 제대로 지켜지지 않고 있어요. 어느 정도까지 손으로 놀아 주면 안 되는지에 대한 기준이 각자 다르기 때문입니다. 일단 아기 고양이를 입양했다면, 초기에는 아기가 깨어 있을 때 손으로 만지지 않는 것이 좋습니다. 호기심 넘치는 아기 고양이는 움직이는 모든 것이 다 궁금하고, 만지고 싶고, 깨물어 보고 싶습니다. 아기 고양이를 위한 올바른 스킨십은 아기가 자고 있을 때 머리나 뺨을 아주 부드럽게 간질여 주는 것으로 시작하세요. 등을 만질 때도 아주 부드럽게 쓰다듬어 주세요. 집사님의 부드럽고 차분한 스킨십을 받으면 아기 고양이는 골골송을 부르면서 기지개를 펴거나 배를 뒤집는 등의 행동을 보입니다. 그때 스킨십을 멈추세요. 아주 짧게, 아기 고양이가 편안함을 느끼는 딱 그만큼만 부드럽게 만져 주세요.

아기 고양이가 깨어 있을 때는 낚싯대 등의 사냥 장난감으로만 놀아 주는 것이 좋습니다. 평상시에 혼자서도 놀 수 있는 쥐돌이나 바스락볼, 서킷볼 등의 여러 가지 아기 고양이용 장난감을 구비해 두면 냥이의 호기심을 충족시키기에 효과적입니다. 다양한 장난감을 접하면서 장난감의 질감과 사람 손의 질감을, 그리고 장난감의 움직임과 사람 신체의 움직임을 구별하게 해 주세요. 아기 고양이가 눈앞에서 움직이는 사람의 손가락보다 장난감이 더 재미있다고 느끼도록 유도해야 합니다. 장난감은 대충 흔들고 열심히 아기 고양이만 만지면, 냥이는 집사님 손이랑 노는 게 훨씬 더 재미있어집니다.

또한 스킨십에 익숙하지 않은 아기 고양이는 집사님이 손을 크게 들어서 만지려고 하면, 손이 아이의 정수리를 넘어서는 순간 이미 흥분하고 깨물 준비를 합니다. 그러므로 아기 고양이를 만질 때는 손을 아래로 하고, 손 전체보다는 검지 등의 한 손가락을 이용하세요. 최대한 손동작과 손의 크기를 작게 해서 아이의 턱과 뺨을 조용히 간질이면 됩니다. 냥이가 예쁘게 앉아 있을 때는 아이를 안아 올려서 무릎에 앉혀 볼 수도 있습니다. 하지만 이때 냥이가 눈을 또랑또랑 뜨고 있다면, 손으로는 만지지 않는 것이 좋습니다. 오뎅 꼬치나 짧은 막대 장난감으로 집사님 무릎 위에서 놀게 해 주세요. 놀이를 하다가 잠이 와서 노곤해 하면, 그때는 손가락으로 뺨이나 턱을 부드럽게 간질여 줄 수 있습니다. 사람 손의 움직임과 장난감의 움직임을 확실히 구별하기 전까지는 아기 고양이를 아주 부드럽게 천천히 쓰다듬어서, 사람의 손길이 재미있는 것이 아니라 편안한 것이라는 인식을 심어 주어야 합니다.

TIP

아기 고양이 안기 훈련에 대한 오해

고양이는 사람에게 안겨 있는 것을 싫어합니다. 기본적으로 누가 자기 몸에 손대는 것도 싫어하지요. 그래서 어릴 적부터 사람에게 안기는 연습을 해야 점차 안기는 것에 거부감을 느끼지 않는 아이로 자랄 수 있습니다. 그러나 자칫 너무 일찍부터 잘못된 방법으로 안아 주기를 시도하다가, 오히려 많은 고양이가 더욱 심한 거부감을 갖게 됩니다.

안기 교육은 고양이가 어린 고양이가 장난감과 사람의 움직임을 안정적으로 구분할 때 시작해도 늦지 않아요. 그 이전에는 부드러운 스킨십으로, 스킨십이 재미있는 게 아니라 편안한 것이라고 인지하게 하는 과정이 필수입니다. 스킨십만으로도 버둥거리며 깨무는 냥이를 억지로 안고 있는 것은 아이의 거부감만 부추깁니다.

무는 버릇을 가진 성묘의 경우에는 좀 더 신중한 방법으로 행동을 개선해야 합니다. 일부 성묘의 경우에는 무는 세기가 가만히 버티고 있는 수준을 넘어 위험할 수 있기 때문이에요. 또한 무는 버릇을 가진 성묘는 이미 집사님이 무는 버릇을 고치기 위해 다양한 방법들을 시도해 본 경우가 많아서, 웬만한 방법으로는 행동 개선이 되지 않는 사례도 많습니다. 우선 아이가 언제 무는지, 왜 무는지를 파악하는 것이 가장 중요합니다. 그것을 파악하고 상황에 변화를 줘서 아이가 집사님을 무는 행동의 빈도를 줄여 가는 방법으로 개선해야 합니다.

성묘가 무는 행동이 발생하는 상황은 크게 다음의 5가지로 나눌 수 있습니다.

스킨십 중단 요청

평소 개냥이로 불리는 아이가 무는 버릇을 가지고 있는 경우가 더 많습니다. 애교를 부리며 집사님에게 다가와서 열심히 쓰다듬어 주는데, 갑자기 무는 행동을 하는 것이지요. 이때의 행동은 중단 요청의 의미입니다. 고양이마다 스킨십을 즐기는 지속 시간이 모두 다르기 때문에, 집사님은 키우는 냥이가 어느 정도까지의 스킨십을 인내하는지를 평소에 파악해 두어야 합니다.

많은 집사님이 아이가 갑자기 문다고 표현하지만, 사실 냥이는 화를 내기 전에 스킨십을 중단해 달라는 사인을 줍니다. 가장 대표적인 사인은 골골송을 부르던 아이가 그 소리를 멈추는 것이에요. 그리고 자세를 바꾸기도 하고, 수염을 팽팽하게 뒤로 당기는 모습을 보이기도 합니다. 스킨십 초기에는 여유롭게 하늘거리던 꼬리가 어느새 바닥을 탁탁 치고 있기도 하지요. 그렇기 때문에 집사님은 스킨십을 할 때 TV를 보거나, 혹은 다른 일을 병행하면서 아이를 계속해서 쓰다듬지 않아야 합니다. 집사님은 고양이가 스킨십을 더 원하도록 짧게 잠깐씩 아이의 반응을 살피며 만져 주고, 집사님 손길을 먼저 원하게 유도하세요. 스킨십에 대한 인내심이 짧은 고양이에게 가장 좋은 전략은 고양이와의 밀당입니다.

애정 표현

적지 않은 수의 고양이가 집사님의 신체를 핥으면서 가볍게 앙앙 무는 행동을 같이합니다. 그리고 집사님의 팔이나 손을 가만히 앙 물고 있기도 하는데, 이러한 행동은 애정 표현입니다. 고양이가 무는 행동으로 애정을 표현하는 것은 초기에는 그 강도가 세지 않아요. 그러다 집사님의 반응이나 다른 자극으로 인해서 그 강도가 세지는 경우가 많습니다. 아직 냥이가 애정 표현을 하면서 무는 강도가 세지 않다면, 집사님은 동작을 멈추고 아이를 가만히 바라보면서 갑자기 차분해진 분위기에 흥이 깨진 아이가 스스로 입을 떼게 시도할 수 있습니다. 하지만 무는 강도가 이미 너무 세다면 이 방법을 사용하기에는 무리가 있습니다.

애정 표현으로 무는 것을 즐기는 고양이에게 가장 좋은 방법은 물기 전에 스킨십을 중단하는 것입니다. 짧게 스킨십을 하다가 아이가 물기 전에 스킨십을 중단하고 자리를 피해 주세요. 또는 장난감(간단한 막대형이나 찡 깃털류의 장난감)을 가지고 와서, 집사님을 물며 시간을 보내던 아이의 나머지 시간을 채워 줄 수도 있습니다. 행동은 반복되면서 더 견고해지기 때문에 아이의 행동이 촉발되기 전에 다른 행동으로 바꿔 주는 것을 반복하면, 무는 행동은 더 강도가 강해지지 않거나 개선될 수 있습니다.

무는 행동을 보이는 고양이가
언제 무는지, 왜 무는지를
아는 것이 가장 중요해요.
그것을 파악하고
상황에 변화를 줘서
아이가 집사님을 무는 행동의
빈도를 줄여가는 방법으로
개선해야 합니다.

놀이 흥분

활발한 냥이 중 일부는 집사님이 집 안을 걸어 다닐 때 쫓아와서 다리를 물거나, 어깨 위로 뛰어오르는 행동을 하기도 합니다. 이렇게 무는 행동은 무는 버릇을 가진 고양이 중에서 가장 행동 개선이 어렵고, 집사님도 매우 힘들어합니다.

고양이가 이러한 행동을 하는 가장 큰 이유는 장난감을 통한 사냥놀이 시간이 충분하지 못하기 때문입니다. 그리고 사냥놀이가 오랫동안 단절된 활발한 냥이에게서 주로 발견됩니다. 사냥놀이로 최대한 에너지를 분출하지 못한 아이는 무료할 때 더욱 움직이는 대상에 관심을 갖게 됩니다. 즉, 움직이는 집사님이 아이의 거대한 장난감이 되는 것이에요. 그뿐만 아니라 냥이의 이 행동을 문제라고 인지하고 사냥놀이를 시작해도, 냥이는 정작 사냥놀이에는 큰 흥미를 보이지 않기도 합니다. 이미 집사님에게 뛰어오르며 큰 동작으로 노는 것이 작은 사냥 장난감으로 노는 것보다 더 재미있고 익숙하기 때문이지요.

원하는 것을 얻기 위해서

고양이 중에는 원하는 것을 얻기 위한 요청의 목적으로 무는 행동을 보이는 아이도 있습니다. 간식을 달라고, 놀아 달라고, 심지어 자신을 쓰다듬어 달라고 보채며 집사님의 신체를 물기도 하지요. 이 경우 대부분은 보채는 시간대와 상황이 정해져 있습니다. 집사님은 이 시간대를 잘 파악하고 보채기 전에 아이가 원하는 것을 미리 준비해서, 아이의 무는 행동을 사전에 피하는 방법으로 대응합니다. 그리고 냥이가 원하는 것을 미리 주지 않고, 평소 물면서 요구하는 것을 대체할 수 있는 다른 놀이나 행동을 할 수 있게 유도하는 것이 더 좋습니다. 이러한 아이의 경우 코터치로 시작하는 클리커 훈련을 병행해 주면 많은 도움이 됩니다. 적절한 놀이 형식의 클리커 훈련은 집사님에게 요구하면서 뭔가를 얻어 내는 것에 익숙했던 냥이의 행동 패턴을, 집사님의 요구에 따라 움직이는 행동 패턴으로 변화할 수 있게 해 줍니다.

돌발 상황에 흥분한 경우

일부 고양이는 이전에 트라우마적인 사건을 겪었거나 특정 상황과 연결된 강한 기억을 가지고 있어서, 심리적인 불안감이 커져 일상생활의 돌발 상황에도 크게 동요하고, 그 후로 행동이 극단적으로 위축되거나 공격적인 행동을 보이기도 합니다. 이러한 상태의 고양이는 동물 병원에서 행동 교정 약물을 처방받아 함께 사용하는 것을 추천해요. 약물로 안정적인 심리 상태를 유도하고, 흥분하는 상황을 아주 조금씩 노출하여 그에 따른 보상을 해 주면서, 특정 상황에 대한 둔감화를 훈련시킬 수 있습니다. 예를 들어, 천둥소리나 사이렌 소리 등에 흥분하는 아이라면, 약물을 병행하면서 천둥소리나 사이렌 소리와 비슷한 작은 소리를 짧게 들려주세요. 그 후에 먹이나 놀이 보상을 하면서 점차 그 강도를 높여갑니다.

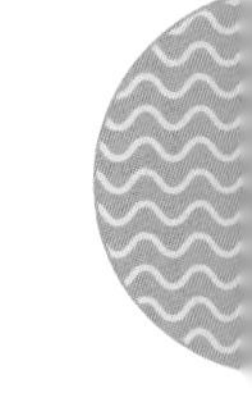

5
울며 보채는 행동

"고양이와 오랫동안 함께해 본 사람이라면
누구나 알고 있습니다. 고양이는 사람의 한계에
엄청난 인내심을 가지고 있습니다."

– 클리블랜드 아모리

상담을 하다 보면 고양이의 정말 다양한 문제 행동으로 힘겨워하는 집사님을 만나게 됩니다. 특히 새벽에 계속 우는 고양이를 반려하고 있는 집사님은 이로 인해 잠을 설치게 되어 더욱 힘들어하지요. 고양이의 우는 행동을 수정하기 위해 가장 먼저 점검해야 할 것은 건강 상태와, 지내는 환경에 만족하지 못하고 있는지를 파악하는 것입니다. 냥이가 문제 행동을 보일 때 질환 여부가 확인되어야 진짜 스트레스 때문인지를 정확하게 판단할 수 있습니다.

건강 상태가 확인되었다면, 그다음으로 고양이가 언제부터 이런 행동을 했는지 파악해 주세요. 시작 시기나 계기를 가늠하기 어려울 수도 있지만, 그래도 최근에 어떤 의심되는 변화가 있었는지를 최대한 파악하고, 환경을 정비해 주는 것이 필요합니다. 요즘 집사님이 예전만큼 냥이와 함께 시간을 보내지 못했는지, 동거묘와의 사이는 어떤지, 냥이가 좋아하는 생활 환경에 어떤 변화가 있었는지 등을 점검해

주세요. 근본적인 스트레스의 원인이 조절되지 않으면 냥이의 문제 행동은 결코 좋아질 수 없습니다. 표현되지 못한 욕구는 결국 다른 문제 행동으로 변질될 수밖에 없기 때문입니다.

심각하게 우는 행동을 보이는 고양이는 이전에는 꽤 수다스러웠던 냥이인 경우가 많습니다. 상당수의 문제 행동은 냥이가 평소에 자주 하던 행동이 빈번하게 반복되면서 문제 행동으로 강화된 것입니다. 특히 고양이 중에 무료할 때 집 안 여기저기를 혼자 거닐면서 평상시보다 두껍고 큰 목소리로 우는 행동을 보이는 아이가 있어요. 이러한 행동을 보일 때마다 다가가서 “우리 애기 왜 울어? 심심해?”라고 말을 거는 것은 상황에 도움이 되지 않습니다. 이때 냥이의 마음은 “나 지금 심심한데 아무거나 걸려라.”라고 해석할 수 있습니다. 따라서 이 상황에서 집사님이 말을 걸고 관심을 가져 주면 심심했던 냥이는 집사님을 낚는데 성공한 것이고, 한 번 성공한 행동은 계속 다시 반복될 수 있습니다.

우는 문제 행동의 초기 단계에서는 간혹 고양이가 새벽에 일어나 우는 모습이 발견됩니다. 정확히 표현하면, 냥이가 새벽에 울기 시작하면서 집사님이 우는 행동을 눈여겨보게 되는 것이지요. 아이가 새벽에 울더라도 집사님이 함께 일어나 밥을 주거나 달래 주지 말아야 합니다. 우는 행동이 심하지 않을 때부터 그 행동에 반응하지 않아야, 자신의 행동과 집사님의 관심(보상)을 연결시키지 않습니다. 초기에 신속히 대응할수록 아이의 우는 버릇은 훨씬 더 빨리 고쳐질 수 있습니다. 만성화가 될수록 우는 시간대가 정해지는 경우가 많은데, 주로 집사님이 자러 들어갈 때, 혹은 새벽에 일어날 때 가장 많이 웁니다. 이렇게 우는 시간대가 생기는 이유는 습관이 생활 패턴과도 연관이 있기 때문이에요. 그래서 우는 버릇이 심각하지 않을 때, 아직 이 행동을 강하게 패턴화하지 않았을 때 교정해 주면 더 효과적입니다. 울 때마다 달래 주어 우는 행동이 좀 좋아지는 냥이도 분명 있습니다. 하지만 이것은 우는 버릇이 고쳐졌다기보다는 냥이가 우는 행동을 잠시 중단한 것일 뿐이에요. 냥이는 자신의 야옹 무기를 언제든지 원할 때 꺼내서 사용할 수 있습니다.

우는 행동이 개선되지 않는 이유

고양이가 울 때마다 집사님이 무시했는데도 우는 버릇이 고쳐지지 않았다면, 그 이유를 다음의 네 가지로 나눠 볼 수 있습니다.

첫 번째는 질환적인 문제일 수 있습니다. 노화, 인지 장애, 갑상선 질환 등의 신체적 질환으로 힘든 상황에 대해 고양이가 우는 것으로 신호를 보내는 경우입니다. 두 번째는 고양이가 울기 시작하는 초반에는 잘 무시하고 있다가, 점차 크게 울면 결국 참지 못하고 아이에게 다가가는 일이 반복된 집사님의 간헐적 무관심 행동 때문입니다. 세 번째로는 우는 행동에 대한 무관심 대응 기간이 충분하지 않은 경우입니다. 집사님이 우는 아이에게 관심을 주지 않았는데도 울음을 그치지 않자 결국 아이를 달래거나 야단치는 등의 반응을 보인 것입니다. 마지막으로 우는 행동에 대한 근본적인 원인이 해소되지 않는다면 아이는 울음을 멈추지 않습니다. 그러므로 고양이가 생활 환경에 있어 불만족을 느끼는 부분에 대해서 해결되어야 합니다.

우는 고양이의 행동 수정을 위해 우는 행동을 무시할 때는 위의 네 가지 사항을 모두 고려해야 합니다. 많은 집사님이 우는 행동을 개선하는 데 실패하는 대부분의 이유는 위에서 이야기한 두 번째와 세 번째의 상황 때문입니다. 집사님이 우는 고양이의 스트레스 원인을 개선해 주었다고 해도, 아이는 이미 울기만 하면 집사님의 관심(설령 그것이 야단맞기라고 할지라도)을 얻게 되는 획기적인 방법을 발견했습니다. 따라서 이 행동은 곧 습관으로 고착되지요. 우는 행동에 무관심으로 대응하기 시작하는 초기 단계에는 고양이의 우는 행동이 더 증가됩니다. 저는 이 시기를 '격동의 시기(소거 폭발)'라고 말씀드려요. 이 시기가 지나야 우는 행동 개선의 첫 단추가 끼워집니다. 냥이가 울 때 집사님이 관심을 보이는 행동을 자동 자판기에 비유할 수

울지 않아도 스트레스가
해소될 수 있다는 것을
인지하도록 도와줘야 합니다.
집사님의 고양이에게
생활의 즐거움을 만들어 주세요.
떼쓰며 우는 것이 아니라,
예쁘게 야옹하며 사랑받는 방법을
알려 주세요.

있는데, 버튼을 누를 때마다(울 때마다) 음료수(관심 보상)가 나오는 원리입니다. 그런데 어느 날부터 버튼을 눌렀는데도 음료수가 나오지 않는다면 자판기를 세게 두드려 보기도 하고, 손도 집어넣어 보고, 발로 차기도 합니다. 이러한 일련의 행동 후에 자판기가 더는 작동하지 않음을 인지하게 되지요. 냥이에게도 이렇게 자판기가 더 우는 행동으로 인해 작동하지 않는다는 것을 인지할 시간이 필요합니다.

우는 행동을 간헐적으로 무시하는 것도 상황을 더 악화시킵니다. 고양이의 울음을 무시하라는 말은 냥이가 우는 것을 모두 다 무시해야 한다는 것을 의미하지는 않아요. 중요한 것은 활동하는 낮에 냥이가 예쁘게 야옹거릴 때는 대답해 주고 관심을 충분히 가져 주고, 밤이나 크게 울 때는 철저하게 무시하는 등의 견고한 규칙이 있어야 한다는 것입니다. 사실 간헐적인 무관심 대응으로 인해 고양이의 문제 행동이 더 나빠지는 경우는 이와 같은 간헐적 대응이 아니라 다른 경우입니다.

예를 들어, 밤에 냥이가 울기 시작합니다. 집사님은 울면 무시하라는 정보를 들어서 냥이가 울어도 일어나지 않고 참습니다. 그런데 더 크게 울기 시작합니다. 점점 더 크게 울면서 멈추질 않습니다. 이럴 때 대부분의 집사님이 "너 도대체 왜 이러는데?"라고 외치며 일어나서 다가갑니다. 바로 이 상황을 고양이는 어떻게 받아들일까요? '아, 이 정도 데시벨은 돼야 집사가 일어나는구나.'라고 인지하게 됩니다. 그래서 이러한 상황이 반복될수록 고양이의 울음소리가 더 커지게 되는 것이지요. 그뿐만 아니라 집사님의 컨디션에 따라 참을 만한 날은 꿋꿋이 참다가, 어느 날은 도저히 못 참고 일어나는 랜덤 대응의 반복이 상황을 가장 악화시킵니다. 고양이의 우는 행동을 무시할 때는 확실한 규칙이 필요하고, 그 규칙은 어떤 일이 있어도 꼭 지켜야 합니다.

우는 고양이의 행동 수정을 위해서는 냥이의 밤낮 스케줄을 안정화하는 작업

역시 아주 중요합니다. 대부분의 실내 고양이는 낮에는 딱히 할 것이 없어서 계속 자다가, 밤에 드디어 집사님이 오면 활기를 띠게 됩니다. 그러나 저녁 늦게 들어와 몇 시간 후면 취침을 해야 하는 집사님의 사정상 냥이는 집사님과 함께 즐거움을 만끽할 시간이 턱없이 모자라기 때문에 밤에 잠을 안 자고 보채기도 합니다. 그럴 때는 낮 동안 냥이가 갖고 놀 수 있는 푸드 토이 등을 이용해서 깨어 있는 시간이 좀 더 많아지도록 해 주세요. 집 안 곳곳에 사료를 두어 냥이가 집 안을 탐험하면서 간식을 찾아 먹게 할 수도 있습니다. 어떤 집사님은 낮에 릴랙스 하프 음악을 틀어 주기도 하는데, 낮 동안의 릴랙스 음악은 효과적이지 않습니다. 냥이가 충분히 쉬어야 하는 특수한 경우가 아니라면, 안 그래도 할 게 없어 잠만 자는 시간에 굳이 릴랙스 음악으로 더 재울 필요는 없지요. 그것보다는 고양이가 호기심을 가지고 볼 수 있는 새나 쥐가 등장하는 영상을 1~2시간 정도 재생되도록 해 두는 것이 더 도움이 될 수 있습니다(온종일 라디오나 TV를 켜 두는 것은 권하지 않아요).

우는 행동 수정을 위한 올바른 환경

고양이의 모든 문제 행동 해결을 위한 가장 보편적이고 효과적인 방법은 충분한 놀이 시간입니다. 집사님은 집에 와서 고양이와 재밌게 놀아 주는 시간을 꼭 가져야 합니다. 그리고 놀이 시간이 끝나고 가벼운 먹이 보상을 하면, 즐거운 놀이 시간을 더욱 만족스럽게 마무리할 수 있어요. 그다음으로 자기 전에 집사님과 릴랙스한 스킨십 시간을 가지는 것이 좋은데, 이때 하프 음악 등을 이용하는 것은 도움이 될 수 있습니다. 또 냥이가 밤에 깨어났을 때 먹을 수 있도록 사료를 부어 놓아, 새벽에 일어나서 배고픔에 집사님을 깨우지 않게 하세요.

고양이의 심리적인 안정에 도움을 줄 수 있는 고양이 페로몬(펠리웨이) 훈증기 타입을 이용할 수도 있고, 증상이 심하다면 동물 병원에서 행동 약물을 처방받아 병행할 수도 있습니다.

우는 행동이 너무 심하고 집사님 곁에서 잠을 청하는 고양이가 아니라면 잘 때는 침실을 개방하지 않거나, 상황에 따라 이어 플러그를 하고 자는 것도 방법입니다. 이런 번거로운 방법까지 이야기하는 것은, 밤에 우는 고양이로 인해 집사님이 깨서 냥이에게 그만하라고 소리를 치는 것이 악순환을 반복하게 만들기 때문입니다.

많은 집사님이 냥이가 우는 것은 스트레스 때문인데 그 행동을 받아 주지 않으면 아이가 더 스트레스를 받지 않을까 걱정합니다. 물론 스트레스 해소를 위해 아무것도 해 주지도 않고 우는 것조차 받아 주지 않으면, 아이는 당연히 더 스트레스를 받게 되지요. 그러나 문제 행동의 원인이 해결되지 않는다면 문제 행동을 달래 주는 것 역시 근본적인 해결책이 되지 못합니다. 문제 행동은 심리적인 불편함을 해소하기 위해 냥이 스스로가 평소 가장 잘하는 행동을 강박적으로 풀어내는 현상이며, 이

것은 궁극적인 스트레스 해소 방법이 아닙니다. 그렇기 때문에 냥이의 문제 행동은 무시하고, 문제 행동을 보이지 않을 때 무료함이든 불만족스러운 심리이든 아이의 근본적인 스트레스를 해소할 방안을 마련해야 합니다.

울면 뭔가가 바뀌는 게 아니라, 울지 않아도 스트레스가 해소될 수 있다는 것을 인지하도록 도와줘야 합니다. 집사님의 고양이에게 생활의 즐거움을 만들어 주세요. 떼쓰며 우는 것이 아니라, 예쁘게 야옹하며 사랑받는 방법을 알려 주세요.

6
분리 불안

"개는 부르면 옵니다. 그러나 고양이는
부름을 받으면 나중에 다시 연락을 줍니다."

– 메리 블리

퇴근하고 집에 갔을 때 고양이가 반갑게 마중 나와서 야옹거리고 집사님에게 얼굴을 비비는 모습은 정말 사랑스럽습니다. 반면 집사님이 집에 왔을 때 멀찍이 떨어진 캣타워에 앉아서 고개만 살짝 드는 고양이를 보면 서운해지기도 하지요. 그런데 이렇게 조금 무심한 행동이 심리적으로 안정된 고양이가 보이는 행동이라고 생각해 본 적이 있나요? 분리 불안이 강아지에게는 꽤 흔한 문제 행동이지만, 고양이에게는 그리 흔히 발견되지 않습니다. 분리 불안을 가지고 있는 강아지는 집을 어지럽히거나 극단적인 짖음 등으로 눈에 띄는 부분이 많지만, 고양이의 분리 불안은 그만큼 눈에 띄지 않지요. 그리고 고양이의 분리 불안은 그 기준도 명확히 정립되어 있지 않습니다. 분리 불안을 가지고 있는 고양이는 일반적으로 어떤 행동을 보일까요?

분리 불안의 징후들

대부분의 고양이는 집사님이 부재중인 시간이나 조용한 새벽 시간에 더 많이 우는 행동을 합니다. 반면 분리 불안을 보이는 고양이는 혼자 있을 때 과도하게 우는 행동을 보이지요. 그리고 대부분 집사님이 집을 나간 직후부터 울기 시작하고, 집사님이 집에 있을 때도 계속해서 따라다니며 관심을 요청하는 울음소리를 내는 경우도 많습니다.

분리 불안을 가지고 있는 고양이는 집 안의 물건을 넘어뜨리거나 떨어뜨리고, 스크래쳐가 아닌 곳을 긁는 행동을 합니다. 그리고 집사님이 집에 없는 동안 화장실을 아예 가지 않거나, 화장실이 아닌 장소에서 용변을 보는 행동 등을 하기도 합니다.

또 다른 행동적인 징후는, 집사님이 없는 동안 먹는 음식의 양이 현저하게 적거나 아예 없다는 것입니다. 대부분의 고양이가 집사님이 집에 없는 동안에는 먹거나 움직이는 등의 활동량이 많이 줄어들기는 하지만, 분리 불안을 가지고 있는 냥이의 경우 일반적인 고양이와 비교해 훨씬 두드러집니다. 그리고 집사님 있는 시간에 몰아서 밥을 먹기도 하며, 너무 급하게 먹어서 바로 구토를 하는 냥이도 있습니다. 때때로 집사님이 출근을 하려고 하면 못 가게 물고 보채는 행동을 보이고, 집사님이 귀가했을 때 아주 격하게 반기지요. 냥이에 따라서 심하게 소리를 지르듯 야옹거리며 집사님의 발이나 손 등을 물면서 흥분한 행동을 보이기도 합니다.

심리적으로 불안함을 느낀 고양이는 스스로를 안정시키기 위해 평소 과도하게 그루밍을 합니다. 이로 인해 탈모가 생기거나, 심한 경우 지속해서 같은 부위를 핥아서 상처가 생기기도 해요.

이와 같이 분리 불안이 있는 고양이가 보이는 행동 징후들은 일반적인 고양이도 가지고 있는 것이기 때문에, 분리 불안인지를 가늠하는 척도는 그 정도와 심각성에 따라 판단할 수밖에 없습니다.

많은 학자들은 심리적으로 취약한 고양이가 더욱 쉽게 분리 불안을 겪을 수 있다고 말합니다. 예를 들어, 어미와 형제 · 자매에게서 너무 빨리 떨어진 새끼 고양이 중에 변화에 취약하고 스트레스에 쉽게 반응하는 냥이가 많아요. 그래서 고양이는 8주 이상이 될 때까지 어미와 형제 · 자매와 함께 지내는 것이 좋습니다. 어릴 적에 어미를 잃거나 혼자가 된 고양이 역시 심리적으로 불안정함을 보이는 경우가 많습니다. 그리고 고양이 분리 불안의 또 다른 원인은 사회화 부족입니다. 고양이의 사회화 시기는 3주에서 7~8주 사이입니다. 고양이의 사회화 과정에서 이야기한 것처럼 이 시기의 안정적인 생활 환경은 고양이가 평생을 살아가는 데 있어서 성격적인 안정을 이루는 토대가 됩니다.

이외에 유전적인 부분도 분리 불안 원인의 중요한 부분을 차지합니다. 고양이 품종 중 특히 샴 고양이와 버만 고양이 등에서 상대적으로 분리 불안 행동 사례가 더 많이 관찰됩니다.

마지막으로 건강 부분도 함께 고려해야 합니다. 신체 질환 등으로 인해 심리적인 위축감과 불안감을 느끼는 고양이 역시 분리 불안에 취약할 수 있습니다.

분리 불안 예방법

너무 당연한 이야기이지만, 고양이의 분리 불안을 예방하기 위해서는 집사님과 함께하는 사냥놀이 시간을 충분히 갖는 것이 중요합니다. 놀이 시간이 부족한 고양이는 집사님에게 더 과도하게 심리적으로 의존하고, 스킨십 등의 신체 접촉을 요구합니다. 사냥놀이는 하루 한 번 길게 해 주는 것보다, 짧게라도 자주 여러 번 하는 것이 더욱더 효과적입니다. 그리고 집사님이 집에 있는 동안에도 냥이가 혼자서 셀프 플레이를 할 수 있도록 유도해 주세요. 혼자서 자동 장난감이나 트릿볼을 이용한 공놀이나 집 안 탐색을 할 수 있도록, 가끔씩 아이에게 관심을 꺼 주는 시간을 가질 필요가 있습니다.

그리고 집사님이 없는 낮 동안 고양이의 뇌를 활성화하는 환경을 마련해 주세요. 낮에 무료하게 지내는 냥이에게 도움이 되는 흥미 유발 장치를 적극적으로 활용하는 것입니다. 스크래쳐나 숨숨집의 위치를 조금씩 바꾸거나, 새로운 구조물(박스나 의자)을 거실 한복판에 두는 등의 변화는 아이에게 흥밋거리가 될 수 있습니다. 이외에도 고양이가 좋아하는 새나 쥐가 나오는 영상을 잠깐씩 재생되도록 하는 것도 아이의 호기심을 자극할 수 있는 좋은 방법입니다.

분리 불안을 가지고 있는 고양이에게는 엄격한 제한 급식보다 융통성 있는 자율 급식이 더 효과적입니다. 음식을 제공 받는 상황은 그 어느 상황보다 집사님과 고양이의 관계를 의존적으로 만들 수 있습니다. 따라서 집사님이 직접 음식을 주는 대신에, 자동 급식기나 푸드 토이를 이용해서 자율형 급식을 해 보세요.

분리 불안이 있는 고양이가
보이는 행동 징후들은
일반적인 고양이도 가지고 있는 것이기 때문에,

분리 불안인지를 가늠하는 척도는
그 정도와 심각성에 따라
판단할 수밖에 없습니다.

분리 불안 행동 수정

분리 불안을 보이는 고양이는 집사님이 집을 나가는 징후를 감지하면서부터 불안해하기 시작합니다. 예를 들어, 집사님이 옷을 입거나 가방을 메는 행동 등을 통해 집사님의 외출을 직감합니다. 평소에 실제로 집을 나가지 않더라도 집사님의 외출 패턴 행동을 아이에게 편안하게 노출하면서 먹이 보상을 하는 훈련을 해 주세요. 아이가 집사님의 외출 패턴에 익숙해지면, 외출 패턴을 노출한 후 먹이 보상을 주고, 잠깐 밖에 나갔다가 들어와서 다시 먹이 보상을 주는 짧은 외출 훈련을 병행하세요.

그리고 집사님이 나가기 전에 과도한 인사 등으로 외출을 확실히 인지하게 하는 행동을 하지 않는 것이 좋습니다. 집을 나가기 훨씬 이전에 옷을 꺼내 놓고 냥이와 짧은 놀이를 한 후, 집사님이 실제로 외출할 때는 냥이에게 관심을 주지 않고 나가고, 집에 돌아왔을 때도 현관문까지 달려 나오는 고양이의 애정 표현을 반갑게 받아 주지 않는 것이 중요합니다. 냥이를 무심히 지나쳐서 옷을 갈아입고 씻는 등 일과를 마무리하세요. 집사님이 일과를 진행하는 동안 고양이는 집사님의 귀가로 인해 흥분된 감정이 가라앉고 안정을 찾게 됩니다. 이때부터 놀이 시간과 애정 표현의 시간을 가집니다. 분리 불안을 가진 고양이에게 집사님의 외출 전과 후의 상황에 따른 심리적인 동요를 연결 짓지 않도록 훈련하는 것입니다.

고양이는 집사님의 감정을 읽고 공감하는 능력이 매우 뛰어납니다. 평소 고양이를 대하는 집사님의 차분하고 안정적인 태도는 아이의 심리적인 안정에도 굉장히 큰 역할을 한다는 것을 꼭 기억하세요.

행동 수정 훈련을 하면서 질켄이나 발레리안 등의 항우울 보조제를 급여하거나, 펠리웨이 등의 고양이 페로몬을 사용할 수도 있습니다. 그리고 분리 불안이 심각할 경우에는 약물 치료를 병행할 수도 있습니다.

분리 불안의 징후를 보이는 외동묘를 반려하는 많은 집사님이 혼자 있는 냥이를 위해 다른 고양이나 반려동물을 새로 입양하기도 합니다. 그러나 이 방법은 그다지 추천하지 않습니다. 자신의 영역에 새로운 동물이 들어오는 것 자체가 고양이에게는 매우 큰 스트레스 요인이 되기 때문이에요. 심리적인 컨디션이 완벽할 때도 다른 반려동물과의 합사는 쉽지 않은 과정인데, 심지어 분리 불안을 가진 고양이에게는 위험 부담이 너무나 큰 방법입니다. 정신적으로 여유가 없는 고양이는 새로운 가족을 받아들일 여유도 없습니다.

7
화장실 문제 행동

"고양이의 유일한 걱정은
지금 일어나고 있는 일입니다."

– 로이드 알렉산더

화장실을 정해 두고 배설을 하고 난 뒤 자신의 용변을 덮고 나오는 고양이의 선천적인 습성은, 실제로 많은 분이 강아지가 아닌 고양이를 반려동물로 선택하는 이유들 중 큰 비중을 차지합니다. 그러나 고양이도 화장실 문제를 일으킬 수 있습니다. 고양이가 자신의 본성을 거스르며 화장실이 아닌 곳에 소변이나 대변을 보는 행위는 결코 정상적이지 않은 행동이에요. 키우는 고양이가 화장실 문제 행동을 보이는 것은 질병이나 생활의 불만족 등이 원인이 될 수 있습니다. 특히 초기에 원인을 찾아 문제를 해결하지 않으면 빠르게 습관화되며, 개선되었다가 다시 재발하기도 하지요. 질병적인 원인을 제외한 화장실 문제 행동은 어떤 고양이에게는 스트레스의 시작을 알리는 신호, 어떤 고양이에게는 더는 이 상황을 견딜 수 없음을 알리는 마지막 경고가 되기도 합니다.

화장실 환경

화장실 개수

일반적으로 고양이의 환경에 맞는 화장실의 개수는 '묘구 수+1개'로, 화장실을 여유 있게 마련해야 한다는 정보는 이미 많은 집사님이 알고 있습니다. 고양이는 독립적인 생활 패턴과 적에게 자신의 배설물 냄새를 숨기기 위해 배설을 하고 땅에 파묻는 습성을 가졌기 때문에, 공동 화장실에 배설물을 모아 두는 행위는 하지 않아요. 이러한 고양이의 습성 때문에 우리는 고양이가 각자의 화장실을 필요로 한다는 사실을 알고 있습니다. 그러나 실내에 사는 고양이들에게 각자의 화장실을 엄격히 구별하여 사용하게 하는 것은 불가능해요(그리고 그렇게 훈련시킬 필요도 없습니다). 따라서 '묘구 수+1'이라는 화장실 개수는 화장실을 여러 개로 분산시켜 좀 더 청결하게 유지하고, 여러 개의 화장실을 여유롭게 사용하게 하는 목적을 가지고 있습니다. 가령, 2마리가 함께 사는 가정에서 하나의 화장실을 사용한다면, 혼자서 사용하는 것보다 더 쉽게 지저분해집니다. 하지만 집 안에 묘구 수만큼 혹은 그 이상의 화장실이 있다면, 여러 개에 나눠서 사용하니까 결국 각각의 화장실은 덜 지저분해질 거예요. 실내에 사는 냥이 중에는 완전히 깨끗하게 새 모래로 치워진 화장실보다 이전에 사용하던 모래가 섞여 있는 화장실을 선호하는 경우도 있지만, 이는 고양이가 지저분한 화장실이 아니라 익숙한 화장실을 좋아하는 것을 의미합니다.

고양이 화장실의 개수가 여유 있어야 하는 또 다른 이유는, 고양이의 화장실에 대한 집착입니다. 특히 사이가 좋지 않은 관계에서, 동거묘를 공격하는 고양이 중 일부는 자기가 싫어하는 아이를 화장실에 못 가게 하거나 따라가서 괴롭히는 행동을 합니다. 이런 상황으로 인해 공격당하는 아이는 화장실을 제대로 가지 못해 방광염이 걸리거나, 화장실이 아닌 곳에서 대소변을 보는 경우까지도 발생하지요. 그렇기 때문에 특히나 다묘 가정에서는 충분한 개수의 화장실이 필요합니다.

대다수의 고양이는 대변과 소변을 나눠서 보는 것을 선호하기 때문에, 외동묘에게도 하나 이상의 화장실이 필요합니다. 외동묘를 키우고 있는데, 집에 화장실이 하나라면 한 개를 더 마련하고, 아이의 화장실 사용 패턴을 관찰해 보세요. 완벽하게 대변 화장실과 소변 화장실로 나누지 않더라도, 이 화장실에서 소변을 보고 바로 저 화장실로 가서 대변을 보는 경우가 많다는 것을 발견할 수 있을 거예요.

그런데 '묘구 수+1'이라는 개수에만 집중하면 안 됩니다. 상담을 하다 보면 많은 집사님이 공식처럼 알려진 묘구 수보다 하나 더 많은 화장실의 개수를 맞추려고 노력합니다. 그런데 집사님의 가정에 여러 개의 화장실을 분산시켜 놓을 공간이 충분하지 않아, 안타깝게도 모든 화장실을 한곳에 모아 두는 경우가 많습니다. 그뿐만 아니라 화장실의 크기가 클수록 좋다는 사실을 알지만 현실적으로 묘구 수보다 더 많은 수의 커다란 화장실을 놓아둘 공간이 부족한 경우가 많기 때문에, 화장실 '개수'와 '크기' 사이에서 고민을 하다가 대부분의 집사님이 크기를 포기하고 개수를 맞추는 선택을 합니다. 그리고 작은 크기의 화장실을 묘구 수보다 한 개 더 마련해서 많으면 두 군데, 적으면 한 군데(주로 베란다나 다용도실)에 모아서 배치해 두지요. 그러나 이것은 비효율적인 화장실 배치 형태입니다. 이렇게 여러 개의 화장실이 모여 있는 한 공간은 큰 화장실 하나라고 생각하면 됩니다(욕실 안에 변기가 두 개 있어도 우리는 그곳을 두 개의 화장실이라고 하지는 않습니다). 크기가 작은 화장실을 다닥다닥 모아 두면, 불편한 화장실이 잔뜩 모여 있는 공동 화장실이 되는 것이에요.

집 안 공간과 고양이들을 위한 화장실 환경을 조율하는 가장 효과적인 방법은 넓찍한 크기의 화장실을 최대한 여러 곳에 분산시켜 배치하는 것입니다. 다묘 가정에서 화장실을 나란히 두었을 때, 아이들이 각각의 화장실에 모두 들어가 있는 경우는 결코 흔하지 않습니다. 오히려 어린 냥이의 경우에는 아무리 옆 칸의 화장실이 비어 있어도 형이나 누나가 사용하는 화장실에 따라 들어가려고 합니다. 사이가 좋은 아이들의 경우에도, 누군가 화장실을 사용하고 나오면 다른 냥이가 밖에서 보고 있다가 화장실에 뒤이어 들어가는 상황도 흔히 목격됩니다. 따라서 작은 화장실을 개수를 맞추고자 나란히 모아 두는 것은, 구색만 맞춰 놓은 불편하고 비효율적인 방법입니다. 이미 고양이들의 수가 너무 많아서 이러한 화장실 환경을 마련할 수가 없다면, 현 상황에서 최대한 쾌적하게 사용할 수 있는 넓은 화장실로 바꿔 주고, 최대한 많은 장소에 화장실을 배치해 주세요. 더는 큰 화장실을 놓을 곳이 없는 집사님이라면 더 많은 고양이를 키우는 것은 신중하게 생각해야 합니다.

화장실 배치

많은 분이 이미 알고 있듯이, 화장실은 밥 먹는 자리와 충분히 떨어진 곳에 배치해야 합니다. 고양이는 식당과 화장실을 철저하게 구분하기 때문입니다. 그래서 밥 먹는 곳과 화장실이 너무 가까울 경우 고양이는 고민을 하지요. 밥을 먹자니 화장실 냄새가 나고, 화장실을 가자니 식사 자리를 더럽히는 것 같아 신경이 쓰입니다. 그러다 고양이는 밥그릇을 옮길 수는 없으니, 화장실을 다른 곳으로 사용하겠다고 결정합니다. 결국 밥 먹는 자리 바로 옆에 있는 화장실은 사용하지 않고, 자신이 적당하다고 생각하는 장소에 스스로 화장실을 개척하여 사용하기도 합니다. 따라서 밥 먹는 자리와 화장실은 최대한 떨어진 곳, 그리고 서로 마주 보이지 않는 곳에 놓아 주는 것이 좋습니다.

화장실은 너무 구석진 곳보다는 어느 정도 개방성이 확보된 곳에 두는 것이 좋습니다. 그러나 여기서도 주의해야 할 점이 있어요. 예를 들어, 도시에서 살면 편리합니다. 친구 만나기도 쉽고, 영화 보러 가기도 쉽고, 회사 다니기도 편합니다. 반면에 도시 번화가에서 사는 것은 시끄럽고 복잡하기 때문에, 주택가는 도시 외곽으로 발달합니다. 고양이에게 거실(때때로 안방)은 도시에 해당합니다. 실내 고양이의 주 생활 공간이지요. 그래서 고양이는 주로 생활하는 거실이나 안방에 있는 화장실을 베란다나 작은 방에 있는 화장실보다 더 많이 사용합니다. 그런데 거실에서 조금 벗어난 곳, 그리고 침실 침대에서 조금 벗어난 곳에 화장실을 배치해야 해요. 왔다갔다 돌아다니는 발걸음이 너무 많지 않은 곳, 편안하게 볼일을 볼 수 있는 한적한 곳이면서, 자신이 주로 활동하는 곳과 너무 떨어지지 않아서 편리하게 오갈 수 있지만 너무 복잡하지 않은 장소, 그곳이 화장실을 두기에 적합한 곳입니다. 한적한 곳에 화장실을 놓아 주되, 입구는 개방된 쪽을 향하게 해 주세요. 화장실 입구 가까이에 다른 구조물이 있거나, 화장실이 캣타워와 연결되어 있거나, 화장실 입구를 폐쇄된 쪽으로 돌려놓는 것은 효율성이 떨어집니다.

화장실 크기

고양이 화장실의 크기는 클수록 좋습니다. 고양이는 화장실에 들어가면 용변을 보기 위해 모래를 파는 행동을 하는데, 자세를 바꿔 가면서 모래를 팝니다. 그리고 용변을 본 뒤 몸을 돌려서 냄새를 한번 맡아 보고, 다시 요리조리 몸을 돌려서 모래로 용변을 덮습니다. 화장실의 크기는 고양이가 이렇게 화장실 안에서 몸을 돌리는 행위에 지장이 없을 정도의 크기여야 해요.

후드형 화장실이라면 고양이가 화장실에 서서 몸을 들어 모래를 파거나 묻을 때 머리가 천장에 심하게 닿지 않는 높이여야 합니다. 개방형 화장실이라고 해도 너무 작은 크기는 사용하기 불편합니다. 화장실을 이용하면서 모래를 파거나 덮을 때 몸을 충분히 움직여서 발을 디딜 수 있는 크기의 개방형 화장실을 사용하세요.

바람직하지 않은 화장실의 형태

화장실은 넓고 개방된 형태가 좋습니다. 그래서 공간이 폐쇄적이고 크기가 상대적으로 작으며, 들어가는 입구조차 너무 좁은 원목 화장실은 추천하지 않습니다. 게다가 사막화를 방지할 수 있는 구불구불한 통로는 집사님을 위한 획기적인 구조이지만, 고양이에게는 필요 이상으로 번거로운 구조입니다.

제가 경험한 한 상담 사례에서, 원목 화장실을 몇 년째 잘 사용하던 다묘 가정의 한 냥이가 어느 날 방광염에 걸렸습니다. 이 고양이는 예전에도 화장실에 가서 대변은 덮어도 소변은 잘 안 덮던 아이였습니다. 소변보고 모래를 안 덮는 냥이가 방광염에 걸린 후 어떤 행동을 보였을까요? 아이는 원목 화장실 계단에서 소변을 보기 시작했습니다. 원목 화장실 계단 부분의 통로는 틈이 있는 발판 구조여서 소변을 보면 고이지 않고 아래로 흘러내립니다. 발판에서 소변을 보면 발에 묻지도 않고 이보다 더 청결할 수 없는 구조인 것이지요. 그 아이가 몇 번 원목 화장실 계단에 소변을 봤더니, 다른 냥이들이 너도나도 통로에서 소변보기 캠페인에 동참하기 시작했습니다. 결국 피톤치드 소나무 원목 화장실이 소변 나무 원목 화장실이 되고 말았습니다.

원목 화장실에 얽힌 또 다른 에피소드가 있습니다. 사이가 좋지 않은 냥이들이 사는 집에 출입구가 작은 원목 화장실이 있었습니다. 한 아이가 자기를 괴롭히는 아이의 눈치를 보다 큰맘 먹고 화장실을 갔는데, 괴롭히는 냥이가 어느새 화장실 입구로 와서 꼬리를 탁탁 치며 그 아이를 노려보고 있었습니다. 화장실에 들어간 아이는 화장실 밖으로 나올 수가 없었어요. 결국 집사님이 그럴 때마다 아이를 꺼내 주었고, 급기야 화장실에 한 번 들어가면 집사님이 꺼내 줄 때까지 나오지 않는 냥이가 되었습니다.

고양이에게 무리하게 양변기 교육을 하는 것도 주의해야 합니다. 고양이는 자신의 영역임을 알리려고 일부러 의도하는 것이 아닌 이상, 볼일을 보고 나면 흙으로 덮어 그 냄새를 감추는 습성을 가지고 있는 동물입니다. 이러한 화장실 매너는 고양이가 사람들과 함께 살기 이전부터 행해져 온 그들의 본능이에요. 이런 냥이에게 생소한 양변기 사용 교육은 스트레스가 될 수 있기 때문에 양변기 교육은 절대 권장하지 않습니다. 그런데도 양변기 교육을 시도하고 싶다면, 양변기가 유일한 대소변의 해결 장소가 되게 해서는 안 됩니다. 양변기 옆에 꼭 일반적인 고양이 화장실을 마련해 주어서 아이가 선택할 수 있게 해 주세요. 호기심이 많은 냥이가 양변기를 이용할 줄 안다면, 그날그날의 기분에 따라 일반 화장실과 양변기를 번갈아 가면서 사용할 수 있습니다. 많은 집사님이 냥이가 양변기를 사용하게 되면 화장실을 치울 필요가 없어 편해질 것을 기대합니다. 그리고 양변기에 앉아 볼일을 보는 모습은 귀엽고 똑똑해 보이기까지 하지요. 그러나 이러한 양변기 사용은 고양이에게 방광염과 같은 질환이나, 화장실 이외의 장소에 소변 테러를 하게 하는 등의 다른 문제점을 초래하기도 합니다.

고가의 로봇 화장실 역시 고양이에게 좋은 선택이 될 수 없습니다. 적응력이 강한 고양이라면 호기심에 사용해 보고 그것이 재미있어서 가끔 사용할 수는 있지만, 마음 편하게 언제든지 사용할 수 있는 화장실은 될 수 없습니다. 만일 고양이가 로봇 화장실이 청소를 위해 자동으로 돌아가는 모습을 목격했다면, (고양이의 입장에서)

이렇게 불시에 움직이는 장소를 마음 편하게 사용하기는 어렵겠지요. 화장실은 안정된 분위기가 조성되어야 하는 장소입니다. 화장실은 쉽게 드나들 수 있는 구조가 바람직하기 때문에 사막화 방지를 위해 입구가 위쪽에 있어서 점프해 들어가야 하는 화장실도 추천하지 않아요.

많은 집사님이 개방형 화장실이 고양이에게 좋다는 것은 알고 있지만, 모래가 바깥으로 튀어나와 바닥이 지저분해지는 사막화 때문에 후드형을 선호합니다. 후드형 화장실을 사용할 때는 개방형 화장실이 가진 최대 장점인 개방성을 보완할 수 있도록 최대한으로 큰 화장실을 마련해 주세요. 그리고 출입구의 여닫이문을 떼서, 조금이라도 더 쉽게 화장실에 드나들 수 있도록 도와주세요. 고양이가 볼일을 보고 있을 때 문이 닫혀 아무것도 보이지 않는 상황보다는, 입구로 바깥 상황을 파악할 수 있게 하는 것이 조금 더 안정감을 줍니다.

모래

고양이 화장실에 가장 많이 쓰이는 모래는 펠렛, 두부모래, 벤토 나이트 모래입니다. 대부분의 고양이는 벤토 나이트 모래를 가장 선호하고, 벤토 나이트 모래 중에서도 입자가 고운 모래를 선호합니다. 물론 펠렛이나 두부모래를 잘 사용하는 아이도 있지요. 그러나 이 경우 역시 두부나 펠렛 종류의 모래 사용에 익숙해진 것뿐이지, 펠렛이나 두부모래와 벤토 나이트 모래를 두고 냥이에게 선택권을 준다면 절대다수의 고양이가 벤토 나이트 모래를 선택합니다. 고양이가 벤토 모래를 선호하는 이유는 하나예요. 화장실에 들어서서 모래를 밟았을 때나 앞발로 파낼 때 벤토 모래가 가장 촉감이 부담스럽지 않기 때문입니다.

사실 많은 집사님이 이미 이 사실을 알고 있는데도, 펠렛이나 두부모래를 포기

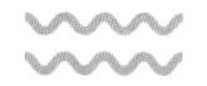

질병적인 원인을 제외한 고양이의 화장실 문제 행동은
어떤 고양이에게는 스트레스의 시작을 알리는 신호,
어떤 고양이에게는 더는 이 상황을 견딜 수 없음을 알리는
마지막 경고가 되기도 합니다.

할 수 없는 이유가 있습니다. 가장 큰 이유는 벤토에 비해 먼지가 없고 사막화가 적기 때문이에요. 벤토 모래에서 발생하는 먼지가 때때로 고양이의 호흡기 질환을 야기하기도 합니다. 그런 점에서 펠렛이나 두부모래를 평소에 냥이가 잘 사용하고 있다면 좋은 선택이 될 수 있습니다. 그러나 어떤 스트레스나 질환 때문에 화장실 문제 행동이 발생했을 때도 펠렛이나 두부모래를 고집하는 것은 바람직하지 않아요. 화장실 문제 행동 상담을 하면서 벤토 모래 사용을 추천하면, 많은 집사님은 "예전부터 항상 두부모래를 잘 사용해 왔는데 굳이 바꿔야 하나요?"라고 질문합니다. 그러나 이전에 잘 사용해 왔을 뿐이고 현재에 화장실 문제 행동이 발생했다면, 모든 화장실 환경을 고양이에게 가장 최적화된 환경으로 맞출 필요가 있습니다. 지금 냥이는 화장실 문제 행동을 보이고 있으며, 지금의 상황은 이전과 다른 비상 상황이니까요.

화장실의 청결

고양이 화장실은 쾌적하게 유지해 주는 것이 중요합니다. 아침저녁으로 고양이의 용변을 치워 주는 것은 물론이고, 모래도 자주 채워서 냄새에도 신경을 써야 합니다. 그뿐만 아니라 정기적으로 모래를 완전히 새것으로 바꿔 주고 화장실도 깨끗하게 세척해 주는, 일명 '전체갈이'도 해야 합니다.

일반적으로 고양이 화장실 전체갈이는 일주일에 한 번 정도 하는 것으로 알려져 있어요. 그렇지만 화장실의 크기도 큰 것을 사용하는데 일주일에 한 번씩 큰 화장실에 있는 모래를 전부 버리고 새것으로 채우는 작업은 경제적인 부담이 될 수 있습니다. 그런데 다행히도 현재 출시되는 벤토 모래들은 이전에 비해 응고력이 많이 향상된 제품들입니다. 평소에 좋은 질의 벤토 모래를 사용하고 있다면, 반드시 일주일에 한 번씩 전체갈이를 해 줄 필요는 없어요. 고양이가 화장실에 드나들며 모래를 자주 밟게 되면, 벤토 모래는 입자가 부서지고 먼지가 생기게 됩니다. 그렇게 모래가 부서지고 입자가 지저분해지기 시작하면, 그때 전체갈이를 하면 됩니다.

화장실 청소를 하루에 한 번 이상 하고 자주 새 모래를 채워서 평상시에 모래를 청결하게 관리했다면, 전체갈이 간격은 3주에서 한 달 정도가 적당합니다. 물론 화장실 전체갈이의 주기는 화장실을 사용하는 냥이의 수에 따라 달라지겠지요. 만약 화장실에서 불쾌한 냄새가 난다면 모래를 갈아 주고 화장실을 세척해야지, 탈취제로 냄새를 막으려 하면 곤란합니다. 화장실에서 냄새가 나고 지저분해졌다면, 깨끗하게 세척하고 건조시킨 후 새 모래로 채워 주세요.

화장실 문제 행동 유형

고양이는 평균적으로 4주 차에 들어서면서 어미에게서 화장실 매너를 배웁니다. 한 달 이상을 어미와 함께 있었던 냥이라면, 가정으로 입양을 와서도 무리 없이 화장실 사용에 적응합니다. 오히려 어린 고양이가 볼일을 보기 전에 모래를 파서 구멍을 만들고 용변을 보고 나서 꼼꼼하게 덮는 행동을 더 열심히 하기도 해요. 고양이가 용변을 보고 흙으로 덮는 행동은 적으로부터 자신의 냄새를 숨기기 위해 생겨난 습성인데, 안전한 실내에서 살다 보면 생존에 관련된 어떤 습성은 퇴보하기도 합니다. 그래서 고양이 중에는 어느 정도 자라면 이전만큼 열심히 모래를 안 덮고 나오는 냥이로 변하는 경우도 많습니다(어떤 냥이는 의도적으로 용변을 덮지 않고 나오기도 합니다). 또 성묘 중에는 대변은 잘 덮는데 소변은 대충 덮고 나오는 아이도 많아요.

현재 아이가 별문제 없이 잘 지내고 있다면, 지금의 환경을 잘 유지하는 게 중요합니다. 화장실이나 밥 먹는 자리의 배치뿐 아니라, 전체적인 환경에서도 지금 아이가 느끼고 있는 심리적인 안정감을 유지해 주세요. 그런데 집사님이 현재 화장실 환경이 미흡하다고 느껴진다면, 최대한 현재 상황이 많이 변화되지 않는 선에서 조금씩 개선해 주세요. 예를 들어, 화장실과 밥 먹는 자리가 너무 가깝게 느껴진다면, 화장실 위치를 다른 곳으로 바꾸지 말고 밥 먹는 자리를 조금 더 먼 곳으로 떨어뜨려 주는 것이지요. 이런 식으로 냥이가 갑작스러운 변화에 거부감을 느끼지 않게 변경해 주면 됩니다.

함께 사는 고양이들과 사이가 좋고 풍요로운 환경에서 살고 있다면, 현재의 화장실 환경이 다소 미흡해도 어느 정도의 불편함을 감수하고 잘 지내기도 합니다. 그러나 새로운 고양이의 출현이나 집사님의 부재, 이사 등으로 생활에 불만족스러운 부분이 생긴다면, 이전에 잘 견디던 것 중 그다지 만족스럽지 않았던 부분에서 불만을 나타내기 시작합니다. 그러한 불만의 표현 중 가장 대표적인 예가 바로 화장실 문제 행동입니다.

고양이의 화장실 문제 행동은 심리적인 원인과 함께 질환적인 부분도 꼭 염두에 두어야 합니다. '미드닝'이라고 불리는 대변 테러를 하는 냥이의 경우에는 설사 등의 소화기 질환을 가지고 있는 아이가 많습니다. 소변 테러를 하는 냥이들도 방광염이나 결석, 슬러지, 요도 문제로 인해 화장실 사용이 불편한 아이가 많지요. 비뇨기 관련 질환이 아니더라도 신체적인 질병이나 골절, 노령으로 인해 불편함을 느끼는 고양이 역시 화장실 문제 행동을 보일 수 있습니다. 그러므로 화장실 문제 행동을 보이는 냥이가 있다면 반드시 먼저 건강 체크를 해 주고, 이에 따른 적절한 치료가 병행되어야 합니다.

화장실 문제 행동을 보이는 꽤 많은 고양이가 화장실 주변에서 용변을 보는 행동을 합니다. 이런 경우 대다수는 화장실에 대해 좋지 않은 인식이 있는 상황입니다. 화장실의 위치를 알고 여기를 사용해야 한다는 것도 알지만, 화장실에 들어가고 싶지 않은 이유가 있는 것이지요. 특히 질환으로 인해 화장실을 사용할 때마다 아팠던 기억이 있는 냥이가 화장실 사용을 거부하는 사례가 자주 관찰됩니다. 그리고 화장실 환경 중에서, 특히 모래에 거부감을 가진 냥이가 화장실로 들어가는 대신 주변에 용변을 보는 행동을 하기도 합니다. 그리고 화장실이 지저분할 때도 화장실에 들어가지 않고 주변에 볼일을 볼 수 있습니다.

고양이가 대소변을 모두 화장실 이외의 장소에서 본다는 것은 화장실 사용에 심각한 불편함을 가지고 있음을 의미합니다. 특히 동거묘와의 사이가 좋지 않은 경우에 이러한 상황이 자주 발생하고, 화장실이 사용하기 싫을 정도로 지저분할 때도

• • •

고양이의 스프레이 행동이 가장 흔하게
목격되는 상황 중 하나는 집에 새로운 고양이가 왔을 때입니다.
영역 동물인 고양이에게 스프레이 행동은
자신의 존재를 알리는 행동이자 나름의 소통 방법입니다.

발생합니다. 그리고 파양, 유기, 학대 등의 큰 스트레스를 주는 사건이나 심리적으로 매우 불안할 수 있는 환경에 놓인 고양이도 화장실 사용을 못하거나 거부하는 모습을 보입니다. 간혹 어릴 적부터 제대로 양육되지 못하여 고양이 화장실을 사용해 보지 않아서 대소변을 모두 화장실 이외의 장소에 보는 경우도 있습니다.

대 · 소변 실수

대변 실수

'미드닝'이라고 불리는 대변 실수를 하는 고양이는 심한 설사나 무른 변, 변비 등의 소화기 질환을 가지고 있는 경우가 꽤 많습니다. 그래서 질환적인 부분을 치료하면 개선이 되는 경우가 대부분이에요. 그러나 질환적인 부분이 아닌 이유로 행해지는 대변 테러는 심리적인 불안감으로 대소변 테러를 같이하다가, 시간이 지나면서 소변 테러는 개선이 되고, 대변만 화장실 이외의 장소에 하게 되는 형태로 남은 경우가 많습니다.

스콰트

스콰트 형태는 고양이가 화장실 이외의 장소에서 마치 화장실에서 하듯이 소변을 보는 행동입니다. 스콰트와 스프레이의 가장 큰 차이점은 소변의 형태와 양에 있어요. 스콰트 형태로 소변 테러를 했을 때는, 바닥에 고인 소변의 양이 이 아이의 평소 소변양인 경우가 많습니다(방광염 등의 질환으로 인해 발생한 경우는 제외합니다). 소변의 형태 역시 수직으로 흘러내리는 형태가 아닌 바닥에 고인 형태를 보이고, 장소 역시 정해져 있는 경우가 대부분입니다. 스콰트 형태의 소변 테러가 가장 많이 일어나는 장소는 주로 침대 위, 소파 위, 옷이나 방석 위 등 폭신한 곳들이에요. 폭신하지 않아도 조용하고 구석진 곳에 소변을 보는 냥이도 있고, 오히려 완전히 개방된 바닥 한가운데 소변을 보는 냥이도 있습니다.

이전에 화장실을 잘 사용하던 아이가 화장실 이외의 장소에 스쾃트 형태로 소변을 보기 시작한다면, 가장 먼저 의심되는 것은 방광염을 비롯한 신체적인 질환입니다. 특히나 스쾃트 형태의 소변 테러는 스프레이 형태보다 신체적인 질환과 연관된 경우가 더 많아요. 방광염 등의 비뇨기 질환으로 인해 스쾃트 형태의 소변 테러를 하는 고양이는 소변량이 평소보다 적고 혈뇨가 섞여 있기도 합니다.

화장실 환경이 불만족스러울 때도 스프레이 형태보다 스쾃트 형태가 더 자주 발생합니다. 화장실을 갈 수 없거나 가기 싫은 자신만의 이유가 있기 때문에 화장실을 사용하지 않는 것이니까요. 또 사이가 나쁜 고양이들의 경우에는 공격을 하는 아이는 스프레이 행동을 더 자주 하고, 공격을 받는 냥이는 스쾃트 행동을 더 자주 합니다. 자신을 공격하는 냥이로 인해 화장실을 편하게 갈 수 없는 아이는 참다 참다 자신이 편하게 접근할 수 있는 장소에 소변을 보게 되는 것이지요. 그리고 고양이가 화장실 환경(위치, 크기, 모래 등)이 마음에 안 들 때에도 다른 장소에 스쾃트 형태로 소변을 봅니다. 이런 상황에서 스쾃트 형태의 소변량은 평소의 양과 같거나 더 많습니다. 스쾃트 형태로 소변 테러를 한 냥이는 스프레이 소변 테러 냥이에 비해 소변을 보고 나서 파묻는 행동을 더 많이 합니다. 어떤 아이는 화장실에서 볼일을 볼 때보다도 더 열심히 앞발로 파묻는 시늉을 하지요. 이 아이는 화장실을 안 쓰고 싶어서 안 쓰는 것이 아니기 때문입니다.

스프레이

고양이의 스프레이 소변 테러는 벽 쪽에 흘러내리는 형태의 소변 줄기로 확인이 가능합니다. 고양이 스프레이라고 하면 남아에게만 발생한다고 생각할 수 있지만, 여아도 스프레이 행동을 보여요. 스프레이는 아주 대량으로 벽에 쏟아 흩뿌리기보다는 조금씩 찔끔찔끔 흘러내리는 형태가 더 많습니다. 스프레이 소변 테러는 마킹(내 것을 찜하는 행동)의 목적에서 출발하기 때문입니다. 스프레이를 하는 냥이는 집사님과 눈이 마주쳐도 그다지 동요하지 않고, 집사님 눈을 똑바로 보면서 엉덩이를 부르르 떨며 스프레이를 완수하는 경우도 종종 있어요. 스프레이를 끝낸 아이는 돌아서서 자신의 소변 냄새도 맡고 할 거 다 하고 유유히 다른 곳으로 갑니다. 스프레이를 하는 고양이는 자신의 냄새를 묻히려고 의도적으로 한 것이기 때문에 소변을 덮을 때 하는 파묻는 행동을 하지 않는 경우도 많습니다.

스프레이 행동은 대부분 심리적인 이유로 발생합니다. 그리고 자주 발생하는 장소가 있기는 하지만, 특정 장소가 딱히 정해지지 않은 경우가 더 많지요. 스프레이 행위는 위축되거나 활동력이 저하된 냥이보다는 과하게 활발해서 다른 냥이들과 잘 섞이지 못하는 냥이, 혹은 호전적인 성격의 냥이에게 자주 나타납니다. 어떤 고양이의 경우 자신이 싫어하는 아이가 주로 이용하는 숨숨집이나 장난감, 심지어 그 아이가 자주 이용하는 밥 먹는 자리에 스프레이를 하기도 합니다.

이외에도 고양이의 스프레이 행동이 가장 흔하게 목격되는 상황 중 하나는 집에 새로운 고양이가 왔을 때입니다. 영역 동물인 고양이에게 스프레이는 자신의 존재를 알리는 행동 중 하나이기 때문에, 이럴 때 처음 한두 번의 스프레이 행동을 무조건 부정적으로 판단하지 않아야 해요. 스프레이 행위는 심리적인 불만족의 표현이기도 하지만, 나름의 소통 방법이기도 합니다. 스프레이 행동을 하는 아이가 새로 온 고양이와 사이가 나쁘지 않게 잘 적응하고 있다면, 스프레이 행동도 줄어들면서 없어집니다. 초기 한두 번의 스프레이 행동이라면, 화장실 테러 자체보다 두 아이의 관계 개선에 좀 더 초점을 맞춰 주세요.

장소로 파악하는 소변 실수의 이유

고양이의 소변 실수의 형태가 스프레이인지 스쾃트인지를 확인하는 것과 동시에, 소변 테러가 일어나는 장소도 면밀히 체크해 봐야 합니다.

먼저 스프레이 형태는 스쾃트 형태에 비해 확실히 정해진 장소가 없는 경우가 많습니다. 스프레이 행위는 여기저기에 자신의 강력한 냄새를 남겨 두려는 것이 목적이기 때문이지요. 좀 더 선호하는 장소가 있을 수는 있지만, 스프레이는 그때그때의 필요에 따라 마킹의 목적으로 행해지는 경우가 훨씬 많습니다. 그런데 여기서 우리는 '왜 이 아이는 집 안에 자신의 냄새를 강력하게 남겨 놓으면서 안정감을 찾으려 하는 걸까?'를 생각해 봐야 합니다. 또한 여기저기에 자신의 영역 표시를 한다는 것을 호전적인 심리로만 접근하는 것도 무리가 있어요. 오히려 자신감이 떨어진 냥이가 존재감을 어필하기 위해 영역 표시에 열을 올릴 수도 있습니다. 아이가 다른 동거묘와의 관계에서 외로움이나 소외감을 느끼는지, 환경 변화로 인한 불안감으로 자신감이 결여되었는지 등을 되짚어 볼 필요가 있습니다.

장소가 랜덤이면서 스쾃트 형태로 개방된 곳에 소변을 본다면, 화장실을 이용할 수 없는 불안한 심리 상태일 확률이 높습니다. 다른 누군가의 눈치를 보면서, 혹은 적이 나에게 오는 것을 지켜보면서 최대한 빠르게 볼일을 봐야 하는 상황일 수 있는 것이지요. 스쾃트 형태는 스프레이 형태에 비해 소변 테러를 하는 장소가 정해진 경우가 많습니다. 어떤 이유로 인해 화장실을 사용할 수 없는 고양이가 자기 나름의 화장실로 정해 두고 사용하는 장소이기 때문입니다.

화장실 문제 행동 수정

화장실 문제 행동은 대부분 다묘 가정에서 일어납니다. 독립적인 생활 패턴을 가진 영역 동물인 고양이가 밀집된 장소에서 생활하면서, 다른 고양이와 원치 않는 잦은 부딪힘과 불만으로 인해 화장실 문제 행동이 생기는 것이지요. 지금부터는 앞에서 이야기한 화장실 문제 행동의 유형별 해결 방법을 살펴보도록 하겠습니다.

특정 물건에 소변을 보는 고양이

스크래쳐나 장난감 등의 특정 물건에 소변을 보는 행동은 스프레이입니다. 이것은 내 것이라고 찜하거나, 혹은 낯선 냄새를 익숙하게 만들기 위한 마킹 행동입니다. 고양이는 마킹을 하기 위해서 불편하게 물건 위에 쪼그리고 앉아 소변을 보는 것이 아니라 간편하게 스프레이를 합니다.

개선 방법 1

밥 먹는 자리에 소변 테러를 하는 아이가 있다면, 그 자리를 가장 많이 사용하거나 소변 테러가 일어나기 직전에 그 자리를 사용했던 다른 냥이를 확인해 보세요. 그리고 소변 테러를 한 아이와 다른 냥이의 관계를 체크하세요. 이는 관계 개선에 중점을 두어야 하는 경우입니다.

개선 방법 2

스크래쳐나 캣타워, 또는 장난감 등 새로 뭔가를 사기만 하면 그 위에 소변을 본다면, 이 아이는 낯선 냄새에 거부감을 느끼는 경우입니다. 이런 경우에는 냥이의 물품을 최대한 오래 사용할 수 있는 것으로 마련하세요. 그리고 새로 산 물건을 아이에게 주기 전에 집사님이 입던 옷이나 아이가 평소 사용하던 방석을 올려 두고 며칠 다른 방에 두었다가 주거나, 펠리웨이 스프레이를 사용해 보세요. 냥이가 새로운 물건에 관심을 보인다면 간단한 트릿을 먹이 보상으로 주면서 좋은 기억을 함께 연결해 주세요.

✢ 개선 방법 3

특정 캣타워나 숨숨집, 방석 등에 테러를 하는 고양이가 있다면 스프레이 형태인지 스쿼트 형태인지를 먼저 확인하세요.

호전적인 냥이는 주로 스프레이 형태의 소변 테러를 보이며, 이곳을 뺏기기 싫거나 다른 냥이가 이곳을 사용하는 게 싫은 심리입니다. 역시 관계 문제가 그 원인이지요.

소심한 냥이는 캣타워 구석 쪽 꼭대기나 숨숨집 등에 스쿼트 형태로 테러를 합니다. 이 부류의 냥이는 여기를 화장실로 쓸 수밖에 없는 상태에 있는 소심이가 대부분으로, 집 안을 마음 편히 돌아다니는 것에도 제약이 있는 경우가 많으며, 냥이들의 관계가 아주 좋지 않은 경우에 해당합니다. 이럴 때는 공격당하며 활동이 위축된 아이의 공간을 따로 마련해서 공간 분리부터 새로 시작해 주세요. 더욱 체계적인 관계 개선이 필요한 상황입니다.

특정 장소에 용변을 보는 고양이

✢ 개선 방법 1

아파트 1층이나 단독 주택에 사는 분이 키우는 고양이 중에 거실 창 주변으로 소변 테러를 자주 하는 아이가 있습니다. 바깥의 길냥이의 모습을 자주 보게 되는 실내 고양이가 자신의 영역을 공고히 하기 위해서, 바깥이 보이는 창이나 벽 쪽에 스프레이 행동을 하는 것이지요. 이런 상황에서는 블라인드나 커튼을 이용해서 길냥이의 모습을 볼 수 없게 해 줄 필요가 있습니다. 그리고 거실 창문 쪽에 평판형 화장실을 마련해 두는 것도 약간의 도움이 될 수 있어요. 이 문제를 보다 근본적으로 해결하는 방법은, 바깥에 고양이가 출현할 때마다 집고양이에게 먹이 보상을 주면서 거부감을 줄이는 것입니다.

개선 방법 2

화장실이 아닌 정해진 장소에 스콰트 형태의 소변을 보는 고양이의 대부분은 화장실을 사용하기 싫거나 갈 수 없는 경우입니다. 이러한 아이를 위해서 화장실 환경을 최적화하고, 냥이들의 관계 개선에도 총력을 기울여 주세요. 우선 아이들이 화장실로 사용하는 바로 그 위치에 화장실을 배치하세요. 기존 화장실을 옮기는 것보다는 새로운 화장실을 하나 더 마련해 주는 것이 좋습니다. 이곳에 화장실을 계속해서 둘 수 없는 상황이라면 냥이에게 새로 마련한 화장실 사용을 유도한 후에, 사용이 익숙해지기 시작하면 아주 조금씩 장소를 옮기면서 다른 곳에 화장실을 정착시킵니다.

소변 테러를 하는 곳에 화장실을 놓아 줄 수 없는 상황이라면, 이 장소를 화장실로 인식하지 않도록 인식 변경을 해 줄 필요가 있어요. 가장 좋은 방법은 이곳을 밥 먹는 자리로 만들어 주는 것입니다. 그냥 밥만 가져다 놓으면 냥이들에게 인기 없는 식당이 될 수 있기 때문에 먼저 기초 작업을 해야 합니다. 우선 락스나 유린오프 등의 세정제를 사용해서 소변 냄새를 깨끗하게 지워 주세요(개인적으로 락스보다는 유린오프 등의 세정제를 더 추천합니다). 깨끗하게 청소하고 펠리웨이 스프레이도 뿌리고, 펠리웨이 훈증기 타입을 그 장소 가장 가까운 곳에 꽂아 줍니다.

침대 위나 소파처럼 밥 먹는 자리를 만들 수도, 화장실을 만들 수도 없는 장소라면 그 위에서 아이와 놀아 주세요. 놀고 나서 간식 보상도 그 장소에서 해 줍니다. 이 장소가 재미있는 시간을 보내는 장소라고 인식되도록 충분하게 놀이 시간을 가져 주세요.

침대나 소파 위에 소변 테러가 시작되었다면 소변본 위치의 냄새를 최대한 깨끗하게 제거하고, 방수 원단으로 커버를 씌우는 것을 권장합니다.

고양이가 화장실로 이용하는 장소의 가구 배치를 바꾸고, 그 장소에 화장실을 하나 놓아두는 것도 도움이 될 수 있습니다. 가구 배치가 바뀌면 냥이가 화장실 환경이 바뀐 것으로 인식할 수 있기 때문입니다. 그런데 가구 배치를 바꾸는 방법은 냥이에 따라서 전혀 효과가 없기도 합니다. 집에 있는 소변 테러 냥이가 새로 산 스크래쳐나 물건 등에 스프레이를 하는 성격을 가진 아이라면, 오히려 배치를 바꿔 환경에 변화를 주는 것이 거부감을 갖게 할 수도 있습니다.

개선 방법 3

화장실 문제 행동이 심각하다면, 문제 행동이 일어나는 환경을 불편하게 만들어 주는 방법도 있습니다. 예를 들어, 이불이나 침대, 소파 등 푹신한 곳에 소변을 보는 아이의 경우 소파나 침대 위에 비닐 재질의 커버를 씌워 주면, 그 장소에 소변을 보는 행동이 눈에 띄게 줄어듭니다. 비닐 재질이 낯설고 불편하기 때문이지요. 소변 테러를 하는 냥이가 있다면 패브릭 소재의 소파는 추천하지 않습니다. 냄새가 스며드는 것도 문제지만, 인조 가죽이나 가죽 소재에 비해 패브릭 소재는 화장실 문제 행동이 있는 냥이가 선호하는 재질입니다.

이외에도 행동 수정 기간 동안 냥이가 소변 테러를 자주 하는 장소의 접근을 차단하는 방법도 있습니다. 침실을 개방하지 않는 것 등이 이에 해당하는데, 이 방법이 아이의 격리를 의미하지는 않습니다. 화장실 문제 행동 수정은 스트레스 원인을 해결하고 다른 긍정적인 행동을 유도함으로써 문제 행동의 빈도를 줄여 나가는 방법이어야 합니다. 소변 테러를 한다고 아이를 격리하는 방법은 결코 도움이 되지 않습니다. 특정 장소 접근을 차단하는 이유는, 그 장소와 용변 행동을 연관시킨 아이의 인식이 개선되는 동안 행동을 촉발하는 그 장소를 공개하지 않는 것이 목적임을 기억해 주세요.

다양한 장소에 용변을 보는 고양이

개선 방법 1

정해지지 않은 장소에 스쾃트 형태의 소변을 보는 경우에 소변량이 적다면, 우선 가장 의심되는 것은 방광염 등의 질환입니다. 이러한 경우 냥이의 평소 화장실 행동과 컨디션을 잘 살펴보고 동물 병원을 방문해 주세요. 그러나 바닥에 고인 형태의 소변량이 정상이고 장소가 랜덤이면, 그 아이는 동거묘로부터 괴롭힘을 당하는 소심이인 경우가 많습니다. 이 아이는 자신을 괴롭히는 냥이로 인해 편하게 화장실을 사용할 수 없기 때문에, 적을 살필 수 있는 곳에서 빠르게 소변을 보고 자리를 피하는 행동을 합니다. 많은 집사님은 이런 상황에서 괴롭힘을 당하는 아이가 화장실을 갈 거 같으면 아이를 안아서 화장실에 넣어 주기도 합니다. 그러나 이 방법은 궁극적인 해결책이 되지 못해요.

이 상황에서 가장 우선되어야 하는 것은 관계 개선입니다. 냥이들 관계의 심각성에 따라 각자의 공간 분리부터 새로 시작해서 관계를 개선해 주세요. 사이가 심하게 나쁘지는 않은데 화장실 이용 시에만 서로 충돌이 있다면, 괴롭힘을 당하는 아이가 화장실을 갈 때 그 아이를 괴롭히는 아이와 놀아 주면서 관심을 돌리세요. 모든 행동은 반복하면서 구체화되기 때문에 이렇게 괴롭히는 냥이가 화장실을 따라가지 않고 집사님과 다른 행동을 하게 해 주면, 화장실을 따라가는 행동도 점차 줄어들게 됩니다. 물론 이 역시도 두 아이의 관계 개선 노력이 병행되어야 합니다.

개선 방법 2

랜덤 장소에 스프레이 형태로 소변을 보는 상황은 고양이가 영역 표시에 열을 올리고 있다고 볼 수 있습니다. 이 또한 냥이들의 관계 개선에 힘써야 하는데, 이런 상황에는 특히 펠리웨이 훈증기 타입이 도움이 될 수 있습니다. 아이들이 자주 있는 곳을 중심으로 현재 화장실이 놓여 있는 곳과 밥 먹는 자리를 피한 장소에 펠리웨이를 꽂아 주세요. 또는 스프레이 한 곳을 깨끗하게 청소한 후에 펠리웨이 스프레이 타입을 뿌려 줍니다.

스프레이 장소 청소법

펠리웨이는 소변 냄새 자체를 없애지는 않습니다. 펠리웨이는 고양이가 안정감을 느끼는 '좋은 향'이지요. 어떤 분들은 고양이가 스프레이한 곳에 고양이가 싫어하는 레몬향 등을 뿌리기도 하는데, 고양이가 싫어하는 기피향을 이용하는 것은 소변 테러 개선에 크게 도움이 되지 않습니다. 안 그래도 마음에 안 드는 냄새를 자기 소변으로 가리려는 아이에게 싫은 냄새를 뿌려 소변 냄새를 덮는 것은 효과적이지 못합니다.

세정제를 이용해서 스프레이한 곳을 깨끗하게 닦고 펠리웨이 스프레이를 뿌려 주는 것이 훨씬 효과적입니다. 캣닢을 뿌리는 것도 크게 도움이 되지 않아요. 아이들에 따라서 캣닢에 흥분해 스프레이를 하는 일도 있기 때문입니다. 확실한 냄새 제거를 하고 냥이가 좋아하는 향이 나게 해서, '여기다가 쉬하면 안 되겠다.'라고 인식하게 만드는 것이 좋습니다.

피해야 하는 개선 방법

화장실을 사용하게 하려고 소변 테러를 하는 고양이를 화장실에 데려다주는 방법은 행동 개선에 큰 도움이 되지 않습니다. 집사님이 반복해서 아이를 일부러 화장실로 데려다주는 행동은(특히 스프레이 행동을 하는 냥이의 경우) 오히려 화장실에 대한 거부감만 더 커지게 합니다. 어떤 고양이는 화장실 근처에서 집사님과 편안한 시간을 보내다가 화장실 모래를 삽으로 뒤적거리면, 스스로 화장실로 들어와 용변을 보는 아이도 있습니다. 이렇게 유도할 수 있는 상황이 아닌 이상, 냥이를 억지로 화장실에 데려다 놓고 사용을 유도하는 것은 성공하기 힘듭니다.

야단치기는 이미 여러 차례 언급했듯이 모든 문제 행동 수정에서 비효율적인 방법입니다. 화장실 밖에서 용변을 볼 때 집사님이 화를 내면, 냥이는 용변 보는 것 때문에 화를 낸다고 인식합니다. 따지고 보면 고양이가 화장실 밖에서 용변을 보면 안 된다는 것은 우리가 정한 규칙입니다. 모래가 있는 곳에서 용변을 보는 것이 가장 편하기 때문에 그곳을 화장실로 사용하는 것이지요. 즉, 고양이가 화장실을 이용하는 것은 절대 우리가 화장실을 만들어 주어서가 아닙니다. 그래서 화장실 밖에서 용변을 보는 것 자체를 고양이에게 '옳다, 그르다'의 개념으로 이해시킬 수는 없습니다.

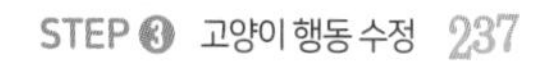

8
새로운 대상을 소개하는 방법

"고양이는 친구가 되겠지만
결코 노예가 되지는 않을 것입니다."

– 테오필 고티에

냄새 교환의 중요성

고양이의 SNS, 페로몬

고양이는 자신의 생존을 위해 페로몬을 적극적으로 활용합니다. 페로몬은 고양이의 뺨과 턱, 발, 그리고 엉덩이 주변에서 분비되는 화학 물질입니다. 이 페로몬 향기는 오직 고양이들만이 해석할 수 있는 정보 공유의 도구이자, 심리적인 안정의 수단이에요. 뺨과 턱에서 분비되는 페로몬은 고양이 스스로 심리적인 안정감과 익숙함을 느낄 수 있게 도와주며, 항문 주변에서 분비되는 페로몬은 영역 표시와 발정기 때 짝을 찾는 데 사용됩니다. 또한 고양이는 스크래칭 행위를 하면서 기둥이나 바닥에 발바닥에서 분비되는 페로몬을 묻혀, 생활 영역에 자신의 존재를 알리기도 해요.

수유 중인 어미의 가슴 주변에서 나오는 페로몬은 새끼들끼리의 심리적인 안정감과 유대를 돕습니다.

스트레스나 불안감을 가지고 있는 고양이는 여러 방법으로 페로몬을 분비하여 자신의 감정 상태를 다른 고양이에게 전달하기도 합니다. 때때로 소변 스프레이를 할 때 자신의 페로몬을 함께 배출하기도 하고, 항문낭의 분비물을 페로몬과 함께 배출하기도 합니다. 즉, 고양이는 신체 각 부위에서 페로몬을 생성하고 퍼트림으로써 안정을 도모하며, 다른 고양이와 교류하고 자신의 상황을 알리기도 합니다.

상대를 파악하는 후각 기능

사냥꾼인 고양이가 적에게 자신의 냄새를 들키지 않기 위해 가지고 있는 여러 습성들(꼼꼼한 그루밍으로 자신의 몸에 있는 낯선 냄새를 지우는 행동, 화장실에서 용변을 보고 모래로 파묻는 행동 등)을 통해, 고양이에게 냄새 정보가 중요한 부분을 차지하고 있다는 것을 알 수 있습니다. 그런데 강아지와 비교해 보면, 고양이의 후각 기능은 조금 다른 방향으로 발달했어요. 대표적인 예는 고양이가 강아지보다 더 발달된 서비골 기관을 가지고 있다는 사실입니다. 튜브 모양의 비구개관 한 쌍이 윗니 뒷부분에서 코까지 연결되어 있는데, 그 중간에 서비골 기관이 액체 주머니 형태로 달려 있습니다. 고양이는 이 기관을 통해 입을 벌려서 한 번에 많은 냄새 정보를 파악할 수 있지요. 고양이가 마치 숨을 크게 들이쉬는 것 같은 표정으로 냄새를 맡는 행동을 '플레멘 반응'이라고 합니다.

플레멘 반응은 고양이의 일반적인 냄새 맡기가 아닌 사회적인 의미로서, 상대방의 냄새 정보를 파악하는 행동입니다. 실내 고양이는 이따금 다른 고양이가 해 놓은 소변 스프레이 냄새를 맡았을 때 플레멘 반응을 보입니다. 어떤 경우에는 자신의 몸을 그루밍하다가 항문이나 생식기 주위를 핥고 나서 플레멘 반응을 보이기도 합니다. 고양이는 경계심이 강하고 사회성이 높지 않은 성격을 가진 동물이기 때문에, 직접 다가가 냄새를 맡는 위험을 감수하는 것보다 상대방이 남긴 냄새를 통해 간접적으로 상대방의 정보를 파악하는 방법을 선호하는 것이지요. 그리고 자연에 사는 고양이는 짝짓기 시기에 주위 곳곳에 묻혀진 냄새를 통해 다른 고양이의 정보를 수집합니다. 실제로 암컷 고양이는 소변 냄새만으로도 수컷 고양이의 많은 정보를 얻을 수 있으며, 심지어 냄새만으로 수컷 고양이의 건강도 구별해 낼 수 있습니다. 수컷 고양이 역시 주변의 냄새 정보만으로 이 주변에 발정 난 암컷 고양이가 살고 있는지를 파악할 수 있어요. 그뿐만 아니라 고양이는 플레멘 반응을 이용한 냄새 정보를 파악하여 서로 근친 교배를 피할 수도 있습니다.

고양이의 후각 기능은 이처럼 사회적인 측면으로 발달하였기 때문에, 낯선 환경이나 동물을 접하기 전 고양이에게 먼저 간접적인 방법으로 냄새 정보를 전달해 주는 것이 매우 중요합니다. 낯선 고양이들이 정식으로 마주하기 전에 냄새로 서로의 정보를 충분히 파악하고 만나게 되면, 경계심과 적대감을 많이 줄일 수 있습니다. 또한 함께 사는 동거묘와 사이가 좋지 않을 때, 서로의 냄새를 좋은 기억이나 경험과 결부시켜 새롭게 인식시켜 주는 방법으로 관계 개선을 도울 수도 있습니다.

고양이 소개하기

기존 고양이에게 새로운 고양이를 소개하는 합사 과정은 때때로 쉽지 않은 여정이 됩니다. 영역 동물인 고양이의 성격적인 특성상, 자신의 영역에 새롭게 등장한 다른 동물을 처음부터 호의적으로 받아 주지 않기 때문입니다. 그래서 고양이들을 합사할 때는 격리를 하고, 얼굴을 조금씩 보여 주고, 냄새를 교환해 주는 등의 단계들을 신중하게 따라가는 것이 좋습니다.

처음 만난 고양이들을 인사시켜 주는 합사 과정에는 여러 방법이 있지만, 그중에서 방묘문을 이용한 방법을 추천합니다. 새로 만난 냥이들을 이동장에 넣어 조금씩 얼굴을 보여 주는 것이나, 아크릴 박스를 이용해 만나게 하는 것은 추천하지 않아요. 이동장이나 아크릴 박스에 들어간 냥이는 거부감이 심하고 극도로 위축된 상태입니다. 이런 심리 상태에서 다른 고양이의 얼굴을 보게 하는 방법은 효과적일 수 없습니다. 그리고 이 방법의 가장 큰 단점은 이렇게 해서는 냥이들을 오래 만나게 할 수가 없다는 거예요. 이동장이나 아크릴 박스에 오래 머물 수 없으므로 길어야 하루 10분 정도만 얼굴을 보여 주고, 간식 먹고 다시 공간이 분리되는 이 방법으로는 결코 친화적인 유대감을 형성할 수 없습니다.

고양이에게는 첫인상이 굉장히 중요합니다. 사이가 나쁜 고양이들은 대부분 합사 때부터 사이가 좋지 않았던 아이들이에요. 그렇기 때문에 신중한 합사 진행은 정말 중요합니다. 너무 빨리 격리문을 열면 싸우게 되고, 너무 늦게 열면 서로 융화되지 못합니다. 그리고 이 합사 과정이 무조건 길다고 해서 좋은 것이 아니에요. 합사에서 가장 중요한 것은 전략입니다. 그래서 저는 합사를, 최단기간에 최고의 효율을 뽑아야 하는 고도의 타이밍 게임이라고 말합니다.

합사 전 필수 아이템

고양이들의 합사를 진행하기 전에 몇 가지 준비해야 할 것이 있습니다. 첫 번째는 고양이 페로몬 제재 펠리웨이인데, 스프레이가 아닌 훈증기 타입을 이용하세요. 펠리웨이는 낯선 상황에 놓였을 때 긴장되고 경계심이 생긴 고양이가 심리적으로 예민해지는 것을 줄여 줄 수 있습니다. 사이가 나쁜 아이들의 관계 개선을 위해서라면 펠리웨이 프렌즈나 멀티캣을 권하지만, 합사할 때는 처음부터 멀티캣을 쓰지 않아도 됩니다. 펠리웨이 클래식이나 컴포트존 등으로 심리적인 안정감을 주는 것으로 시작하면 됩니다. 첫 한 달은 펠리웨이 클래식을 사용하고, 그다음 달부터는 멀티캣이나 프렌즈를 사용해 주세요.

두 번째는 방묘문입니다. 개인적으로 원목 방묘문보다는 높은 철제 방묘문을 더 권합니다. 가격이 저렴하기도 하고, 상대의 얼굴이 더 잘 보이는 구조로 되어 있기 때문입니다. 그리고 방묘문 사이로 냥이들과 함께 놀아 주는 과정이 필요한데, 그때 낚싯대를 안쪽으로 집어넣기에 철제 형태의 안전문이 좀 더 수월합니다. 안전문으로 방묘문을 설치했을 때는 꼭 윗부분 끝까지 커버할 수 있게 해 주세요. 격리기간은 고양이들이 서로 SNS를 주고받는 기간인데 이때 부실한 방묘문을 설치해서 방묘문이 무너지거나 하면, 아이들에게 나쁜 인식을 주는 상황이 발생할 수 있습니다. 그렇기 때문에 방묘문은 무조건 튼튼한 것으로 준비해 주세요. 원룸의 형태에 따라 방묘문 설치가 힘들 수도 있습니다. 그럴 때는 적어도 3단 정도의 케이지를 이용하거나, 책상이나 식탁 아래에 네트망을 둘러 격리 공간을 만들어서라도 냥이들의 공간을 분리해 줄 것을 권합니다.

올바른 합사 단계

1단계 - 격리방 선정

기존 아이들에게 별로 인기가 없는 장소나 오픈되지 않았던 곳을 새로 온 냥이의 격리방으로 지정해서, 기존 냥이가 자신의 주생활 공간이 차단되는 거부감을 줄여 주는 것이 좋습니다. 대부분 거실과 침실을 주요 활동 공간으로 사용하기 때문에, 침실은 새로운 아이의 격리 공간으로 적합하지 않습니다. 격리방을 정했다면 쾌적하게 꾸며 주고(밥, 물, 수직 구조물, 화장실, 스크래쳐, 장난감 등), 구석이나 가구 뒤로 숨지 못하도록 숨을 수 있는 곳은 다 막아 주세요.

그런 다음 숨숨집과 터널 등의 숨을 곳과 이동장의 문을 떼고 그 안에 폭신한 무릎 담요를 깔아 주어서 그곳을 숨숨집처럼 이용하게 해 주세요. 이렇게 하면 냥이가 숨숨집이나 터널 안에 숨어도 집사님이 아이를 관리하기가 수월합니다. 그리고 처음 며칠 동안은 새로 온 냥이의 화장실과 밥 먹는 자리를 문밖에서 보이지 않는 곳에 놓아 주면, 방묘문을 통해 바깥이 보여도 아이는 편하게 화장실을 가고 밥을 먹을 수 있습니다.

2단계 - 완전 격리 기간

본격적으로 합사를 하기 전에 기존 냥이와 새 냥이가 서로 얼굴을 못 보도록

고양이에게는 첫인상이 굉장히 중요합니다.
사이가 나쁜 고양이들은 대부분 합사 때부터
사이가 좋지 않았던 아이들이에요.
그렇기 때문에 신중한 합사 진행은 정말 중요합니다.

완전히 문을 닫아 두는 기간이 필요합니다. 그러나 이 완전 격리 기간을 너무 오래 할 필요는 없어요. 고양이는 이미 냄새로 새로운 존재가 집에 왔다는 것을 인지하고, 문을 닫아 뒀다고 해도 저 방에 몇 마리의 고양이가 있다는 것을 알 수 있습니다. 고양이들에게 완전 격리의 기간을 주는 목적은, 이 집에 나 말고도 다른 고양이가 있다는 사실을 냄새로 먼저 알려 주며 마음의 준비를 하게 하는 데 있다고 생각하세요. 결국 언젠가 고양이들은 서로 얼굴을 마주할 것이고, 그때 아이들은 다시 긴장하게 될 것입니다. 그래서 굳이 완전히 문을 닫아 두는 기간을 필요 이상으로 길게 지속할 필요는 없습니다. 게다가 완전 격리가 너무 길어지면 방 안에서 거주하고 있는 냥이의 스트레스가 점점 커질 수 있어요.

완전 격리는 2~3일 정도면 충분합니다. 서로를 향한 긴장감은 어느 정도 안정되었지만 상대방이 어떨지 궁금하긴 한 상태일 때, 방묘문 사이로 얼굴을 보게 하는 다음 단계로 진행할 수 있습니다. 완전 격리를 하는 2~3일 동안은 각각의 냥이가 사용하던 방석을 맞바꾸어 주면서, 상대의 냄새를 좀 더 직접적으로 맡아 보게 하세요. 이때 각자의 화장실에 서로의 배설물을 교환하는 것은 추천하지 않습니다. 그 정도까지 직접적으로 서로를 어필하긴 아직 이릅니다. 직접적으로 다른 고양이의 배설물을 화장실에서 발견하면 거부감이 커져서, 화장실이 아닌 곳에 용변을 보게 되는 아이도 있습니다. 너무 직접적이지 않도록 방석이나 서로의 얼굴을 닦은 수건 등을 이용해서 냄새 교환을 해 주세요. 이때 꼭 주의해야 할 것은, 다른 아이의 방석이나 수건의 냄새를 일부러 맡아 보라면서 아이 코앞에 들이밀지 않아야 합니다. 그저 무심하게 서로의 영역에 방석이나 수건을 두고, 근처를 지나다 냄새 맡고 싶을 때 맡게 하세요. 그리고 그 주위에 트릿 하나를 놓아두면 더 도움이 됩니다.

3단계 - 방묘문을 통한 상대방 확인

완전 격리 기간이 지났다면 이제는 방묘문을 열고 고양이들이 서로의 얼굴을 마주하는 단계로 진행합니다. 우선 방묘문을 중심으로 양쪽에 의자나 선반, 아니면 작은 캣타워 등으로 전망대를 만들어 주세요. 고양이는 높은 곳에서 아래를 내려다볼 때 안정감을 느끼기 때문에, 그 전망대에 올라가서 방묘문을 통해 서로를 관람하게 하면 많은 도움이 됩니다. 고양이는 호기심의 동물이며, '재가 좀 궁금한데, 재가 나한테는 관심을 안 가졌으면 좋겠다.'라는 것이 고양이의 심리입니다. 그래서 고양이는 낯선 상대와 만날 때 안전거리가 꼭 필요하며, 이때 높이까지 함께 이용해 주면 낯선 상대를 마주하는 것에 대한 두려움이 줄어들게 됩니다.

방묘문으로 얼굴을 마주하는 초기에는 서로를 향해 하악질을 하기도 하고, 어떤 아이는 방묘문 가까이에 가지 않기도 하고, 어떤 아이는 오히려 그 앞에서 진을 치고 감시를 하기도 해요. 그래서 어떤 집사님은 기존 냥이가 스트레스를 심하게 받는 게 눈에 보이니까 다시 방묘문을 이불로 덮어 놓고 후퇴를 합니다. 그러나 어떤 상황에 익숙해진다는 것은 그 상황이 주는 자극에 익숙해지는 것을 의미하기 때문에, 자극을 무작정 가리는 방법은 이 시기를 극복하는 데 도움이 되지 않아요. 초기에 서로를 마주하게 된 냥이들이 흥분해서 하는 행동에 집사님도 함께 동요하지 않아야 합니다. 아이들이 하악질을 할 때마다 집사님이 가서 달래면 하악질을 멈추는 데 오히려 시간이 더 걸립니다. 그리고 하악질은 나쁜 것이 아니라 서로를 향해 안전거리를 지키라는 고양이의 자연스러운 언어예요. 집사님이 무관심하다 보면 하악질도 줄어들게 됩니다. 하악질을 안 하고 잘 있을 때 아이들에게 간식을 던져 주면서 서로의 긴장감을 풀어 주세요. 너무 가까이 먹게 하지 말고, 방묘문을 중심으로 양쪽으로 간식을 던져서 얼굴은 보이되 거리는 떨어뜨려 주면 됩니다. 그렇게 며칠 더 지나 냥이들이 좀 더 안정을 찾으면, 이때 격리방 안의 밥 먹는 자리를 방묘문이 보이는 곳으로 옮겨 주세요. 밥 먹으러 오면서 더 자주 마주칠 수 있게 하는 것입니다. 이때 밥 먹는 자리를 너무 방묘문 가까이에 놓아두면 안 먹을 수 있으니, 방묘문이 보이긴 하지만 아주 가깝지 않은 곳에 놓아 주세요. 그리고 기존 냥이의 밥 먹는 자리도 적당히 떨어졌지만 방묘문 너머로 새로 온 아이의 얼굴이 보이는 곳에 다시 하나 만들어 주세요.

이 시기부터 장난감으로 방묘문을 사이에 두고 냥이들이 모이게 하면 관계에 더욱 도움이 됩니다. 낚싯대를 들고 방묘문 사이로 집어넣어 주면서 바깥쪽과 안쪽 아이들이 장난감에 관심을 가지며 서로 마주하도록 유도합니다. 그리고 도와줄 가족이 있다면 한 사람은 격리방 안에서 새로 온 고양이를 맡고, 다른 한 사람이 격리방 바깥에서 기존 고양이를 맡아 방묘문 사이로 서로 노는 모습을 볼 수 있게 하는 방법도 있어요. 노즈 워크 매트 2개를 이용해서 방묘문 사이로 서로 마주 보면서 노즈 워크에 숨겨진 트릿을 먹게 하는 방법을 사용할 수도 있습니다.

이렇게 방묘문을 사이에 두고 서로를 마주 보는 거리가 조금씩 줄어드는 시기부터 서로 방 바꾸기를 시도하는 것이 좋습니다. 하루 1시간 정도 새로 온 냥이를 다른 방에 두고 문을 닫아 주세요. 그리고 새로 온 아이가 있던 격리방 문을 활짝 열어 놓고 그 방 안에서 집사님이 기존 아이들과 놀이 시간이나 간식 시간을 가져 주세요. 새로 온 냥이의 냄새가 가득 밴 그 방을 기존 아이들이 냄새를 맡으면서 탐험하게 하세요. 기존 고양이가 격리방을 탐험하면서 새로 온 고양이가 사용했던 화장실에 들어가서 소변을 보고 나오는 행동은 충분히 긍정적인 것입니다. 자기 냄새를 남기고 오는 것은 편지를 써 두고 오는 것으로 생각할 수 있어요. 새로 온 냥이가 먹던 밥을 먹고 오는 것도 긍정적인 행동입니다. 만일 기존 냥이가 방 안에 들어오지

도 않고 방에서 아무것도 안 한다면, 아직 마음의 문을 열지 않은 상태입니다. 그렇게 기존 아이들이 새 아이의 방을 탐험하는 동안, 새 아이는 안방이나 다른 공간을 탐험하게 해 주세요. 매일 이렇게 꾸준히 하다 보면, 방묘문을 사이에 두고 서로 마주하는 기간이 일주일 정도 지나면서 안정기에 들어섭니다. 단, 위에서 언급한 것처럼 새로 온 냥이의 방에 들어가기도 싫어하고 정보를 탐색하는 것에 마음을 열지 않는 아이가 있다면, 방묘문을 사이에 두고 서로 마주 보면서 하는 놀이 시간에 좀 더 신경을 써야 합니다. 그리고 공간 분리 기간을 조금 더 늘리는 것도 좋아요. 일반적으로 방묘문으로 마주하기는 1주일에서 2주일 정도의 기간을 책정할 수 있습니다.

4단계 – 격리 해제 및 합사 시작

드디어 마지막 단계인 격리 해제 단계입니다. 이전까지의 과정은 모두 합사 준비 과정인 것이고, 이제부터가 합사입니다. 그렇기 때문에 격리를 해제하고 나서 첫 한 달 동안은 합사가 진행 중이라고 생각하는 것이 좋습니다. 격리가 해제된 후 집사님에게 가장 중요한 것은, 냥이들의 행동 언어를 모두 싸움이라고 생각하고 차단

✳

합사 후 초반 며칠은 때때로 살벌하고
긴장되는 분위기를 연출하기도 하지만,
서로에 대한 적대감은 점차 줄어들어요.
그러나 이 시점은
아직 합사가 완료된 것이 아니라,
상대에 대해 견적을 내는 탐색기입니다.

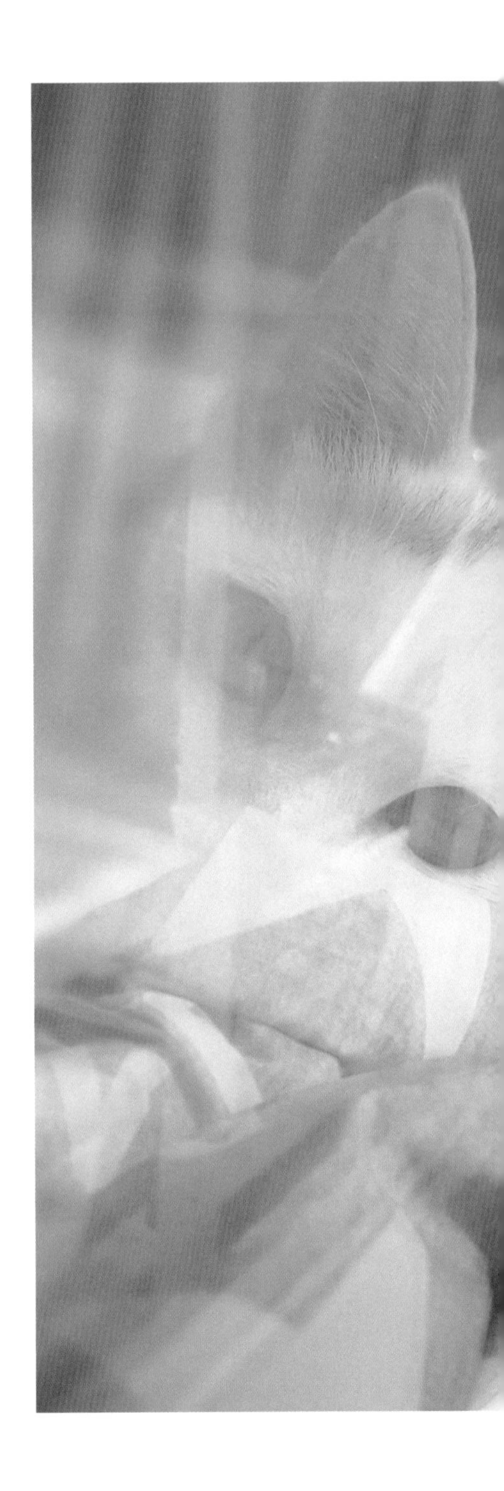

하지 않아야 한다는 것입니다. 고양이는 음성 언어와 행동 언어를 함께 사용하지요. 어떤 고양이는 상대방에 대해 알고 싶기 때문에 조용히 다가가 엉덩이 냄새를 맡기도 하지만, 어떤 고양이는 냥펀치를 날리면서 상대의 반응을 체크해 보기도 합니다. 그리고 서로 직접적으로 부딪혀 보면서 소리를 내서, 상대방이 행하는 신체 접촉의 강도를 조절하게 하기도 합니다.

그러나 고양이들이 싸우기 전의 상황으로 서로를 노려보며 대치하고 있다면, 이때는 집사님의 중재가 필요합니다. 집사님은 아이들 사이에 앉아서 시선을 차단하고, 장난감을 흔들거나 부드럽게 쓰다듬어서 서로에게 과하게 집중된 관심을 돌려 주세요. 만약 싸움이 일어났다고 해도 당황하지 말고 가볍게 두 아이를 떼어만 주세요. 한 아이가 다른 아이의 화장실을 따라갈 때도 말리는 것이 아니라 관심을 돌려 주는 식으로 중재해 주세요. 합사 후 첫 한 달은 아이들과 자주 놀아 주며, 함께 어울리고 함께 공간을 공유하는 연습을 꾸준히 해야 합니다.

합사 후 초반 며칠은 때때로 살벌하고 긴장되는 분위기를 연출하기도 하지만, 시간이 지나면서 서로에 대한 적대감은 점차 줄어들어요. 이 시기에 많은 집사님이 이제 합사를 완료했다고 마음을 놓게 됩니다. 그러나 이 시점은 합사 완료가 아니라, 냥이들이 상대방에 대해 견적을 내는 탐색기입니다. '재한테 마음에 안 드는 부분이 하나 있는데, 이걸 봐줄까 말까?'하고 고민하는 시간이라고 생각하면 됩니다. 이 탐색기는 냥이에 따라 짧으면 2~3주, 길면 한 달 이상도 지속되기 때문에, 이 기간에 아이들이 긍정적으로 함께 활동을 공유하는 시간을 멈추면 안 됩니다. 많은 집사님이 냥이들이 이제 좀 괜찮아졌다 싶으면 놀이에 신경을 덜 쓰게 되는데, 정말 중요한 시간이 바로 이 탐색기입니다. 이 시기에 냥이들이 서로에게 긍정적인 부분을 발견할 수 있도록 도와주어야 합니다.

고양이에게 다른 사람 소개하기

고양이에게 새로운 가족 구성원을 소개하는 경우가 생깁니다. 금방 마음을 열고 새 가족을 받아들여 주는 냥이가 있는가 하면, 마음을 열고 가까이 다가가기까지 많은 시간이 걸리는 냥이도 있습니다. 그 과정이 집사님의 생각만큼 쉽지 않다고 해도, 아이에게 계속 용기를 주고 상황에 대한 신뢰를 주세요. 좀처럼 마음을 열지 않는다고 해서 야단치거나 따로 격리하는 방법은 냥이가 집사님에게 가지고 있던 신뢰마저도 무너뜨릴 수 있습니다. 어쩌면 아이는 이미 최선을 다해 거리를 좁혀 가려고 노력하고 있을지도 모릅니다. 집사님이 냥이의 마음을 이해해 주고, 새로운 상황에서 오는 불안함과 외로움을 어루만져 주세요. 새로운 가족 구성원을 받아들이지 못해서 문제가 되는 냥이보다, 집사님의 배우자와 아기에게 기꺼이 마음을 열고 잘 지내는 냥이들이 훨씬 더 많습니다.

배우자 소개하기

우선 집사님의 배우자에게 고양이는 처음 보는 사람이 자신에게 지나치게 관심을 갖는 것을 좋아하지 않는 밀당의 고수임을 알려 주세요. 경계심이 높은 고양이라 할지라도 낯선 사람을 안전한 먼발치에서 구경하는 것은 꽤 흥미롭습니다. 고양이와 배우자가 처음 만났을 때 배우자는 무심하게 고양이에게 별다른 관심을 주지 않는 것이 좋아요. 시간이 지나면 멀리 숨어서 지켜보던 냥이가 조금씩 얼굴을 드러냅니다. 가까이 다가오진 않더라도 멀리서 얼굴을 보여 준다면, 아이가 관심을 가질 수 있도록 장난감을 흔들어 보세요. 그리고 집사님도 냥이가 좀 더 장난감에 관심을 가질 수 있도록 곁에서 도와주세요. 장난감으로 인해 조금 더 경계를 풀고 가까이에 왔더라도, 아이를 직접 만지려 하는 것보다는 트릿 한 알로 보상을 해 주는 것이 좋습니다. 그리고 이제는 트릿으로 거리를 좁혀 보는 거예요. 집사님은 이런 아이를 부드럽게 쓰다듬어 주면서 이 상황을 더 편안히 느낄 수 있도록 도와주세요. 냥이를 억지로 안아서 배우자 가까이에 앉히거나, 손으로 냥이를 만지도록 보호자님이 잡고 있지 마세요. 냥이가 좋아하는 장난감과 간식으로 아이의 환심을 살 수 있도록 곁에서 차분히 기다려 주세요. 고양이와 친해지는 것은 신중한 사람과 친해지는 과정과 같습니다. 냥이와 집사님의 배우자가 이렇게 조금씩 거리를 좁혀 가는 것을 시간을 두고서 반복하면, 아이는 이내 배우자의 냄새를 기억하고 경계를 풀고 다가올 수 있습니다.

'고양이는 자기를 싫어하는 사람을 좋아한다.'라는 말이 있습니다. 이 말을 더 정확하게 이야기하면, 고양이는 자기에게 큰 관심을 두지 않는 사람을 편하게 생각한다는 것입니다. 어느 정도 호감을 얻었다면 그때부터는 본격적으로 아이가 다가올 때 트릿으로 보상도 해 주고, 아이가 애정 표현을 한다면 부드럽게 쓰다듬어 주는 등의 스킨십을 시도해 주세요. 이때도 너무 과한 스킨십보다는 부드럽고 간결한 스킨십으로 시작하는 것이 좋습니다. 냥이가 가장 거부감을 덜 느끼는 뺨부터 시작해서 턱 아래, 머리 위, 그리고 등줄기로 스킨십의 범위를 넓혀 가세요. 간혹 배우자와 냥이가 친해지는 과정에서 경계의 표현으로 하악질을 하거나 으르렁 소리를 낼 수도 있습니다. 이때 하악질을 한다고 해서 집사님이 일부러 아이를 들어 올려 다른 방으로 옮기거나 하는 것은 좋지 않습니다. 하악질을 한다는 것은 상대방이 너무 가깝게 다가왔다는 뜻이기 때문에, 으르렁거리거나 하악질을 할 때는 조금 뒤로 물러나거나 스킨십을 멈추면 됩니다. 냥이가 표현하는 경계심의 음성 언어가 공격적인

것이 되지 않게 중재하는 것이 집사님의 큰 역할입니다. 그리고 다시 냥이가 안정을 찾고 스스로 상대방의 정보를 수집할 기회를 주세요.

고양이가 자주 있는 곳 주변에 옷가지를 놓아두고 아이가 지나가다가 스스로 그 냄새를 맡았을 때마다 먹이 보상을 하거나, 밥그릇 주위(너무 가깝지 않은 곳)에 옷을 두는 것도 좋은 방법이 될 수 있습니다(옷 냄새를 맡도록 일부러 아이 코앞에 옷을 들이미는 건 좋지 않아요). 배우자가 냥이에게 먹이 보상을 한 알씩 던져 주는 것으로 만남을 시작하는 방법도 좋습니다. 무엇보다 고양이의 마음을 얻는 가장 빠른 방법은 함께하는 사냥놀이라는 점을 꼭 기억하세요.

아기 소개하기

가정에 아기가 태어나서 고양이에게 아기를 소개해야 한다면, 가장 먼저 아기 방과 고양이의 거주 공간을 분리할 방묘문을 설치하세요. 고양이가 아기의 냄새 정보를 방묘문 바깥의 안전한 거리에서 수집하고, 조금씩 아기와 거리를 줄여 나갈 수 있도록 도와주세요. 아기가 태어나기 전에 미리 아기방에 방묘문을 마련해 두면 안전 문제를 해결할 수 있습니다. 간혹 어떤 보호자님은 아이가 태어나면 고양이를 방 한 칸에 격리하며 아이와의 만남을 준비하기도 합니다. 그러나 고양이는 자신이 활동하던 공간이 타의에 의해서 좁아졌을 때 스트레스를 느끼게 됩니다. 고양이를 격리하는 것보다 아기가 있는 공간을 고양이로부터 격리하며 시작하는 것이 훨씬 더 효과적입니다.

아이가 태어나고 집사님이 온 신경을 아기에게 쏟으면서, 상대적으로 고양이가 외로움을 느끼며 자주 울거나 식욕과 활동성이 줄어드는 등의 문제 행동을 보이는 경우가 많습니다. 아기에게 신경 쓸 일이 많아져서 이전만큼 고양이를 보살펴 주기 힘들 수 있습니다. 그러나 잠깐씩이라도 고양이와의 놀이 시간과 부드러운 스킨십의 시간을 꼭 가져 주세요. 신경을 많이 써 주지 못해 미안한 마음에 잦은 간식으로 고양이를 달래는 것보다, 친근한 만남의 시간을 자주 갖는 것이 고양이에게 더 안정감을 줍니다.

그리고 아기의 냄새가 밴 이불이나 옷가지 등을 방 밖에 놓아서 냥이가 그 냄새를 맡을 수 있게 하세요. 고양이가 스스로 냄새를 맡고 싶을 때 맡을 수 있도록 거실이나 자주 다니는 곳에 놓아 주기만 하면 됩니다. 고양이가 아기 냄새에 어느 정도 익숙해졌다고 생각되면, 방묘문을 사이에 두고 아기를 냥이에게 보여 주면서 그때 간식을 함께 제공해 주세요. 그다음 방묘문을 사이에 두고 아기를 가까이 눕히고 냥이와 장난감으로 놀아 주세요. 이렇게 해서 아기의 존재와 좋은 인식을 함께 연결시켜 주는 것입니다.

아기를 안고 방 밖으로 나왔을 때는 고양이가 아기가 있던 방에 들어가서 실컷 아기의 냄새 정보를 얻을 수 있게 해 주세요. 아기방 냄새를 맡는 동안 약간의 트릿으로 냥이에게 현재 상황을 먹이로 보상하면 더 도움이 됩니다. 아기가 방 밖으로 나와야 할 때는 울타리 높이가 충분히 있는 아기용 침대를 사용하세요. 아기의 침대에 관심을 갖고 가까이 다가갔을 때는 최대한 차분하게 옆에서 냥이의 행동을 지켜봐 주세요. 아기가 옆에 있을 때 냥이와 함께 놀이 시간을 가져 주는 것은, 냥이가 아기를 경쟁자나 침입자로 여기지 않고 평화로운 존재로 인식하게 하는 데 많은 도움이 됩니다. 고양이가 아기에게 가까이 다가가려 할 때마다 말리거나 야단치는 것은 냥이가 아기에게 좋은 인식을 갖는 데 도움이 되지 않습니다. 아기 곁에 갈 때마다 좋은 일이 생기고, 아기가 자신에게 어떤 위협도 되지 않는다는 것을 알게 되면, 고양이는 아기를 함께 살아가는 가족으로 받아들일 수 있습니다.

✳

✳

새로운 가족을 만났을 때 금세 마음을 열고
받아들이는 아이가 있는가 하면,
마음을 열기까지 많은 시간이 걸리는 아이도 있습니다.
그 과정이 쉽지 않아도 고양이에게
계속 용기를 주고 상황에 대한 신뢰를 주세요.

아기가 좀 더 자라서 기어 다니거나 걷게 되었을 때도 처음의 관계 형성이 잘 이루어졌다면 크게 문제 되는 일은 발생하지 않습니다. 다만 이때 집사님이 아기가 고양이를 거칠게 만지거나, 움켜쥐거나, 억지로 안는 등의 행동을 하지 않도록 지도해 주는 것이 중요합니다. 아기의 거친 스킨십을 견뎌 내는 고양이도 있지만, 예민하게 반응하는 고양이도 있고, 때에 따라서는 견디다가 싫다는 의사를 거칠게 표현하는 경우도 있습니다. 그래서 아기가 제대로 고양이를 쓰다듬고 만질 수 있는 교육이 이뤄지기 전까지는, 냥이를 함부로 만지지 않도록 곁에서 함께하는 것이 좋습니다. 실제로 처음 아기가 태어나서 냥이에게 인사시켜 주는 과정을 성공적으로 진행했지만, 아기가 자라서 고양이를 만지게 되면서부터 과격한 핸들링으로 인해 냥이가 예민하게 변하는 상황이 종종 발생합니다. 심한 경우 보호자님이 고양이를 격리하게 되고, 갇힌 고양이가 다른 문제 행동을 보이는 상황으로 발전하는 사례도 있지요. 고양이가 아기에게 익숙해지는 훈련도 필수적이지만, 아기가 고양이를 올바르게 쓰다듬고 익숙해지도록 하는 교육 역시 꼭 필요합니다.

고양이와 강아지의 만남

고양이와 강아지의 합사도 다른 고양이를 소개하는 것처럼, 공간 분리 기간을 거쳐 서로 간접적으로 마주할 수 있는 시간을 주면 됩니다. 새로 온 아이가 격리방에서 생활하는 것부터 시작하세요. 많은 집사님이 고양이와 강아지는 서로의 신체 언어가 다르기 때문에 합사에 더 어려움이 있지 않을까 걱정하기도 합니다. 사회성이 높은 강아지는 직접적으로 상대방에게 다가가 냄새를 맡으려고 하지만, 고양이는 적정 기간 멀리서 지켜보는 방법으로 천천히 상대방을 알아 가는 성격을 가지고 있지요. 그렇기 때문에 공간 분리 기간에 고양이가 최대한 안정적인 분위기에서 강아지를 관찰할 수 있게 해야 합니다. 또한 격리문이 열린 초기에 고양이가 강아지로부터 충분히 거리를 둘 수 있는 구조가 필요해요. 고양이가 아주 어릴 때부터 강아지와 함께 살지 않았다면, 고양이와 강아지가 아주 친밀한 관계로 발전할 확률은 낮습니다. 그러나 성묘와 성견이 만났다고 해도 적절한 합사 과정을 거치며 서로 안정적으로 알아 가는 단계를 밟으면, 충분히 실내 공간을 평화롭게 공유하며 살아갈 수 있습니다.

격리문을 해제한 후 고양이와 강아지가 처음 직접적으로 마주하기 전에, 강아지에게 하네스를 해서 집사님이 상황을 통제해야 합니다. 처음 강아지와 고양이가 마주하게 되면 강아지는 직접적으로 고양이에게 달려들거나 짖는 등의 행동을 하게 됩니다. 이때 집사님이 차분하게 대처하지 않으면 강아지의 흥분 행동은 더욱 강화됩니다. 따라서 처음에는 고양이와 충분히 떨어진 거리에서 집사님이 강아지의 가슴 줄을 잡고 서 주세요. 그리고 가슴 줄을 잡고 트릿으로 강아지를 유도하면서 방 안 이곳저곳을 산책해 주세요. 강아지가 고양이에게 다가가려고 하면, 집사님이 차분하게 강아지의 앞을 막아서면서 강아지와 고양이의 안전거리를 지켜 주면 됩니다. 이때 고양이가 조용히 캣타워 위나 먼발치에서 강아지를 지켜보게 하세요. 강아지와 간단한 실내 산책을 끝내고 나면, 집사님은 거실에 강아지와 자리를 잡고 편안히 앉아 주세요. 그리고 강아지의 가슴 줄을 가구 한 곳에 고정하고, 집사님은 강아지를 지켜보고 있는 고양이에게 가서 간식 보상을 한 조각씩 주세요. 최대한 차분한 상태에서 서로를 대면하게 하는 것입니다. 강아지가 자리에 편히 앉아 있다면 고양이는 강아지 주변으로 냄새를 맡으러 오기도 합니다. 그럴 때 집사님은 강아지를 쓰다듬으면서 흥분하지 않게 안정시켜 주거나, 트릿을 한 조각씩 주면서 자기 주변으로 다가온 고양이에게 강아지가 흥분 행동을 하지 않게 해 주세요. 매일매일 조금씩 시간을 늘려 가며 이렇게 서로 평화롭게 마주하는 세션을 가져 주세요.

강아지와 고양이의 합사 과정이 갖는 가장 큰 장점으로, 강아지와 고양이가 사용하는 공간이 다르다는 점을 들 수 있습니다. 고양이는 수직과 수평 공간을 모두 사용하는 반면 강아지는 수평 공간만을 사용하기 때문에, 고양이가 강아지를 피해 올라갈 수 있는 충분한 수직 구조물이 있다면 더욱 원활하게 합사할 수 있습니다. 강아지와 고양이를 함께 반려한다면 더 다양한 형태와 개수의 캣타워나 수직 구조물을 마련해 주세요. 대다수의 강아지는 수평 공간에서 고양이를 만났을 때 과격하게 뒤쫓는 행동을 합니다. 이럴 때 충분하게 마련된 수직 공간은 고양이가 안전하게 도피하는 데 효과적입니다. 강아지가 고양이를 뒤쫓을 때 집사님이 강아지의 행동을 강하게 차단하면, 오히려 강아지의 흥분 행동이나 짖음이 더욱 강화될 수 있습니다. 따라서 집사님은 차분하게 상황을 지켜봐 주고, 고양이가 안전하게 위쪽으로 도피할 수 있는 수직 도주로를 평소에 구상해 주는 것이 바람직합니다. 그리고 절대다수의 강아지가 제한 급식을 하는 것에 비해, 절대다수의 고양이는 자율 급식을 하고 있어요. 따라서 고양이를 위해 자율 급식을 한다면, 캣타워나 수직 구조물의 높은 곳에 고양이를 위한 밥그릇과 물그릇을 마련해 줄 수 있습니다. 집사님은 평상시에도 고양이가 수직 구조물에 자주 오를 수 있도록 그곳에서의 간식 먹기나 놀이를 유도하여, 고양이가 위기 상황에서도 재빨리 수직 구조물을 이용할 수 있게 도와주는 과정도 필요해요. 어떤 고양이는 당황했을 때 수직 구조물로 도피하지 못한 채 구석에 몰려 강아지에게 으르렁대며 서로 대치하는 경우도 발생합니다. 고양이가 평소에 자주 수직 구조물을 이용하게 유도하는 것은 생각보다 중요합니다.

고양이와 강아지의 합사 과정에서 가장 큰 어려움은 고양이의 움직임에 강아지가 짖음으로 대응하고, 그 짖음에 고양이가 날카롭게 반응하는 상황이 발생하는 경우입니다. 따라서 고양이가 움직이는 모습에 강아지가 반응하지 않게 훈련하는 과정이 필요합니다. 가령, 고양이를 캣타워에 올라가게 하고, 그 위에서 장난감으로 놀이를 유도하세요. 고양이의 움직임에 강아지가 짖거나 했을 때는 무시하고, 짖음을 멈췄을 때는 강아지의 등 뒤로 간식 보상을 한 조각 던져 줍니다. 그리고 다시 고양이와 놀이를 시작하세요. 같은 방법으로 강아지가 고양이의 움직임에도 짖지 않고 있을 때 간식 보상을 주어서, 고양이의 움직임에 강아지가 둔감해질 수 있도록 훈련하세요.

강아지와 고양이는 서로의 사냥 패턴이 다르기 때문에 놀이 방법도 현저하게 다릅니다. 제가 가장 많이 추천하는 강아지와 고양이의 단체 놀이 세션은 노즈 워크를 이용한 활동 공유 훈련입니다. 노즈 워크 매트를 2개 준비해서 거실에 충분히 거리를 떨어뜨리고 펼쳐 주세요. 하나는 강아지가 사용할 노즈 워크 매트이고, 다른 하나는 고양이를 위한 것입니다. 노즈 워크에 각자가 좋아하는 트릿을 숨겨서 각자 트릿을 찾아 먹게 하는 시간을 갖습니다. 아이들이 노즈 워크를 이용할 때 서로에게 많이 신경 쓰지 않는다면, 두 개의 노즈 워크의 위치를 조금씩 가깝게 옮기며 두 아이의 거리를 좁혀 봅니다.

강아지와 고양이의 합사에서도 역시 화장실 관련 문제로 인해 잦은 마찰이 생깁니다. 상당수의 강아지는 고양이의 변 냄새에 호기심을 갖습니다. 그리고 적지 않은 수의 강아지가 고양이의 변을 기꺼이 먹어 보기도 하지요. 동물에게 있어 한 번 촉발된 행동은 반복되기 쉽기 때문에, 초기에 강아지가 고양이 화장실에 드나들 수 없도록 하는 환경적인 장치가 꼭 마련되어야 합니다. 고양이 화장실 주변에 안전문이나 울타리를 설치하세요. 강아지가 뛰어넘을 수 없는 울타리 안에 화장실이 마련되면, 고양이는 강아지가 접근할 수 없으니 편하게 이용할 수 있습니다.

이렇게 고양이 화장실을 강아지로부터 차단된 곳에 둘 수도 있고, 고양이가 화장실을 사용할 때 강아지가 무관심한 행동을 하는 것을 강화하는 훈련을 할 수도 있습니다. 고양이가 울타리 안쪽에 마련된 화장실을 사용할 때, 집사님은 강아지에게 "앉아."를 지시합니다. 강아지가 자리에 앉으면 먹이 보상을 주고, 이어서 "기다려."를 지시합니다. 고양이가 볼일을 보고 나올 때까지 강아지가 앉아서 기다리면 먹이 보상을 주면 됩니다. 강아지의 성격에 따라서 고양이가 화장실 안에서 볼일을 보고 모래로 묻을 때까지 앉아서 기다리는 동작을 지속하지 못하는 경우도 있어요. 이럴 때는 다시 "앉아."를 지시하고 앉았을 때 먹이 보상을 주면서, 고양이가 화장실에서 나올 때까지 강아지가 앉아서 기다릴 수 있도록 훈련합니다. 고양이가 화장실을 이용하는 동안 강아지와 놀이를 해 주는 방법도 있습니다. 고양이가 화장실을 이용하는 동안 강아지의 관심을 돌리거나 "기다려."를 훈련시키는 장소는 고양이 화장실에서 충분히 떨어진 곳이 좋습니다.

키우는 강아지가 활발한 성격이거나 어린 강아지라면, 보호자님과 자주 산책을 나가서 운동이나 놀이를 해 주세요. 활동력이 우수한 강아지가 스트레스를 제대로 해소하지 못할 경우, 이 아이는 실내에서 움직이는 고양이를 상대로 에너지를 분출하며 흥분 행동을 보이게 됩니다.

고양이 심리 들여다보기

STEP 4

고양이의 건강한 소통을 위하여

1
경계심과 호기심을 동시에 느끼는 고양이

"고양이는 호기심이 많지만
그것을 인정하기 싫어합니다."

– 메이슨 쿨리

고양이의 경계심과 호기심

고양이는 자신의 영역을 기반으로 그 터전 안에서 생활하는 영역 동물입니다. 자연 속에서 사는 고양이 중에는 암컷을 찾아, 혹은 다른 이유로 영역을 떠나 이동는 경우도 있습니다. 그러나 고양이는 한 영역 안에서 생활하는 것을 기본으로 합니다. 이러한 영역 동물인 고양이는 자신의 생활 터전에 발생하는 낯선 변화를 경계하고 거부감을 느낍니다. 그리고 변화를 경계하는 고양이의 성향은 이들이 낯선 동물과의 접촉에 있어서 다소 낮은 사회성을 보이는 것에도 영향을 주지요. 물론 고양이도 어릴 적에 형제들과 함께 생활하고, 성묘가 되어서도 동료 고양이와 친밀함을 유지하는 등의 사회적인 교류를 합니다. 하지만 일반적으로 독립적인 생활 패턴을

다행히 경계심 높은 고양이의
적응력은 우리가 생각하는 그 이상이에요.
익숙하지 않는 것들에 대한
고양이의 호기심은 그들이 기꺼이
새로움을 탐색하는 것에 도전하도록 합니다.

갖고 있어 사회적인 교류 역량은 강아지와 비교해 많이 미흡해요. 고양이는 새로 만난 반려동물을 쉽게 받아들이지 않기 때문에 적정 기간의 탐색기와 적응기를 거쳐 상대에게 익숙해지는 시기가 반드시 필요합니다.

자연 속에서 생활하는 고양이의 생활 반경은 일반 실내 환경과는 비교할 수 없을 정도로 넓습니다. 고양이는 수평, 수직 공간을 모두 사용하며 평지에서 뛰어다니는 것은 물론이고 나무 위나 담벼락 위, 심지어 높은 지붕 위를 오르내립니다. 그러므로 고양이가 영역 동물이어서 좁은 공간에서 키우기 적합하다고 생각해서는 안 됩니다.

영역 동물인 고양이에게 강한 경계심만 있었다면 환경 변화에 적응하는 데 막

대한 지장을 주고, 지금까지 번식하며 생존하는 데 큰 장애가 되었을 겁니다. 그러나 다행히 고양이의 적응력은 우리가 생각하는 그 이상이에요. 고양이가 높은 경계심에도 뛰어난 생활 적응력을 보이는 가장 큰 이유 중 하나는 고양이의 왕성한 호기심입니다. 익숙하지 않은 것들에 대한 고양이의 호기심은, 그들이 기꺼이 새로움을 탐색하는 것에 도전하도록 합니다. 예를 들어, 물을 싫어하는 고양이가 수반에 담긴 물고기 장난감을 잡으려고 앞발을 물에 담그기도 하고, 집에 손님이 왔을 때 어딘가로 숨는 듯 보이지만, 몸을 숨긴 채 바깥 상황을 지켜보다 상황에 익숙해지면 하나둘씩 나와서 손님의 냄새를 맡아보기도 하지요. 이런 호기심을 이용하면 고양이도 충분히 다양한 훈련과 여러 가지 학습이 가능합니다.

고양이의 호기심은 생활의 활력과도 깊은 연관이 있습니다. 주변의 상황이나 사물에 대해 궁금해하는 것은 삶의 흥미와 밀접하게 관련이 있기 때문입니다. 언제나 똑같은 일상으로 무료함에 지친 고양이는 호기심이 떨어지게 됩니다. 그러면 놀이에도 무감각해지고, 활동력도 떨어지지요. 그러므로 고양이의 풍요로운 생활을 위해 평소에 호기심을 자극할 수 있는 환경적인 장치를 마련해 주세요.

판도라의 상자, 고양이 산책

집사님들은 이미 고양이 산책에 대한 강경한 반대 입장을 자주 접하셨을 겁니다. 그런데도 고양이 산책을 너무 쉽게 생각하는 분들이 종종 있지요. 저 역시 고양이 산책을 반대합니다. 하지만 고양이는 영역 동물이기 때문에 산책이 고양이에게 스트레스라는 의견에는 회의적입니다. 행복지수가 가장 높은 고양이의 삶은 외출냥이라고 단언할 수 있습니다. 외출냥이의 삶은 갖은 위험이 도사리고 있긴 하지만, 삶의 행복지수로만 보면 외출냥이가 최고일 수밖에 없어요. 외출냥이의 삶에는 아쉬운 것이 없으니까요. 그러나 현재 바깥의 생활 환경은 고양이의 행복을 위해 외출하는 삶을 내어 줄 만큼 안전하지 않습니다. 그렇기 때문에 외출냥이가 가장 행복하다고 확신하지만, 제가 키우는 고양이를 외출냥이로 키울 수는 없습니다. 대신 바깥 생활의 자유로움을 차단당한 냥이들에게 그에 상응하는 행복을 어떻게든 채워 주려고 많은 노력을 하고 있지요. 고양이를 키우는 모든 집사님이 그럴 것입니다.

몇몇 집사님은 키우는 고양이를 더 행복하게 해주기 위해 산책을 고려하기도 합니다. 그러나 고양이 산책은 엄청난 책임이 따르며, 절대 쉽게 생각할 수 있는 이벤트가 아닙니다. 때때로 고양이 산책은 냥이의 목숨을 담보로 하기도 하고, 냥이를 잃어버리는 경우도 많습니다. 그리고 이러한 위험성 이외에 쉽게 접근하면 곤란하다고 생각하는 또 다른 이유는, 산책을 좋아하게 된 고양이가 산책하러 나가지 못할 때 느끼는 좌절감입니다.

진짜 자연을 경험한 황홀함

자연에 있는 진짜 생명체들은 고양이에게 매혹적입니다. 물론 실내 고양이가 바깥 생활을 처음부터 바로 좋아하지는 않아요. 영역 동물인 고양이는 낯선 곳이 두렵고 긴장됩니다. 그러나 호기심이 강한 고양이는 이 낯선 긴장감이 적잖이 흥미롭기도 합니다. 더군다나 집사님과 함께하는 안전한 바깥나들이는 고양이에게 낯선 장소에 대한 두려움보다 호기심을 더 느끼게 합니다. 평소 활동력과 호기심이 적고 경계심이 많은 성격을 가진 고양이라면, 쉽게 산책을 좋아하기는 힘듭니다. 이러한 아이는 굳이 산책시킬 필요가 없는 것이지요.

그렇지만 안전한 바깥 생활의 경험이 축적되기만 한다면, 대부분의 고양이는 실내 생활보다 바깥 생활에 훨씬 더 매력을 느낍니다. 이건 본능이기 때문이에요. 쥐돌이 인형이 아닌 진짜 쥐가 있고, 새가 있고, 벌레가 기어 다니는 것을 봤다면, 처음에는 두려워하기도 하지만 이내 탐험을 시작할 겁니다. 꼬리를 잔뜩 내리고 벽에 붙어서 낮은 포복으로 다니다가, 이내 여기저기 기웃거리며 호기심을 드러냅니다. 그리고 이런 재미있고 안전한 산책을 완벽히 좋아하게 되면, 바깥세상은 언제나 이렇게 안전하고 재미있을 거라고 믿어 의심치 않게 됩니다.

길냥이들도 어릴 적에는 어미를 따라다니며 활동 반경이 좁지만, 크면서 활동 반경을 넓혀 가게 됩니다. 경험을 통해 안전한 영역의 경계를 조금씩 넓히는 과정이지요. 이와 똑같은 형태로 실내 고양이도 조금씩 산책의 범위를 넓혀 갑니다.

밖에서 사는 고양이는 당연히 실내에서 사는 고양이보다 위험할 수밖에 없습니다. 너무 많은 예기치 못한 변수들이 있으니까요. 특히나 도시의 고양이에게는 로드킬이라는 끔찍한 위험이 도사리고 있습니다. 하지만 안전이 전적으로 행복을 의미하진 않습니다. 같은 의미로 위험 확률이 높다는 것이 무조건 불행을 의미하진 않습니다. 그런데 고양이 산책의 문제는 다른 것에 있습니다. 안전한 산책을 경험하고 산책을 좋아하게 되었는데, 집사님은 애초에 냥이에게 매일 산책을 시켜 줄 계획이

아니었다면 어떤 일이 벌어질까요? 고양이는 조금만 심심해도 현관문 앞에서 득음이라도 할 것처럼 울기 시작하고, 집 안에서 하는 사냥 장난감 놀이가 시시해집니다. 물론 모든 냥이들이 다 그렇지는 않지만, 유달리 호기심이 월등하고 모험을 좋아하는 활발한 냥이는 산책에 쉽게 적응할 확률이 높습니다. 이러한 냥이가 진짜 산책을 좋아하게 되었을 때, 대부분의 집사님은 산책 가자고 심하게 보채면 그때서야 마지못해 산책을 나갑니다. 이 상황은 고양이에게 산책에 대한 간헐적 강화가 됩니다. 고양이의 입장에서 보면, 열심히 보채고 울다 보면 언젠가 한 번은 산책 잭팟이 터지는 것이지요.

산책을 좋아하게 된 고양이에게 생길 수 있는 또 다른 상황은 어떤 날은 하루 한 번만 나가면 금방 울음을 그쳤는데, 어떤 날은 나갔다 왔는데 밥 조금 먹더니 또 나가겠다고 보채는 것입니다. 비나 눈이 오면 나갈 수가 없는데 고양이는 하늘에서 뭐가 막 떨어지니까 신기해서 더 나가겠다고 보채지요. 냥이의 이러한 행동은 결코 감당하기 쉽지 않습니다.

산책의 위험성

그럼 이쯤에서 산책을 하면 어떤 돌발 상황이 생길 수 있는지, 그 돌발 상황의 가상 시나리오를 만들어 보겠습니다.

우리 집 냥이는 차분하고 산책도 좋아할 것 같아 함께 바깥으로 나갑니다. 집사님이 꼼꼼한 성격이라서 가슴 줄도 튼튼하게 하고, 외부 구충제도 바르고, 조용한 인근의 공원으로 한적한 시간을 택해 나갑니다. 처음 바깥에 발을 내디딘 냥이는 마치 유격 훈련을 하는 것처럼 바닥을 기고, 화단으로 바짝 붙어서 자꾸 화단 속으로 숨으려고 해요. 하지만 시간이 지나자 조금씩 허리를 펴고 여기저기 기웃거리며 걸음도 빨라지기 시작합니다. 혼자 여기저기 막 돌아다니기 시작한 모습을 보니, 아이가 산책냥이 기질이 있는 것 같아 흐뭇해집니다. 그런데 바로 그때 저쪽에서 강아지가 산책을 하면서 다가옵니다. 집사님이 다가오는 강아지를 보면서 긴장하고 있는데 막상 고양이는 차분하게 몸을 웅크리고 화단 쪽에 바짝 붙어서 움직이지 않고 있습니다. 살짝만 으르렁거리고 있어요. 집사님은 '아, 저 강아지만 잘 지나가면 괜찮을 거야.'라고 애써 맘을 가라앉히려고 노력합니다. 그 순간 강아지가 꼬리를 흔들며 냥이에게 다가오고, 결국 냥이를 보고 막 짖기 시작해요. 반갑다고 꼬리를 흔들고 격하게 짖으며 인사합니다. 그랬더니 우리 냥이는 정신줄을 놓고 튀어 오릅니다.

이와 같은 상황에서 많은 집사님이 고양이의 가슴 줄을 놓치게 됩니다. 가슴줄을 놓치지 않는다고 해도 많은 고양이가 가슴 줄이 끊어질 정도로 빠르고 강하게 튀어 오릅니다. 갑작스러운 돌발 상황은 고양이를 당황스럽고 두렵게 합니다. 습성 자체가 예민하고 민첩한 고양이는 이때 극도로 흥분하며, 집사님에게 심리적으로 의존하지 않습니다. 집사님이 다가오는 것조차 공포스러운 지경이 되는 것이지요. 집사님 손에서 벗어난 냥이는 화단 밑에 들어가서 눈을 똥그랗게 뜨고 집사님을 쳐다보면서도, 집사님이 다가가면 뒷걸음질로 숨는 경우가 대다수입니다. 가슴 줄을 해도 이 정도인데, 집 근처 잠깐 산책시켜 주는 거라며 그냥 안고 나왔다면 어떨까요? 아이를 잃어버리게 되는 겁니다. 자동차나 오토바이, 심지어 다른 길냥이를 갑자기 만나거나, 지나가는 사람을 만났을 때 등 갑자기 지나가는 그 어떤 돌발 상황에도 고양이는 패닉에 빠질 수 있습니다.

어떤 분은 산책냥이를 위한 완벽한 대비책으로 목에 방울을 달기도 합니다. 만에 하나 고양이를 잃어버렸을 때 방울 소리로 찾을 수 있는 대책을 준비한 것이지요. 방울뿐 아니라 어둠 속에서 빛이 나는 야광 인식표를 달아 주기도 합니다. 이 장치들은 고양이를 놓쳤을 때 빠르게 찾을 수 있게 도움을 줍니다. 그러나 만약 아이를 찾지 못한 경우라면 어떨까요? 방울을 달고 야광 인식표를 목에 건 아이는 다른 길냥이들의 표적이 되기 쉽습니다. 우리 아이가 다른 길냥이에게 흥미로운 사냥감이 될 수도 있는 것이지요. 아니면 가슴 줄을 통째로 놓쳐서 아이가 가슴 줄을 길게 단 채로 돌아다니면 어떨까요? 상황은 더욱 위험해질 수 있습니다.

무작정 산책을 시도하기 전에

고양이가 무료해 할 것 같아 산책을 고려한다면, 먼저 냥이가 실내에서 더 재미있게 놀 수 있게 노력해 주세요. 많은 집사님은 냥이가 현관문 앞에 자주 오는 이유를 밖에 나가고 싶어서라고 생각합니다. 그러나 현관문에 관심을 보이는 이유는 집사님을 기다리는 냥이가 가장 먼저 집사님을 만나는 장소이기 때문입니다. 그렇게 현관문 쪽으로 가까이 다가갔다가 우연히 현관문이 열렸을 때 바깥을 보게 되고, 호기심이 많은 고양이는 밖에 뭐가 있나 기웃거리기도 하지요. 이럴 때마다 집사님이 문을 조금 열어 주거나 현관문 밖을 구경하게 해 주면, 냥이는 조금씩 더 바깥쪽으로 발걸음을 내딛습니다. 집사님의 안전한 보호 감찰 아래에서, 현관문 바깥의 세상에 대해 두려움보다는 호기심을 갖게 되는 것입니다. 결국 냥이는 그냥 조금 궁금했을 뿐인데 바깥에 나가보고 싶다는 욕망을 집사님이 유도한 것이 됩니다.

우리의 현실적인 여건을 고려해 볼 때, 고양이 산책은 가장 마지막 옵션으로 보류해야 합니다. 최대한 실내 환경을 풍요롭게 바꿔 주고 함께 놀아 주면서, 실내에서의 만족도를 높여 주는 것이 더 좋습니다. 그런데 냥이가 이미 산책을 좋아한다면, 비나 눈이 오지 않는 이상 매일 나가 주세요. 그럴 자신이 없다면 아예 시작하지 않는 것이 좋습니다. 집사님이 평생 꾸준히 할 수 있는 것 중에서 냥이가 행복할 수 있는 것을 찾아보세요. 고양이 산책은 우리가 시간 날 때 아이에게 선물하는 이벤트가 될 수 없습니다. 자연을 만난다는 건 고양이의 본능을 깨우는 일이니까요. 고양이가 행복해질 수는 있지만, 그 대가로 우리가 감당하기에는 너무 큰 위험을 감수해야 하는 것이 바로 산책입니다.

PLUS

'고양이가 산책을 좋아할 수 있다'는 논리를 '유기해도 괜찮아'와 연결 짓지 않아야 합니다. 고양이가 바깥 생활을 좋아하게 된다는 논리의 전제는 '안전한 바깥 생활의 경험이 축적될 때'입니다.

버려진 고양이는 두려움이 압도적입니다. 믿고 의지할 집사님도, 자신의 안전을 보장하는 그 어떤 것도 없습니다. 낯선 곳에 떨어진 아이는 극도로 불안해하고 긴장하게 되고 경계할 수밖에 없습니다. 길냥이들과의 영역 다툼에서 패하면 다른 영역으로 쫓겨나고, 그 영역의 다른 고양이들과 또 싸워야 합니다.

낯선 곳에 갑자기 버려진 아이가 다른 길냥이들의 공격과 수많은 위험을 혼자 감당하는 상황에서 안전한 바깥 생활의 경험이 축적될 수는 없습니다. 실내에 살던 고양이에게 갑자기 혼자 떨어진 외지는 전쟁터와 같은 것이지요. 반려동물 유기는 범죄입니다.

2
고양이의 축소된 영역, 실내 공간

"고양이는 가장 불편한 장소를
수학적으로 정확하게 앉을 수 있습니다."

– 팸 브라운

행동으로 이해하는 고양이의 실내 공간

저는 상담할 때 고양이가 주로 거주하는 실내 구역을 꼭 물어봅니다. 대부분의 실내 고양이가 주로 거주하고 활동하는 곳은 거실이고, 그다음은 안방입니다. 왜냐하면 거실과 안방(침실)은 집사님들이 많은 시간을 보내는 장소이기 때문입니다. 드물긴 하지만 집사님이 주로 거주하는 곳은 안방인데, 냥이가 주로 거주하는 곳이 거실인 경우가 있어요. 그 이유는 크게 두 가지입니다. 하나는 집사님과 고양이가 서로 돈독하지 않거나, 집사님이 알레르기 등의 이유로 고양이들과 공간을 분리해서 사용하는 경우입니다.

고양이 화장실이 베란다나 작은 방에 있다면, 집사님이 사막화를 싫어하거나 냄새에 민감한 분일 경우가 많습니다. 또 집사님이 냥이가 캣타워나 캣폴을 잘 이용하지 않는다고 말하는 경우의 이유는 크게 두 가지입니다. 하나는 동거묘와 사이가 좋지 않아서 캣타워나 캣폴을 잘 사용할 수 없는 것이고, 다른 하나는 냥이들의 메인 공간이 아닌 다른 곳에 캣타워가 있는 경우예요. 그리고 어느 날부터인가 한 아이가 메인 공간에서 벗어난 곳에서 자주 혼자 있다면, 아프거나 동거묘와의 관계에 문제가 생겼을 확률이 높습니다.

이처럼 고양이가 생활하는 실내 공간은 우리에게 꽤 많은 정보를 줍니다. 실내 공간은 고양이의 축소된 영역, 즉 삶의 터전이기 때문이지요.

집 안에서도 영역이 나뉠까?

사이가 나쁜 고양이들을 반려하고 있는 가정에서는 아이들의 관계 개선을 위해 생활하는 공간을 분리하기도 합니다. 그러나 공간을 분리하는 기간이 오래되면 고양이들의 영역이 나뉜다는 사실을 알고 계신가요? 이제부터 그 이유를 한번 살펴보도록 하겠습니다.

고양이가 낯선 곳에 들어섰어요. 그러면 자신이 가진 신체 감각을 통해 '이곳은 낯선 곳이다. 그래서 불편하다'라고 판단을 하게 됩니다. 그것을 가장 먼저 느끼는 신체 감각은 무엇일까요? 바로 후각입니다. 함께 사는 고양이들이 사이가 좋지 않아서 격리하게 되면, 그 구역은 자신의 냄새와 자신과 우호적인 다른 동거묘의 냄새로 채워집니다. 반면에 자신과 사이가 좋지 않은 고양이가 있는 저 방에서는 그 고양이 냄새가 납니다. 이렇게 한 집 안에서 우호적인 냄새와 그렇지 않은 냄새로 나뉘기 때문에 영역이 갈리게 되지요. 오랜 기간 동안 분리된 공간에서 생활한 사이 나쁜 고양이들의 경우, 공격하는 고양이는 자기가 싫어하는 고양이의 냄새가 나는 곳에 어떻게든 쳐들어가서 자신의 냄새를 묻히려고 합니다. 그리고 자신의 구역에 그 고양이의 냄새가 묻는 것을 허락하지 않아요. 또 괴롭힘을 당해 격리되었던 냥이는 자기를 괴롭히는 고양이의 냄새가 가득한 곳으로 나오는 것이 두려워집니다. 마음 편히 있었던 장소에 안전하게 혼자 있는 것을 선호하게 되는 것이지요. 시간이 흐르면 흐를수록 그렇게 공격하는 고양이와 공격당하는 고양이 간의 장소에 대한 인식이 견고하게 고정되어 갑니다.

집에 사람이 있을 때 더 싸우는 고양이들

사이가 나쁜 고양이들을 반려하는 집사님들의 가장 큰 걱정은 사람이 집에 없는데 싸움이 일어났을 때의 위험입니다. 그런데 상당수의 사이가 좋지 않은 고양이들의 경우, 집사님이 없는 동안에는 큰 싸움이 나지 않아요. 고양이들이 본격적으로 싸우는 시간대는 집사님이 귀가하는 저녁 시간부터입니다. 그런데 평소 싸울 때마다 혼낸다면 냥이들의 전투 시간대는 집사님이 집에 없는 시간대로 옮겨지고, 더 격렬해지는 양상으로 변하는 사례가 많습니다.

사이 나쁜 고양이들의 싸움이 집사님이 집에 있는 시간에 더 잦은 이유는 크게 두 가지입니다. 첫 번째로 낮 동안에는 대부분 자면서 시간을 보내던 고양이들이 저녁에 집사님이 돌아오면서 생체 리듬이 활성화되기 때문입니다. 두 번째 이유는 집사님이 집에 있으면 냥이들은 집사님이 있는 곳에 같이 머무르려고 하기 때문입니다. 뭔가를 공유하고 싶지 않은 두 아이가 집사님으로 인해 거실이나 안방 등 공동의 장소를 공유해야 하고, 상황을 공유해야 하면서 생기는 충돌로 인해 싸움이 일어나지요. 집사님이 없는 낮 동안에는 그저 자기가 있을 수 있는 곳, 있고 싶은 곳에 있습니다. 그러다 종일 기다린 집사님이 오면 집사님이 있는 곳으로 모이게 됩니다.

그로 인해 사이가 나쁜 냥이들이 공간을 공유하게 될 뿐만 아니라, 싫어하는 다른 고양이가 내 앞에서 움직이는 것을 보며 화가 나는 것이지요.

독립적이고 자신감이 있는 고양이의 행동

어떤 집사님은 "우리 냥이는 내가 거실에 있어도 다른 방에 가 있어요."라며 서운해하기도 합니다. 그런데 키우는 고양이가 계속 집사님 옆에만 있는 것은 결코 바람직한 관계가 아닙니다. 이런 행동은 정서적으로 안정되지 못한 행동이에요. 함께 사는 고양이와 서로 사이도 좋고 생활의 만족도도 높은 고양이는 집 안 곳곳을 활용하지요. 따라서 고양이가 집사님에게 의존하는 것을 목표로 하지 않아야 합니다. 함께 사는 냥이가 하고 싶은 것을 하고, 돌아다니고 싶은 곳을 돌아다니는 것이 진짜 행복한 생활입니다. 집사님과의 관계가 건강한 고양이는 집사님이 주로 생활하는 곳을 자기 활동 영역의 중심 공간으로 정해 두고, 집 안 곳곳을 누비면서 다닙니다.

특별한 장소를 가지고 있는 고양이

한정된 실내에 사는 고양이라 해도 집 안에서 각자 좋아하는 장소를 가지고 있습니다. 잠잘 때 좋아하는 장소, 집사님에게 애교를 부리는 장소 등 각자가 특별한 상황에 즐겨 이용하는 장소가 있습니다. 거기에서만큼은 집사님의 손길을 더 받아주고 더 기분 좋아지는, 그런 마법 공간이 있는 것이지요. 함께 사는 고양이와 더욱 친해지고 싶다면, 이 특별 장소를 이용해서 스킨십을 시도하는 것이 도움이 됩니다.

가끔 각자의 특별 장소가 동거묘들끼리 서로 겹치기도 해요. 그럴 때는 고양이들의 관계에 따라서 다툼이 일어나기도 하고, 혹은 서로 껴안고 그 자리를 공유하기도 합니다.

집사님과 함께하고 싶은 고양이

고양이와 좀 더 돈독한 관계를 원한다면, 냥이의 방을 따로 꾸미기보다는 사람 물건과 냥이 물건을 함께 배치하세요. 어떤 집사님은 거실이 아닌 작은 방에 놀이터처럼 멋진 고양이 방을 만들어 줬는데, 이 놀이터를 생각만큼 이용하지 않아서 서운해하기도 합니다. 고양이에게는 비싼 놀이터가 중요하지 않아요. 고양이는 올라가기 더 좋고 세련된 캣타워보다 조금 불편하고 재미없는 소파라 해도 엄마, 아빠가 있는 거실에 있고 싶어 합니다. 그리고 알레르기 등의 특별한 이유가 아니라면 침실은 개방하는 것이 좋습니다. 꼭 옆에 붙어 있지 않고 침대 밑바닥에서 자더라도, 집사님과 한 공간에서 잠들기를 좋아하는 아이들이 많습니다.

고양이들이 살아가는 실내 공간을 잘 활용해 주세요. 장소는 동물에게 특정한 인식을 확정 짓는 아주 중요한 부분입니다. 고양이에게 좋은 곳으로 기억되는 장소나 나쁜 곳으로 기억되는 장소가 있으면, 그와 비슷한 곳에만 가도 비슷한 인식이 형성됩니다. 그것이 바로 장소가 갖는 힘입니다.

고양이를 활력 있게 만드는 실내 환경

고양이는 예민한 영역 동물이기 때문에 모든 변화를 다 싫어할까요? 집에 택배가 왔을 때 고양이는 초인종 소리에 놀라서 숨기도 하지만, 막상 집 안에 들어온 택배 상자는 너무나 궁금해합니다. 집 안에 새로운 가구나 물건이 생겼을 때 그 물건에 큰 흥미를 느끼며 냄새를 맡고, 자신의 얼굴을 비비며 냄새를 묻혀 놓기도 하지요. 가끔 가구 배치를 바꿀 때도 집사님을 따라다니면서 참견을 하고 동참합니다. 이때 고양이의 모습은 재미있는 사냥놀이를 할 때만큼 흥미진진합니다.

고양이는 호기심으로 가득 찬 동물입니다. 그들은 자신의 영역 안에서의 안정감을 추구하지만, 생활 속에서의 작은 변화에 흥미를 느낍니다. 예민한 고양이에게 안정감을 주기 위해 집사님이 마련한 지나치게 정적이고 변화 없는 환경은, 자칫 고양이를 무기력하게 만들기도 해요. 우리가 사는 자연은 언제나 변화합니다. 날씨도 변하고, 항상 움직이는 대상들이 있으며, 우리도 생활을 위해 활동을 합니다. 그러나 실내 고양이는 생활 속에서 접할 수 있는 변화와 활동이 극히 제한적입니다. 언제나 같은 자리에 있는 구조물과 살아 움직이는 것이라고는 동거묘뿐인 변화 없는 생활 환경은 고양이를 극도로 무료하게 만들어요. 더군다나 함께 사는 다른 고양이들과 사이가 좋지 않다면, 견뎌 내야 하는 환경은 더욱 무료해질 것입니다.

고양이는 자신의 일상을 위협하는 이사, 새로운 아이의 입양, 집사님의 부재 등의 큰 변화들에는 스트레스를 느끼지요. 원치 않는 지나친 소음도 고양이를 심리적으로 불안하고 예민하게 합니다. 반면 소소한 작은 변화들은 고양이를 적당히 각성시키고 활동적으로 만듭니다. 심리적으로 위축되지 않는 적당한 변화들로 아이에게 활력을 주세요.

고양이를 활력 있게 만드는 10가지

❶ 집 안 작은 가구들의 배치를 가끔 바꿔 주세요.

대대적인 가구 이동이 아니더라도 작은 가구를 이동시키는 것, 냥이의 숨숨집이나 스크래쳐의 위치를 자주 바꿔 주는 것 역시 고양이의 호기심을 이용해 탐구력을 올릴 수 있는 좋은 방법 중 하나입니다.

❷ 고양이의 주 활동 영역에 평소에 없던 구조물을 놓아 주세요.

고양이는 일정한 패턴으로 움직이는 자동 장난감에 쉽게 질립니다. 아이가 주로 활동하고 거주하는 곳에 평소에 없던 구조물을 놓고 출근해 보세요. 가령, 거실 한복판에 주방에 있던 식탁 의자가 놓여 있는 것만으로도 고양이는 흥미를 느낄 수 있습니다. 또 어떤 날은 빈 박스를, 어떤 날은 터널을 이용해서 고양이에게 소소한 변화를 선물하세요.

❸ 집 안 곳곳에 고양이가 돌아다니면서 먹을 수 있는 트릿을 놓아두세요.

고양이가 돌아다니는 캣타워 위, 침대 위, 소파 위 등에 작은 트릿을 한 조각씩 여기저기 놓아 주세요. 그러면 고양이는 마치 보물찾기를 하듯, 트릿을 찾아 먹기 위해서 집 안을 재미있게 돌아다닐 수 있습니다. 고양이가 찾기 어려운 장소에는 좀 더 맛있는 트릿을 놓아 주면서 난이도를 설정할 수도 있습니다.

❹ 푸드 토이를 이용해서 고양이가 능동적으로 움직일 수 있도록 유도하세요.

낮 동안 먹을 사료를 사료 그릇 대신 다양한 종류의 푸드 토이에 담아 두는 방법도 고양이가 더욱 활력 있게 생활하게 하는 데 도움을 줄 수 있습니다. 푸드 토이를 처음 이용할 때는 사료와 함께 트릿을 넣은 쉬운 난이도의 푸드 토이부터 시작하는 것이 좋아요. 공놀이를 좋아하지 않는 고양이에게 트릿볼 형태를 주거나, 처음 시작하는 냥이에게 뚜껑을 열어야 하는 어려운 형태, 사료가 나오는 구멍이 작은 오뚜기 형태의 푸드 토이 등을 주면 아이는 푸드 토이 사용을 시도하지 않게 됩니다.

⑤ 고양이가 좋아하는 소리나 동물이 나오는 영상을 이용하세요.

새나 쥐가 나오는 영상에 큰 관심을 두지 않는 아이도 있기는 해요. 하지만 그저 고요하고 변화 없는 생활 환경에서 가끔 들려오는 소리는 무료함으로부터 적당히 각성시킬 수 있습니다. 그런데 종일 같은 종류의 영상을 틀어 주는 것은 결코 효과적이지 않아요. 하루 1~2시간 정도만 영상이 재생되도록 하면 고양이들은 조용하게 휴식을 취할 수도 있고, 흥미 있는 소리가 들리는 환경 속에서 호기심에 탐험을 하는 등의 선택을 할 수 있습니다.

⑥ 낮 동안의 릴랙스 음악은 효과적이지 않아요.

고양이의 릴랙스를 위해, 잘 알려진 방법 중의 하나인 클래식이나 하프 음악을 들려주는 것은 가뜩이나 무료하고 할 것이 없어서 잠만 자는 시간에는 큰 도움이 되지 않습니다. 낮 동안 고양이에게 필요한 것은 활력에 도움이 되는 적당한 각성과 흥밋거리예요. 릴랙스 음악은 집사님과 신나는 사냥놀이 시간을 갖고 난 뒤, 잠자리에 들기 전이나 긴장한 아이를 위해 활용하는 것이 효과적입니다.

⑦ 창밖에 새 모이통이나 어항을 놓아 보세요.

고양이를 키우는 사람이라면 창밖에 새 한 마리 앉아 있는 것이 얼마나 고양이를 흥분시키는지 아실 겁니다. 거실 창문 바깥으로 새 모이통을 준비해 두면 새의 잦은 방문이 고양이에게 재미있는 이벤트가 될 수 있습니다. 진짜 물고기나 인공 물고기를 이용하여 집 안에 작은 어항이나 수족관을 만들어 놓는 것도 냥이의 흥미를 유발할 수 있어요.

⑧ 온종일 TV 소리가 나는 환경은 고양이를 피로하게 만듭니다.

어떤 집사님은 라디오나 TV를 켜 두고 출근을 하기도 합니다. 그러나 종일 원치 않는 소리를 들어야 하는 것은 고양이의 심리적인 안정에 도움이 되지 못해요. 그리고 TV 소리나 라디오에서 들려오는 사람들의 목소리는 고양이에게 의미 없는 소음일 뿐입니다.

⑨ 수직 구조가 충분한 환경을 만들어 주세요.

고양이는 높은 곳에서 쉬거나 아래를 구경하기 좋아합니다. 특히 창밖에서 일어나는 일을 관람하는 것을 좋아하는데, 아래에서 바라보는 것보다 캣타워나 높은 수직 구조물 위에서 내려다보는 것을 훨씬 선호해요. 집 안의 창문을 중심으로 집 안 곳곳에 설치된 수직적인 구조물(캣타워, 캣폴, 캣스텝 등)을 설치해 주세요.

⑩ 장난감의 종류를 바꿔서 꺼내 주세요.

고양이는 같은 종류의 움직임에 쉽게 싫증을 냅니다. 그래서 아이가 혼자 노는 시간에 활용할 수 있는 자동 장난감이나 사냥 장난감의 종류는 자주 바꿔 주는 것이 좋습니다. 매번 새 장난감을 구매하는 것을 추천하는 것이 아니라, 여러 종류의 장난감을 그날그날 바꿔 가면서 장난감을 꺼내 놓으세요. 그리고 캣닢에 반응하는 아이라면 장난감에 캣닢을 뿌려 주는 것도 도움이 됩니다.

고양이는 호기심으로 가득 찬 동물입니다.
예민한 고양이에게 안정감을 주기 위해 집사님이 마련한
지나치게 정적이고 변화 없는 환경은,
자칫 고양이를 무기력하게 만들기도 해요.

스크래쳐

스크래쳐는 고양이를 위해서도, 집사님의 소중한 가구를 위해서도 반드시 준비해야 할 고양이 용품입니다. 고양이는 스크래칭을 하는 행동을 통해 발톱을 정리하고, 흥분을 가라앉히며, 무료함을 해소하기도 해요. 발톱을 벽이나 바닥에 긁는 스크래칭은 고양이의 굉장히 중요한 습성 중 하나이기 때문에 이 행동을 못 하게 하는 것은 불가능할 뿐만 아니라, 더 큰 문제 행동을 불러오게 됩니다. 집 안에 스크래쳐가 없다면 가구를 비롯한 소파나 침대, 벽 등을 스크래쳐로 사용하게 되지요. 그리고 이것이 만성적 습관이 되면 스크래쳐가 있어도 가구를 긁게 되고, 이 습관을 고치는 데 많은 시간이 걸립니다.

숨숨집

고양이의 집을 숨숨집이라고 합니다. 숨숨집은 작은 텐트형, 원목 상자형, 스크래쳐 하우스형 등 다양한 디자인이 있습니다. 그런데 숨숨집이 필수 옵션은 아닙니다. 성격에 따라 폐쇄된 구조의 숨숨집을 선호하기도 하고, 방석이나 스크래쳐 소파처럼 개방된 곳을 더 좋아하기도 하지요. 환경에서 안정감과 자신감을 느끼는 고양이는 숨숨집 같은 폐쇄적인 공간보다 개방된 형태의 쉴 곳을 더 선호합니다. 이러한 고양이가 잘 머무는 곳에 방석이나 무릎 담요 등으로 개방형의 쉴 곳을 만들어 놓으면 아이가 잘 이용할 수 있습니다. 그래서 값비싼 숨숨집을 준비하는 것보다 냥이가 좋아하는 형태의 쉬는 장소를 파악하는 것이 우선입니다.

캣타워 • 캣폴

캣타워는 높은 곳에 올라가서 주변 환경을 관찰하는 고양이의 습성을 이용한 고양이 가구입니다. 자연 속 고양이는 나무 위에 올라가서 아래를 내려다보거나, 심지어 그 위에서 잠을 청하기도 하지요. 그래서 캣타워는 고양이의 장난감이 아닌, 생활 환경에 해당하는 부분이라고 할 수 있습니다. 일반적으로 캣타워보다 캣폴이 작은 면적을 차지하기 때문에, 좁은 실내의 공간 활용 측면에서는 캣폴이 효과적이에요. 그러나 캣타워나 캣폴 자체가 반드시 구매 목록에 있어야 하는 필수품은 아닙니다. 고양이에게 필수품은 수직 형태의 구조물이에요. 집에 있는 가구나 선반 등의 배치를 잘 활용하면, 냥이들은 캣타워가 있는 환경만큼 잘 지낼 수 있습니다.

캣타워는 창문이나 거실 창을 통해 바깥이 잘 보이는 위치에 설치하세요. 고양이 방을 따로 꾸며 놓고 그 안에 많은 냥이 용품과 가구를 마련해 놓는 경우도 많은데, 고양이가 자주 거주하는 공간은 주로 안방과 거실입니다. 거실과 안방에서 집사님들이 생활하기 때문이지요. 따라서 고양이 방을 따로 만들어 주는 것보다는, 거실에 캣타워를 배치하여 냥이들이 생활하는 공간을 더욱 풍요롭게 꾸며 주는 것이 효과적입니다. 그리고 우다다를 즐기는 활발한 아이가 있다면, 캣폴이나 캣타워에 슬라이딩 보드를 함께 꾸며 주면 더욱 도움이 됩니다.

캣휠

고양이의 활동력을 증가시키기 위해 캣휠의 구매를 고려하는 분들이 많습니다. 그런데 막상 캣휠을 사고 보니 냥이들이 생각만큼 이용하지 않아 난감할 수도 있어요. 사실 냥이에 따라 캣휠 사용을 위한 별도의 훈련이 필요하기도 합니다. 고양이가 뛰는 가장 큰 이유는 움직이는 사물을 잡기 위해서인데, 캣휠은 달려야 하는 동기부여가 되지 않는 구조물이기 때문입니다. 물론 캣휠에 흥미를 느끼는 고양이도 있어요. 그러나 캣휠을 이용해서 사냥놀이를 하듯, 혹은 동거묘끼리 우다다를 하는 것처럼 오래 재미있게 뛰는 것은 일반적이지 않습니다. 혹시라도 사냥놀이를 해 주는 것이 힘들어서 캣휠을 이용하여 냥이의 활동성을 늘리려고 한다면, 그 효과는 집사님의 기대에 미치지 못할 수 있으니 신중하게 구매하시기 바랍니다. 참고로 캣휠은 원목휠보다 카펫이 깔린 제품이 고양이의 선호도가 더 높습니다.

고양이 서열 VS 유대감

고양이들의 관계나 고양이와 집사님과의 관계를 설명할 때, '서열'이라는 단어를 자주 접하게 됩니다. 서열은 관계에 있어 정말 절대적인 부분을 차지할까요?

서열은 수직적인 위계질서를 뜻합니다. 서열은 신체적인 우위를 바탕으로 형성되며, 더 건강하고 더 용맹한 동물이 높은 서열을 차지합니다. 그리고 당연하게도 서열은 무리 생활을 하는 동물이 관계를 형성하는 데 있어 굉장히 중요한 부분입니다. 그런데 무리 생활을 하지 않고 독립적인 생활 패턴을 가진 고양이에게도 서열은 존재합니다. 고양이는 독립적으로 생활하지만, 한 영역을 다른 고양이들과 공유하며 살아가기 때문이에요. 하지만 고양이들의 관계를 서열만으로 설명할 수는 없습니다.

한 영역 안에는 수십 마리, 많게는 수백 마리의 고양이가 함께 살아갑니다. 이 고양이들은 각자의 독립적인 생활 패턴을 유지하면서도 혈연관계를 비롯한 여러 유대관계를 형성하는 고양이 친구들이 있습니다. 이들은 서로를 챙겨 주기도 하고, 놀이도 하고, 애정 표현을 나누기도 합니다. 하지만 한 영역 안에 사는 모든 고양이가 서로 유대감을 가진 친분 관계를 형성할 수는 없어요. 그렇기 때문에 이 영역을 관통하는 수직적인 위계질서 역시 필요합니다. 다시 말해 친한 관계에서는 유대감이 형성되고, 친하지 않은 관계에서는 서열이 형성된다는 의미입니다.

낯선 동물을 경계하고 쉽게 마음을 열지 않는 고양이에게 '사회성이 떨어진다' 라고 합니다. 하지만 고양이도 유대감을 바탕으로 친구를 만들 수 있어요. 단, 무리 생활을 하지 않는 고양이의 습성상 많은 수의 친구를 만들어 그들과 몰려다니지는 않습니다. 그리고 이렇게 친하게 지내는 고양이 친구들은 절대 힘의 논리에 따라 형성되지 않아요. 혈연관계이거나 성격이 잘 맞는 친구에게 마음을 열고 애정 표현을 하며 자신의 활동을 공유합니다. 고양이에게 서열은 상대와 내가 친하지 않을 때 상대와 나를 구분 짓는 수직 관계입니다. 동거묘가 많지 않거나, 혹은 친밀한 관계라면 서열은 관계에 영향을 미치지 않아요. 하지만 동거묘의 수가 모두 함께 친해질 수 있는 범위를 넘어섰거나 친밀감이 없다면, 수직적인 개념의 서열이 우선순위로 자리 잡게 됩니다.

그럼 지금까지 설명한 서열과 유대감의 기본 개념을 실내 고양이들에 대입시켜 이야기하겠습니다. 가정에 새로운 고양이가 왔을 때 기존 고양이와 새 고양이의 관계에는 유대감이 없습니다. 그렇기 때문에 처음 만난 두 아이는 서로를 향해 낯선 상대나 상황에서 경계심을 표현하는 고양이의 기본 습성이 먼저 드러납니다. 그러다 시간이 흐르면서 두 고양이는 행동 언어와 음성 언어를 통해 서로를 파악하기 시작하죠. 이 과정이 성공적으로 진행된다면 두 고양이 사이에는 유대감이 형성되고, 서서히 경계심을 풀고 가까운 거리에서 움직이고, 공통의 관심사를 중심으로 함께 활동합니다. 하지만 서로 성격 차이가 크거나 독립적인 성향이 강한 고양이들이라면 유대감이 쉽게 형성되지 않습니다. 이 경우 두 고양이의 관계는 서열에 더 비중을 둔 관계로 흘러가게 됩니다. 공격하는 고양이와 공격당하는 고양이의 양상이 보이기 시작하고, 함께 있을 때도 긴장감이 흐르는 상태가 지속되는 것입니다.

서열이 잡혀야 싸움을 하지 않는다?!

실내에서 사는 고양이들은 서열이 강하게 잡힐수록 사이가 더 악화됩니다. 고양이들의 싸움은 단순히 신체적인 우위를 가리는 서열 싸움이 아니라, 이 영역에 남느냐 떠나느냐를 두고 벌이는 영역 싸움이기 때문입니다. 두 마리의 고양이가 큰

결투를 벌이고 나서 승패가 갈리면, 싸움에서 진 고양이는 이긴 고양이의 눈에 띄지 않게 피해서 살거나, 심지어 다른 곳으로 영역을 옮겨 살아야 합니다. 하지만 한정된 실내에서 생활하는 고양이들은 이것이 불가능해요. 실내 고양이들이 수개월이 지나도 싸움을 멈추지 않는 것은 싸움에 진 아이가 자꾸 내 눈앞에 띄는 게 싫기 때문입니다. 싸움에서 진 고양이는 눈에 띄고 싶어서 띄는 게 아닌데 저 깡패 같은 고양이가 자기만 보면 괴롭히니까 더 으르렁거리는 악순환이 반복됩니다. 괴롭힘을 당하는 고양이에게는 물러설 곳도, 피할 곳도 없으니까요.

저는 고양이들의 관계 개선에는 유대감을 기르는 훈련이 필요하다고 말씀드립니다. 고양이들의 관계적 평화는 서열과 관계가 없습니다. 고양이들의 관계는 상대방이 좋냐 싫으냐(유대감이 있느냐 없느냐), 혹은 관심이 있느냐 없느냐(위협이 되느냐 되지 않느냐)의 문제입니다. 다묘 가정의 평화는 서열이 잡혀야 오는 것이 아니라, 동거묘들 간의 유대감이 형성됐을 때 찾아옵니다.

서열 싸움에는 관여하지 않아야 한다?!

고양이들이 처음 직접적으로 대면했다면 안전거리를 유지하기 위해 으르렁거리고 하악질을 하면서 서로를 탐색하는 과정이 필요합니다. 혹시나 싸움이 일어날까 봐 이 과정을 모두 차단하면, 고양이들은 서로를 알아갈 기회가 없어집니다. 따라서 사이가 나쁜 두 고양이가 서로에게 너무 집중하지 않고 무던해질 수 있도록 도와주는 개선 과정이 필요합니다. 싸움을 하기 전 서로 대치하는 상황인지, 아니면 상대방을 파악하려고 정보를 수집하는 과정인지를 판단해서 적절한 중재를 해 줄 필요가 있는 것이지요. 아이들이 함께할 흥밋거리를 제공하거나 관심을 다른 곳으로 돌려서, 서로가 한 공간에 있는 것에 익숙해지게 하면 관계 개선에 도움이 됩니다.

서열이 높은 고양이가 캣타워 제일 높은 곳에 있다?!

서열이 높은 고양이가 캣타워 가장 높은 곳에 자리하는 것이 아니라, 자신감 있는 고양이가 캣타워 가장 위쪽까지 올라갑니다. 자신감이 있는 고양이는 집 안 곳곳을 자유롭게 돌아다녀요. 높은 곳에 올라가고 싶으면 올라가고, 구석에 있고 싶으면 구석에 머뭅니다. 오히려 자신감이 떨어진 고양이가 집 안을 마음껏 활용하는 데 제약이 생기게 되지요. 심리적으로 위축된 고양이는 다른 고양이가 주로 생활하는 메인 영역에서 벗어난 곳, 예를 들어 구석진 높은 곳이나 구석의 바닥에 거주하는 경우가 많습니다.

서열 높은 고양이가 그루밍을 해 준다?!

다른 고양이를 그루밍하는 행동은 그 아이의 애정 표현 방법입니다. 어렸을 때 어미나 다른 성묘에게 그루밍을 자주 받았던 새끼 고양이는 그루밍으로 애정 표현을 하는 성격으로 자라는 경우가 많아요. 그런데 서열이 높은 고양이가 다른 고양이를 그루밍하는 것은 애정 표현의 그루밍과는 조금 다른 형태를 보입니다. 예를 들어, 일부 성묘는 어린 고양이가 자신의 목을 잡고 과격한 그루밍을 하거나 흥분된 행동을 할 때, 어린 고양이를 진정시키고 정중하게 중단을 요청하는 의미로 짧게 맞그루밍을 하기도 합니다.

고양이가 집사를 무는 것은 서열 아래로 보기 때문이다?!

고양이는 다양한 상황에서 집사님을 물기 때문에, 집사님을 서열 아래로 본다는 것을 딱 하나의 전제로 삼기는 어렵습니다. 그런데 무는 버릇을 가진 고양이의 상당수가 특정 집사님을 유독 더 심하게 무는 행동을 보이곤 해요. 그 이유는 특정 집사님을 가장 많이 물어봤기 때문입니다. 고양이는 상황과 행동을 함께 연결 지어서 기억하지요. 그래서 우연히 한 집사님을 물게 되고 그 일이 반복되면서, 그 집사님을 가장 집중적으로 무는 경우가 많습니다. 그러다가 무는 버릇이 심해지면 점차 다른 집사님에게도 무는 행동이 전파되는 과정으로 진행됩니다.

자신감이 있는 고양이는
집 안 곳곳을 자유롭게 돌아다녀요.
높은 곳에 올라가고 싶으면 올라가고,
구석에 있고 싶으면 구석에 머뭅니다.

3
사이가 나쁜 고양이들

"고양이들은 세상이 자기를 사랑하기를 원하지 않습니다.
오직 자기가 사랑하기로 선택한 사람만
자기를 사랑해 주길 원합니다."

– 헬렌 톰슨

사회성을 기르는 첫 단추, 유대감 형성

고양이 행동학의 수준이 높아지면서 고양이 양육은 독립적이고 사회성이 미흡한 고양이의 성격을 이해하고 존중하는 방향으로 발전해 왔습니다. 하지만 한 마리 이상의 고양이들이 한정적인 실내에서 함께 사는 환경에서는 동거묘들 간에 심리적인 유대감을 형성하도록 도와줄 필요가 있지요. 독립적인 영역 동물인 고양이가 자신의 영역을 상대에게 평화롭게 허락하는 것은 유대감을 바탕으로 이루어집니다. 따라서 함께 사는 고양이들끼리 영역 안의 것을 공유하는 연습을 시켜 주는 과정이 필요합니다.

동거묘와 사이가 좋지 않은 고양이의 유형

❶ 사이 나쁜 아이와 간식 먹기는 되는데 같이 노는 건 안 되는 고양이
❷ 1:1로는 잘 노는데 다른 아이들과 같이 노는 건 안 되는 고양이
❸ 사이가 나빠 오랫동안 공간을 분리해서 생활한 고양이
❹ 싫은 아이가 자신의 주 활동 공간에서 활발하게 움직이는 것을 허락하지 않는 고양이
❺ 자신이 불만족스러운 상황에 있을 때 싫은 아이에게 자주 시비를 거는 고양이
❻ 자기가 좋아하는 장소나 위치에 싫은 아이의 출입을 허락하지 않는 고양이
❼ 자기 밥그릇, 자기 화장실만 사용하는 고양이
❽ 집사님 옆에 싫은 아이가 오면 화내고 피하거나 쫓아내는 고양이
❾ 놀이 반응은 떨어지고, 먹는 것과 다른 고양이 괴롭히는 것만이 유일한 활동인 고양이
❿ 다른 고양이들이 자기 곁에만 와도 으르렁거리며 피하거나 쫓아내는 고양이

위의 사항들은 모두 공유의 개념과 관련이 있습니다. 사이가 좋지 않은 고양이들의 관계는 공간을 분리한다고 해서 자연스럽게 좋아지지 않습니다. 또한 각자 1:1 놀이를 통해 스트레스를 해소하는 것만으로 사이 나쁜 두 아이의 관계가 좋아지는 데는 한계가 있어요. 그 아이들의 진짜 스트레스는 서로의 존재 그 자체이기 때문입니다.

격리와 해제가 반복되면 생기는 일

사이가 나쁜 냥이들을 잘 살펴보면, 이 아이들이 시간이 지나 사이가 괜찮아진다고 해도 둘이 친해지는 경우가 많지 않습니다. 사이가 좋았다가 예기치 않은 사건 등으로 오해가 생겨 사이가 나빠진 아이들은 다시 친해지는 경우가 있어요. 그러나 사이 나쁜 고양이들은 첫 만남부터 상대방이 마음에 안 들어서 사이가 틀어진 경우가 대부분입니다. 집사님이 잘 중재해서 둘의 사이가 괜찮아졌다 해도, 아이들은 서로에게 무관심하고 영역만 공유하는 데면데면한 상태가 됩니다. 그리고 이것이 관계 개선의 최종 목적지입니다.

고양이들의 관계 개선을 위해 정보를 찾아보면, '공간 분리'에 대한 이야기를 제일 먼저 발견합니다. 특히 공격당하는 아이의 공간을 꾸며 줘야 한다거나, 공격하는 아이를 격리해야 한다는 등의 조언들을 볼 수 있어요. 그래서 많은 집사님이 아이들의 사이가 나쁘면 격리를 해야 하나 고민하게 됩니다. 결국 아이들이 으르렁거리는 소리에 혹시 다치는 아이가 생길까 봐 공간을 분리하게 되지요. 이와는 반대로 사이 나쁜 아이들을 격리하면 영역이 나뉘니까 웬만하면 공간을 분리하지 않아야 한다는 정보를 접하고, 눈만 마주치면 싸우는 아이들을 계속 따라다니면서 말리는 힘겨운 집사님도 있습니다.

공간 분리를 고려하기 전에

고양이들의 사이가 나빠서 격리를 고민할 때 제일 먼저 확인해야 하는 것은, 과연 우리 아이들이 공간 분리가 필요할 만큼인가 아닌가를 판단하는 것입니다. 집사님이 키우는 사이 나쁜 아이들의 양상을 관찰해 보세요. 서로 만나면 으르렁거리는 일상이 반복되긴 하지만, 괴롭히는 아이는 싫은 아이가 화장실 갈 때 따라가서 화장실 앞에서 째려보는 정도라서, 공격하는 아이의 행동이 심하게 폭력적이지 않다고 생각됩니다. 그리고 자기가 싫어하는 아이가 집사님에게 애교를 부리면 다가가서 꿀밤 한 대 때리는 정도입니다. 한편 괴롭힘을 당하는 아이는 자기를 괴롭히는 아이가 째려보면, 가까이 오지 말라고 으르렁거리고 하악질 하면서 예민하게 굽니다. 자기를 괴롭히는 아이의 눈치를 보기는 하지만, 화장실도 나름 잘 가고 집 안 여기저기 돌아다니는 데 큰 문제가 없어요. 이러한 상황이라면 두 아이의 관계는 공격성이 두드러진다기보다는 적대감이 팽배한 경우입니다. 이 경우에는 공간 분리를 하는 것이 큰 도움이 되지 않아요. 이는 함께하는 놀이 훈련과 같이 있는 상황을 강화하는 연습으로, 상대방에 대한 인식을 긍정적으로 변화시켜 주어야 합니다.

그런데 이 정도의 수위를 넘어서, 공격하는 고양이가 자기가 싫어하는 고양이만 보면 초집중 모드가 발휘되는 상황이 있습니다. 자기가 싫어하는 아이가 조금 움직이기만 해도 무조건 달려가서 때릴 준비를 하지요. 수시로 싸움 전 일촉즉발의 대치 상황을 벌입니다. 또한 공격하는 고양이는 자기가 싫어하는 고양이의 모든 활동을 제한합니다. 이렇게 되면 공격당하는 아이는 너무 괴롭힘을 많이 당해서 마음 놓고 돌아다니지도 못해요. 계속 눈치 보며 구석으로만 다니고, 화장실을 가거나 밥 먹으러 가는 것도 마음의 준비를 단단히 하고 나와야 합니다. 또 어떤 아이는 자기를 공격하는 고양이 때문에 아예 바닥에 내려오지도 못하고 구석에 있는 캣타워 꼭대기에서만 지냅니다. 그리고 다른 고양이들이 주로 활동하는 곳에 놓인 캣타워 꼭대기는 사용할 수도 없어요. 주 영역이 아닌 곳에 놓인 작은 캣타워 꼭대기, 작은방 장롱 위, 다용도실 꼭대기 등에서 거주합니다. 심한 경우 배고프면 엄마를 불러서 밥을 달라고 하고, 화장실도 그 위에서 해결합니다. 상황이 이렇다면 두 아이는 공간을 분리해야 합니다. 괴롭힘을 당하는 고양이는 자신의 건강을 담보로 겨우겨우 버티면서 살아가고 있는 것이기 때문에, 편안히 생활할 수 있는 공간을 따로 만들어 주어야 합니다. 즉, 집 안에서 괴롭힘을 당하는 고양이가 다른 냥이의 눈치를 살피느라 활동 반경에 심한 제약이 생기면, 이때는 공간 분리를 하는 것이 좋습니다.

공간 분리로 사이가 더 나빠지는 이유

사이가 나쁜 고양이들을 서로 다른 공간에 분리해 놓으면, 처음에는 방에 따로 갇힌 아이가 심하게 울면서 보채는 상황도 생깁니다. 이때 방에 혼자 있는 고양이가 울 때마다 들어가서 달래지 않으면, 며칠 후 고양이는 적응을 하며 안정을 찾습니다. 공격하던 냥이도 처음에는 격리방 문 앞에 죽치고 있다가, 시간이 지나면서 다른 활동을 하고 점차 여유로운 모습을 보이기 시작합니다. 그러면 이때 많은 집사님이 '얘네 이 정도면 괜찮은 거 같은데? 한번 문 열어볼까?'라고 생각하게 됩니다. 그리고 문을 열어 주지요. 방 안에 있던 아이가 쭈뼛쭈뼛하다 방 밖으로 나올 수도 있고, 방 밖에 있던 아이가 문을 열자마자 방 안으로 튀어 들어갈 수도 있습니다. 냥이들이 다시 만나는 모습을 보고 있으면 집사님도 몹시 긴장하게 됩니다. 그런데 아이들이 서로 냄새만 맡고 주변 탐색만 하는 의외로 괜찮은 모습을 보입니다. 이 모습을 보면서 집사님은 '아 이래서 격리를 하라고 하는구나.'라고 하면서 안심합니다. 그러다 시간이 조금 더 흐르면 드디어 냥이들이 제정신으로 돌아오기 시작합니다. 문 열리자마자 바로 싸우기도 하지만, 대부분은 한 템포 쉬고 나서 주변 탐색을 끝내고 '아 맞다, 내 원수를 처리해야지!'로 진행됩니다. 그러면서 다시 으르렁거리고 때리고 대치하며 싸웁니다. 그럼 집사님은 싸우는 냥이들을 뜯어말리고 다시 격리합니다. 또 그렇게 하루 이틀 버티며, 저번에 2일 했으니까 이번에는 3일 해 보자면서 공간을 분리합니다. 그렇게 며칠 후 격리문을 열었는데 마주한 아이들이 또 싸우게 되고, 결국 다시 격리합니다.

사이 나쁜 고양이들을 분리하는 것 자체로 아이들의 관계가 개선되지는 않습니다. 공간 분리는 적대감으로 인한 서로의 흥분과 긴장을 가라앉힐 시간과 공간을 아이들 각자에게 주는 것이 목적입니다. 그렇기 때문에 공간 분리 후 다시 서로를 마주했을 때 이전보다 흥분도가 낮아질 수는 있습니다. 그러나 서로 며칠 얼굴 안 봤다고 싫은 아이가 좋아지지는 않아요.

잦은 격리와 해제가 미치는 영향

두 고양이가 매일 만나기만 하면 싸워서 공간을 분리하면, 싫은 아이가 눈에 안 보이니까 양쪽 다 마음이 편해집니다. 그러다 어느 날 문이 열리고, 서로를 직접 마주하게 됩니다. 잠깐의 탐색을 마친 후 두 고양이는 늘 하던 대로 싸우게 되지요. 그랬더니 집사님이 둘을 다시 격리합니다. 그런데 이때 주목해야 할 것은 두 아이가 격리되기 전 마지막으로 활동이 바로 '싸움'이라는 것입니다.

두 아이가 만나서 싸우다가 서로 얼굴이 아예 안 보이는 데로 왔더니 다시 평화가 왔습니다. 결국 사이가 좋지 않은 두 고양이가 상대방을 만났을 때 자동으로 떠올리는 것은, 싸움입니다. 이 두 아이에게는 둘의 사이가 좋아질 만한 경험, 즉 유대감을 형성할 수 있는 긍정적인 활동 경험이 전무합니다. 그러니까 이 아이들의 상황은 점점 더 안 좋아질 수밖에 없지요. 나중에는 격리하지 않으면 두 아이가 서로 한 공간에 있을 수 없는 상황까지 악화됩니다.

만약 두 고양이의 상황이 너무 안 좋아서 격리를 결정했다면 하루 이틀만 따로 있어 보는 것이 아니라, 처음 합사를 할 때처럼 다시 인사시켜 주는 과정부터 시작

합니다. 냄새 교환도 다시 해서 서로에 대해 불쾌하게 생각하고 있는 냄새를 인식 변경해 주고, 방묘문을 사이에 두고 간식을 나눠 먹고, 놀이 시간을 함께 갖는 등의 인식 변경 단계를 다시 체계적으로 밟아야 합니다.

사이가 나쁜 아이들을 이렇게 처음 합사할 때처럼 격리했다가 다시 문을 열어 주었다고 해도, 여전히 사이는 좋지 않아요. 그래서 둘은 다시 싸울 수 있습니다. 하지만 공간 분리 기간 동안 충분히 서로에게 긍정적인 인식을 교환한 후 격리문을 열었다면, 웬만하면 후퇴는 하지 않는 것이 좋습니다. 정말 아이들이 전혀 좋아지지 않아서 다시 공간 분리를 해야 한다고 생각된다면, 싸운 직후에 바로 격리하는 것은 피해 주세요. 상대에 대한 마지막 기억이 싸움이고, 그 아이가 눈에 안 보이는 데로 갔더니 바로 안전하고 평화롭다고 인식하는 연결고리가 만들어지지 않아야 합니다.

아이들이 으르렁거린다면 관심을 돌릴 다른 장난감이나 소리, 이름 부르기 등으로 싸우기 전에 중재합니다. 두 고양이가 엉켜서 싸운다면 가볍게 떼어 내고, 안전거리만큼 떨어뜨려 주세요. 야단칠 필요도 없습니다. 고양이들은 싸우면 집사님이 싫어한다는 것을 이미 경험으로 알고 있어요. 단지 자신들의 싸움을 집사님이 왜 싫어하는지를 모를 뿐입니다. 그러므로 서로 안전한 거리만큼 떨어뜨려서, 격리가 되지 않았고 내 원수가 저기 있어도 난 안정을 취할 수 있구나 하는 것을 경험하게 해 주세요. 공간 분리는 이렇게 아이들이 안정을 취하고 난 뒤에 결정해도 됩니다.

누구를 격리할 것인가?

처음 만난 고양이들의 싸움은, 침입자로부터 내 영역을 지키기 위한 행동입니다. 영역 동물의 본능에 따라서 움직이는 것이지요. 새로 온 고양이가 덩치가 작아서 위협으로 느껴지지 않는다면, 굳이 가장 싸움을 잘하는 고양이가 나설 필요가 없습니다. 그래서 두 번째로 까칠한 성격의 고양이나, 오랫동안 막내 역할을 했던 고양이가 텃세를 부리는 경우가 많아요. 새로 온 고양이가 덩치 큰 아이라면 그 집에서 가장 호전적인 성격의 대장 역할을 하는 고양이가 직접 나섭니다. 결국 싸움을 줄기차게 거는 고양이는 적으로 인해 흉흉해진 집 안 분위기를 바로 잡기 위해 노력하는 전사들입니다. 이 아이의 입장에서 보면 자신이 하는 일은 정의 사회 구현입니다. 안보의 최전방에서 최선을 다해 집을 지키고 있는 것이지요. 그렇기 때문에 싸움을 건다고 나쁜 고양이가 아니고, 싸움을 못해서 매번 맞는다고 착한 고양이가 아닙니다. 세상에 이유 없이 싸우는 고양이들은 없어요. 아이들이 싸우는 이유는 너무도 다양합니다. 엄마에게 사랑받지 못해 외로워서, 행복했던 내 삶에 새로 온 고양이가 있어서, 나는 놀자고 다가간 건데 상대가 나만 보면 예민하게 구니까 화가 나서, 성격이 맞지 않아서, 생활 환경에 스트레스가 너무 많아서, 상대가 집 안의 질서를 어지럽히며 집사의 사랑을 독차지해서, 내가 귀요미였는데 다른 막내가 들어와 내 역할이 무너져서 등 이렇게 각자의 확고한 이유를 가지고 불의에 대항하고 있는 중입니다. 그래서 저는 공간 분리를 할 때 싸움을 거는 고양이를 따로 격리하는 것을 추천하지 않습니다.

공격하는 고양이를 가두게 되면, 집을 지켜야 하는데 갇혀 있으니까 스트레스가 극심해집니다. 고양이들의 사이가 안 좋을 때 공간을 분리하는 목적이 감금이 되어서는 안 됩니다. 무조건 공격한다고 격리 조치하는 것은 싸우는 행동을 반성하라고 가두는 것밖에 되지 못합니다. 싸움을 거는 고양이의 입장에서 보면 자신은 잘못한 것이 없지요. 결국 이유도 모르고 격리되어 있다가 나와서 마음을 가다듬고 하는 행동은, 못다 한 정의 실현을 위해 다시 싸우는 것입니다. 이것이 제가 공격하는 아이를 격리 대상에 두지 않는 이유입니다. 공간 분리는 절대 감금이 되어서는 안 되고, 자기 공간이 절실히 필요한 아이의 쉼터가 되어야 합니다.

제가 싸움을 거는 아이를 공간 분리 대상에 넣는 상황은 단 하나입니다. 동거묘에게 극심하게 싸움을 걸고, 또한 싸움을 거는 상대가 한 마리 이상인 경우입니다. 사회성이 굉장히 떨어지고 외동묘의 성향이 강한 고양이 중에는 다른 고양이들을 절대 받아들이지 않는 경우가 간혹 있습니다. 이런 아이는 한 아이와 사이가 나쁜 것이 아니라, 함께 사는 모든 고양이를 괴롭히기도 합니다. 다른 고양이와 함께 지내는 것 자체가 스트레스가 되는 것이지요. 이러한 상황에서는 공격하는 아이를 공간 분리해 줄 수 있습니다. 그리고 이 고양이를 위해서 외동묘로 지낼 수 있는 다른 가족을 찾아야 할 수도 있습니다. 이런 상황이 아니라면, 공격을 받는 아이의 공간을 따로 마련해 주는 것이 좋습니다.

크게 싸워서 두 고양이 모두 극도로 흥분해 있다면, 각자 다른 방에서 잠깐 안정된 시간을 보내게 해 줄 수는 있습니다. 고양이들의 싸움은 짧게 격렬하게 맞붙고 끝나는 패턴을 가지고 있어요. 따라서 싸움으로 인해 극도로 흥분했더라도 서로 안전거리만큼 떨어졌다면 다시 맞붙지 않고, 스스로 그루밍을 하거나 구석에 웅크려서 안정을 찾으려 노력합니다. 그렇기 때문에 격렬한 싸움 직후 다시 싸울까 봐 걱정돼서 격리하기 위해 집사님이 한 아이를 안아 올리지 않아야 합니다. 흥분이 가시지 않은 냥이는 오히려 집사님에게 흥분을 표출하며 공격적인 행동을 보이기도 하거든요. 싸움 후에 안전거리만큼 떨어졌다면 차분히 안정을 찾게 기다려 주면 됩니다. 고양이들이 흥분한다는 것은 그들의 동물적인 본성이 최대치가 된 상태이므로, 이때는 스스로를 안정시키는 그들의 방법을 따라 주세요. 안아 주고 위로해 주는 것은 사람에게 사용하는 방법입니다.

공간 분리를 결정했다면

냄새는 고양이가 가장 적극적으로 사용하는 간접 정보 획득의 수단입니다. 격리를 오래 하게 되면 격리방(공격당하는 아이의 냄새)과 나머지 공간(공격하는 아이와 그 아이와 문제가 없는 동거묘의 냄새)의 냄새가 나뉘게 됩니다. 그래서 아이들의 관계가 악화되어서 격리를 해야 한다면, 집 안의 냄새 밸런스를 맞추는 것이 중요합니다.

공격당하는 냥이의 자유로운 활동에 지장이 생긴다면 그 아이를 위한 공간을 마련해 주고, 앞서 설명한 합사 과정의 공간 분리 방법을 사용할 수 있습니다. 그런데 심각성에 따라서 공격하는 아이와 방 바꾸기를 해야 하는 상황도 있습니다. 1~2

주 정도의 공간 분리 기간이 지났는데도 아이들이 직접 마주하기 힘들 정도로 사이가 좋지 않다면, 두 아이가 사용하는 방을 바꿔 가며 지내게 하는 방법을 병행하세요. 방 하나를 격리방으로 두고 서로 교대로 바꿔 가며 지내게 하는 방법도 있고, 공격당하는 아이를 다른 방에 두고 그 아이가 사용하던 격리방의 문을 열어 나머지 아이들이 그 공간을 자유롭게 드나들게 하면서 방 바꾸기를 하는 방법도 있습니다. 이렇게 하면 집 안에서 냄새로 인해 영역이 나뉘는 것을 예방할 수 있어요. 물론 오랜 시간 동안 공간 분리로 인해 영역이 나뉘는 상황이 냄새 밸런스 하나만으로 좌우되지는 않습니다. 공간에 대한 인식, 상대방에 대한 인식, 그 외 여러 가지 이유가 원인이 되지요. 그러나 방 바꿔 지내기를 하면 냄새가 나뉘는 것을 막을 수 있고, 집 안이 심리적으로 활동하기에 편한 장소와 불편한 장소로 나뉘는 것을 최대한 방지할 수 있습니다. 방 바꾸기는 하지 않고 공간만 분리해서 생활하게 된 고양이들은 각 장소에서 나는 냄새에 대한 인식이 고착되기 시작해요. 급기야 나중에는 합사가 힘들어질 정도로, 자신이 익숙한 냄새가 나는 장소에 대한 의존도가 강해지게 됩니다. 시간이 지날수록 격리방 안에서 지내는 고양이는 밖으로 나오기 힘들고, 밖에서 지내던 고양이는 방 안의 아이가 나오지 못하게 합니다. 이렇게 영역이 확고히 나뉘게 되는 것이지요.

공간 분리를 하는 동안 방 바꾸기를 병행하면서 집 안이 서로 다른 냄새로 나뉘는 것을 예방하고, 재미있는 놀이와 간식 보상 등을 통해 내가 싫어하는 아이의 냄새가 나는 공간에서도 즐거울 수 있다는 훈련을 해야 합니다.

고양이들의 사이가 좋지 않을 때
공간을 분리하는 목적은
공격한 고양이를 감금하기 위해서가 아닙니다.

공간 분리는
자기 공간이 절실히 필요한 고양이의
쉼터가 되어야 해요.

합사 이후 사이가 악화되는 이유

고양이들의 관계 개선 상담을 하다 보면 가장 많이 듣는 내용이 합사 초기에는 괜찮다가 어느 날부터인가 사이가 나빠졌다는 것입니다. 합사 기간 중 고양이들의 격리 시기는 상대방에 대한 간접 정보를 수집하는 과정입니다. 그래서 격리 기간 동안 두 아이를 잘 중재해 주면, 아이들은 문이 열렸을 때 보다 더 긍정적인 인식으로 만날 수 있습니다. 그러나 본격적인 탐색, 즉 서로를 알아 가는 과정은 신체적인 접촉, 내가 행동했을 때 상대방의 반응, 그리고 상대방이 나를 대하는 행동 등을 통해서 이루어집니다. 액션과 리액션의 교류가 직접적으로 이뤄져야 한다는 것인데, 이 과정은 합사 문이 열려야 비로소 시작됩니다.

나름 성공적인 격리 기간을 거치고 합사 문이 열렸을 때 나쁘지 않은 첫 만남을 시작하는 고양이들은 3단계의 심리적인 변화 기간을 갖습니다. 1단계는 긴장감이 흐르는 비교적 고요한 시기, 2단계는 호기심을 동반한 직접적인 신체 접촉 시기, 3단계는 상대방이 '좋다, 싫다'를 구분하는 마음의 결정 시기입니다. 그리고 고양이 합사에 실패하는 대부분의 사례는 3단계에서 시작됩니다.

1단계 – 긴장감이 흐르는 비교적 고요한 시기

드디어 방묘문을 사이에 두지 않고 직접 서로를 마주한 고양이들에게 다시 낯선 기류가 생깁니다. 고양이들에 따라서(호기심 많은 성격이거나 어린 고양이 등) 과격한 신체 접촉을 시도하기도 하지만, 대부분의 성묘는 신중하게 상대를 탐색합니다. 격리가 해제된 초기 며칠은 직접적인 몸싸움보다는 으르렁과 하악질을 많이 합니다.

고양이는 신중한 동물이기 때문에 상대방을 충분히 파악하기 전에 함부로 신체 접촉을 시도하지 않아요. 서로 격리 기간을 통해 좋은 인상을 가지고 있었다면 안전거리를 유지하고 냄새를 맡아 보기도 하는데, 그 과정에서 너무 가까운 거리에 있으면 떨어지라는 의미로 하악질을 하기도 합니다. 상대에게 한 번씩 펀치를 날려 보기도 하지만 심각한 수준은 아니지요.

격리가 해제된 후 가장 중요한 것은, 앞서 합사에 관한 설명에서 언급했듯이 서로를 알아 가기 위해 사용하는 고양이의 행동 언어를 모두 폭력으로 오해하지 않아야 합니다. 사람의 시선으로 봤을 때 과격해 보이는 신체 접촉들은, 사실 상대를 파악하기 위해 사용하는 언어 수단이기도 합니다. 혹시나 싸움이 커질까 걱정하며 고양이들의 커뮤니케이션 방법을 모두 차단하면 안 돼요. 처음 문이 열리고 상대에게 가까이 다가간 아이들이 으르렁거리고 하악질 하는 것은 너무 자연스러운 반응입니다. 충분한 격리 기간을 통해서 서로에 대해 나쁘지 않은 인상을 갖게 되고 합사문이 열렸다면, 거리 유지의 경고는 시간이 지나면서 반드시 줄어듭니다. 으르렁 소리와 하악질은 횟수보다 지속 시간에 좀 더 중점을 두고 관찰해 주세요. 하루에 여러 번을 으르렁거려도 짧게 으르렁거리고 바로 떨어져서 다른 곳으로 간다면 그냥 두어도 됩니다. 서로 대치하면서 길게 으르렁거린다면, 집사님이 장난감을 흔들거나 아이들 중간에 앉아서 서로 노려보지 않도록 시선을 차단해 주세요.

시간이 지나면 서로를 향한 으르렁거림과 하악질의 빈도가 줄어들게 되는데, 이는 둘 사이의 경계심과 긴장감이 어느 정도 해소된 상태를 의미합니다. 이때부터 집사님은 냥이들이 경계심을 풀고 서로를 알아 가기 위해 긍정적인 신체 접촉을 하는지 관찰해야 합니다. 지금부터 고양이들이 서로에게 호기심을 갖고 상대방을 찔러 보는 2단계가 시작되기 때문입니다.

많은 집사님이 이 시점에서 이제 합사 완료라고 안심을 합니다. 하지만 아직은 합사 완료 시점이 아니에요. 지금 고양이들의 상태를 설명하자면, 기존 아이는 '아 재가 우리 집에 살려나 보다.'를 실감한 정도, 새로 온 아이는 '아 여기가 이제 내가 살아야 할 곳인가 보다.'를 인지한 정도입니다. 가장 중요한 포인트인 '함께 살기에 괜찮은 아이일까?'라는 부분에 대해서는 전혀 알 수 없는 상황입니다. 이제부터 본격적으로 두 고양이는 서로를 알아 가야 하지요. 물론 합사문이 열리자마자 서로 치열하게 적대적인 아이들도 있습니다. 이런 경우는 대체로 격리 기간 동안 충분히 서로 긍정적인 냄새 교환이나 얼굴 보기가 이뤄지지 않아서, 서로를 마주할 마음의 준비가 되지 않은 경우입니다. 또는 합사가 힘들 수 있는 성격을 가진 아이들일 수도 있습니다.

2단계 - 호기심을 동반한 직접적인 신체 접촉 시기

긴장감이 어느 정도 풀린 아이들은 괜히 상대방에게 앞발 펀치를 하고, 우다다를 하기도 하며, 상대가 앉았던 주변에 앉아 보기도 합니다. 이러한 행동은 상대에게 호기심을 가지고 있다는 긍정적인 신호입니다. 그런데 이 시점에서 주의할 것이 있어요. 초기에 우다다를 할 때 아직은 서로를 완전히 신뢰하지 않은 상태이기 때문에, 우다다를 하면서도 마무리가 매끄럽지 못하고 하악질로 끝날 때가 많습니다. 그래서 이런 상황이 자주 발생한다면 우다다를 시작할 때(서로 으르렁거리며 대치하기 전에) 간식 보상을 하세요. 혹은 장난감으로 아이들을 불러서 함께 놀아 줄 수도 있습니다. 재미있는 놀이로 시작해서 싸움으로 마무리되지 않도록 중간에서 집사님이 인터셉트를 해 주세요.

대다수의 집사님이 냥이들이 같이 있을 때 좋은 기억을 줘야 한다고 생각하고 아이들이 싸울 때마다 간식을 이용하는 실수를 합니다. 간식은 행동 강화 용도이기 때문에 싸울 때 간식을 주면, 간식으로 인해 아이들의 싸움이 강화됩니다. 싸울 때는 장난감으로 관심을 돌리고, 아이들이 서로 평화롭게 놀거나 주변에 함께 있을 때 행동 보상 용도로 간식을 이용하세요.

격리 해제가 시작된 이후 초기 긴장 시기를 지나 으르렁이 없어진 아이가 상대방과 거리를 두고 조용히 피하는 상황은, 싸움이나 과격한 신체 접촉이 없다고 해도 그리 긍정적이지 않습니다. 꽤 평화롭지만 철저히 독립적인 상황을 유지하는 아이의 행동은 더 친해지고 싶지 않다는 신호일 수 있기 때문입니다.

3단계 – 상대가 '좋다, 싫다'를 결정하는 시기

아이들에 따라서는 한 달이나 두 달이 지나서야 사이가 나빠지는 경우도 있습니다. 고양이들이 합사를 시작하고 사이가 괜찮아 보이는 시기를 탐색기라고 했을 때, 이 기간이 한 달 이상 길어지는 사례들도 있지요. 탐색기가 길게 나타나는 사례를 보면 상대방이 싫어서 사이가 나빠진 것보다는, 상황에 대한 불만족을 해소하지 못해서 그 불만의 표현이 상대방을 향하는 경우가 많습니다.

그리고 일부 고양이는 이 시기부터 집사님과의 관계가 예전 같지 않기도 합니다. 예전에는 항상 집사님 옆에서 잤는데 지금은 잘 안 온다거나, 스킨십을 피하는 행동을 하는 것이지요. 이러한 아이는 1:1 개인 놀이 시간을 따로 가지면서 마음을 풀어 주어야 합니다. 소외감이 들지 않게, 그리고 새로운 고양이가 오기 이전 생활 패턴과 크게 달라진 것이 없도록 해야 합니다.

합사문이 열리고 나서 아이들 각자의 사냥놀이 반응을 최대한으로 올려 주고, 더 나아가 함께 노는 시간을 공유하게 하는 것은 정말 중요한 과정입니다. 함께 있을 때 좋은 기억을 심어 줘야 한다는 것을 우리 모두 알고 있습니다. 다만, 함께하는 놀이 훈련이 쉽지 않기 때문에 그 방법이 간식 같이 먹기에만 너무 한정되어 있습니다. 공평하게 사냥 기회가 돌아오는 함께하는 놀이 시간, 함께 있을 때마다 주는 간식, 그리고 함께 가까이 있을 때 집사님이 해 주는 기분 좋은 스킨십 등을 최대한 활용해 놀이 시간을 함께하세요.

고양이들이 싸우는 진짜 이유

일반적으로 고양이들이 싸울 때 공격하는 고양이는 집사님에게 더 많이 야단을 맞습니다. 그리고 공격당하는 고양이는 더 자주 보호를 받지요. 하지만 집사님의 이런 중재 방법은 아이들의 관계를 더 악화시킵니다. 지금 공격하는 아이의 입장에서 보면 집 안의 정의를 위해서 열심히 노력하는 것인데 엄마가 자기만 혼냅니다. 그러면 아이의 반감은 더욱 심해지지요. 결국 공격하는 아이를 심리적으로 이해하고 그 원인을 해결하지 않으면, 아무리 공격당하는 아이를 보호하고 싸움을 뜯어말려도 상황은 해결되지 않습니다.

특정한 사건을 계기로 서로 오해가 생겨서 관계가 틀어지는 상황을 제외하면, 다른 고양이에게 싸움을 자주 거는 상황은 크게 3가지로 나눠 볼 수 있습니다. 첫 번째는 외로운 고양이들, 두 번째는 좌절한 고양이들, 그리고 세 번째는 관계를 맺는 사회성이 떨어지는 외동묘 기질을 가진 고양이들입니다. 많은 집사님이 성묘에게 싸움을 거는(적어도 집사님의 눈에 그렇게 보이는) 아기 고양이로 인해 고민하지만, 여기에서는 아기 고양이가 동거묘를 귀찮게 하는 행동에 대해서는 다루지 않습니다. 아기 고양이는 싸움을 하기 위해 다른 고양이에게 신체 접촉을 가하는 것이 아니기 때문이에요.

외로움을 느끼는 고양이들

고양이는 여러 가지 이유로 생활하는 환경에서 외로움과 소외감을 느낍니다. 그리고 이러한 심리적인 위축감으로 인해서 공격적인 성향을 갖게 되는 고양이가 있습니다. 당연히 개묘차가 존재하지만 이 카테고리에 있는 아이의 성향은 대개 활발하고, 질투도 많고, 애교도 많고, 또 싫은 것은 바로 표현하는 편이에요. 이러한 냥이 중에는 가정에서 막내의 위치에 있다가 다른 동거묘가 들어오는 바람에 막내로서의 역할이 깨져 버린 아이가 있습니다. 또 악의는 없지만 과격한 놀이 행동을 보이는 아이도 있지요. 이렇게 서툰 대화법을 가진 아이 역시 동거묘들에게 인기가 많지 않기 때문에, 고양이들과의 관계에서 소외감을 느낄 수 있습니다.

이러한 고양이의 대부분은 어릴 적 사회화 시기에 다른 고양이들과 함께 있는 시간을 충분히 갖지 못하면서, 신체 언어가 과격해진 경우가 많습니다. 대화법이 서툰 고양이는 성묘임에도 다른 고양이들에게 놀자는 표현으로, 갑자기 상대방을 덮치고 목을 물거나 사냥감을 쫓듯이 뒤쫓아 가는, 주로 아기 고양이가 하는 행동을 합니다. 서툰 대화법으로 인해 다른 고양이들과 견고한 유대감을 갖지 못하고 집사님의 관심마저 충분히 받지 못하게 되면, 다른 아이들을 괴롭히는 방법으로 자신의 불만족을 표현하기 시작합니다.

이렇게 외로움을 바탕으로 동거묘들을 괴롭히는 아이는 특정 한 아이만 공격하기보다는 여러 아이에게 시비를 거는 양상을 보일 때가 많습니다. 물론 더 자주 시비를 거는 동거묘가 있기도 하지만 각각 시비 거는 횟수가 다를 뿐이지, 한 마리 이상의 아이들에게 시비를 걸어서 티격태격하는 싸움이 잦은 경우가 많아요. 시간이 지나면서 작은 다툼들이 자기가 가장 싫어하는 아이한테 집중되기 시작하고, 이는 관계 악화로 이어집니다.

이 카테고리의 고양이에게 가장 필요한 것은 역시 집사님의 관심입니다. 이 아이와 따로 놀아 주거나 집사님과 오붓하게 함께하는 시간을 짧게라도 가져 주는 것이 반드시 필요합니다. 그리고 다른 아이들과 함께하는 놀이 시간도 자주 가져 주세요. 이 아이가 본격적으로 집사님의 관심을 받게 되면, 전에 없이 의기양양해져서 더 시비를 거는 시기가 있기도 합니다. 놀아 줘야 스트레스가 풀린다고 해서 놀아 줬더니, 놀고 나서 다른 고양이들을 더 괴롭히고 다닌다고 하소연하는 집사님이 많습니다. 그래도 집사님은 사냥놀이를 멈추지 말고 끈기 있게 아이와 시간을 가져 주어야 합니다. 그동안 소외됐던 마음을 풀고 싶은 거라고 이해해 주세요. 아이가 꾸준히 집사님에게 집중 관심을 받는 시간을 만들어, 마음의 안정을 찾을 수 있게 도와주세요. 심적으로 안정되고 여유로워지면 다른 고양이들과의 관계에서도 긴장감과 적대감이 줄어듭니다.

또한 어떤 시점에서 다른 고양이들에게 시비를 거는지를 파악하는 것이 행동 개선에 많은 도움이 됩니다. 시비가 붙는 상황이 일어날 전조 증상이 보일 때 관심을 돌려, 동거묘를 괴롭히는 대신 다른 재미있는 것을 하도록 유도하세요.

외롭고 소외감을 느끼는 고양이는 상대의 긍정적인 반응과 부정적인 반응을 구별하지 않는 경우가 있습니다. 어차피 상대가 자신이 하는 행동은 다 싫다고 하니까, 어떤 행동이 상대의 호감을 사는 행동인지를 학습하지 못하기 때문이에요. 그래서 아이는 상대방이 반응하는 강도에만 집중하게 되고, 자신이 신체 접촉을 가했을 때 반응이 큰 아이를 더 괴롭히게 됩니다. 외로움을 느끼는 냥이는 관심을 받고 싶어서 과한 행동을 한다는 것을 꼭 기억하세요. 특히 이 아이에게는 어떤 상황에서 집사님의 칭찬을 받을 수 있는지를 알려 주는 것이 아주 중요합니다.

좌절감을 느끼는 고양이들

환경과 상황에 대한 불만족이 한계에 다다른 고양이는 심리적인 좌절감으로 인해 공격적인 행동을 보이기도 합니다. 가장 대표적인 예가 거대 규모의 다묘 가정이에요. 매우 한정적인 공간에서 생활하는 아이들, 다른 동물이 자주 왔다 갔다 하는 생활 환경이나 동거묘와의 관계에서 스트레스를 받는 아이들도 역시 여기에 해당합니다. 집사님이 오랜 시간 집을 비우거나 아이와 함께 시간을 충분히 보내지 않는 상황도 이 카테고리에 들어갈 수 있습니다.

좌절한 상황으로 인해 공격성을 갖는 고양이가 보이는 가장 대표적인 특징은 현저하게 떨어진 사냥놀이 반응입니다. 이 상황의 아이 중 일부는 놀이도 뭐도 다 싫고 집사님의 껌딱지로만 살겠다는 듯 과도하게 의존하는 행동을 보이기도 해요. 그리고 동거묘에게 공격성을 보이는 행동 외에도 소변 테러, 심하게 울기, 강박적인 그루밍 등의 다른 문제 행동을 동반하기도 합니다. 좌절감으로 인해 삐뚤어지기로 결심한 냥이의 문제 행동을 개선하는 데는 더 많은 시간이 소요됩니다. 이 아이의 문제점을 해결하기 위해서는 체계적인 환경 정비도 필요하고, 더 좋아진 환경에서 이전 생활 환경으로 인해 잃어버린 신뢰를 되찾는 데 시간이 걸리기 때문이에요.

이러한 고양이에게 가장 필요한 것은 '사는 낙'을 만들어 주는 것입니다. 좋아하는 간식을 주고, 안아 주는 것만이 아이의 낙이 되어서는 안 됩니다. 아이가 언제부터 서서히 이렇게 되었는지 그 시점을 찾아내서 최대한 그 이전 환경으로 돌려놓거나, 그 변화된 부분을 만회할 수 있는 다른 풍요로움을 마련해야 합니다. 그리고 우선으로 필요한 작업은 현저하게 낮아진 사냥놀이 반응을 올려 주는 일이에요. 고양이의 호기심을 이용해서 생활 환경에서 재미를 느끼게 하는 것이 이 아이의 마음을 다시 되돌릴 수 있는 첫 번째 단계입니다.

고양이가 환경에서 좌절감을 느끼는 절대적인 기준치는 없으며, 각 상황에서 좌절감을 느끼는 지점도 모두 다릅니다. 그렇기 때문에 '다른 집 고양이들은 잘만 지내는데 넌 왜 이렇게 유난스럽니?'라고 생각하지 말아 주세요. 이 아이도 나름 그동안 최선을 다해서 견뎌 온 것인데, 결국 더는 견딜 수가 없는 한계에 다다른 것입니다. 힘들게 견딘 아이를 위해서 환경 정비를 하고 삶의 낙을 찾아 주세요. 아이에게 스트레스를 해소할 수 있는 탈출구를 만들어 주어야 합니다.

사회성이 미흡한 고양이들

고양이 중에는 어미젖을 제대로 떼기도 전에 사람과 함께 살게 되었거나, 사회화 형성 시기를 불안정하게 지낸 아이들이 있습니다. 이런 고양이는 안정적인 환경에서 어미와 형제들과 함께 자란 아이들보다 사회성이나 다른 동물에 대한 관계 적응력이 떨어질 수밖에 없습니다.

사회성이 부족한 고양이의 행동 수정을 통한 관계 개선은 개선 속도가 미미하기도 하고, 때로는 관계 개선이 전혀 이루어지지 않기도 합니다. 그리고 다른 카테고리의 고양이들보다 좀 더 격렬한 싸움 양상을 보이기도 해요. 그러나 사회성이 떨어지는 고양이들이 모두 공격적인 행동을 하지는 않습니다. 먼저 상대에게 폭력을 행사하기 보다, 수시로 으르렁거리며 다른 고양이들의 접근을 허락하지 않는 예민한 행동을 보이는 경우도 아주 많아요. 그런데도 사회성이 미흡한 고양이의 공격성이나 관계 개선이 어려운 이유는 이 아이가 다른 고양이들을 싫어하기 때문입니다. 다른 고양이가 가까이 접근하는 것이나, 자신의 눈앞에서 움직이는 것을 허락하지 않는 등 극심한 거부감을 보이지요. 집사님이 두 고양이의 사이를 아주 잘 중재했다 하더라도 서로의 사생활을 인정하며 데면데면하게 동거만 할 뿐, 알콩달콩한 분위

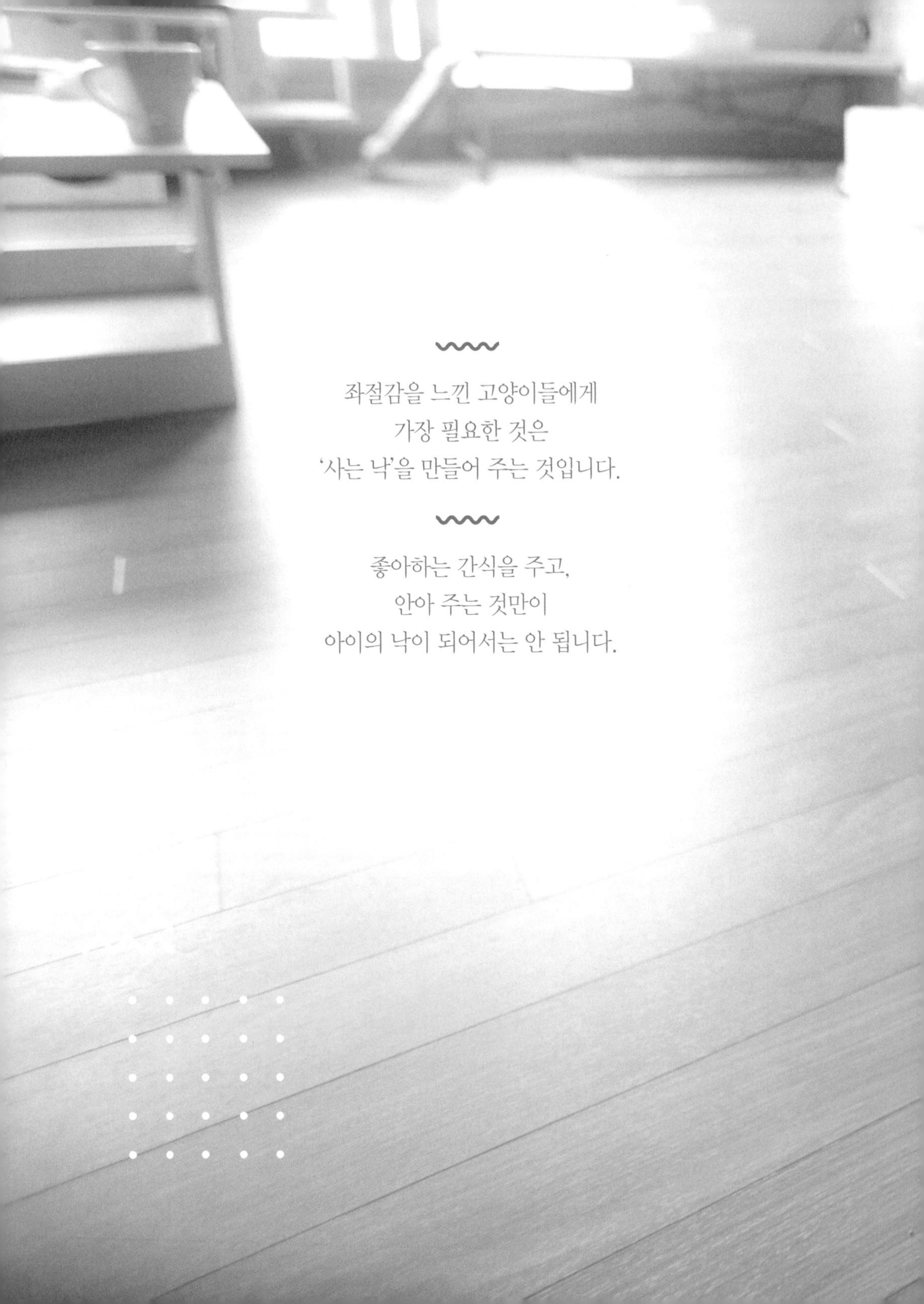

좌절감을 느낀 고양이들에게
가장 필요한 것은
'사는 낙'을 만들어 주는 것입니다.

좋아하는 간식을 주고,
안아 주는 것만이
아이의 낙이 되어서는 안 됩니다.

기를 연출하지는 않습니다.

사회성이 결여된 아이가 싸움꾼으로 거듭나는 것을 해결하는 가장 최선의 방법은 예방입니다. 오랫동안 혼자 외동묘로 자랐거나 어릴 때 분유를 먹여서 키운 성묘라면, 웬만하면 다른 동거묘를 들이지 않는 것이 가장 좋습니다.

싸움을 말리는 방법

싫어하는 대상이 있어도 매일 싸우기는 쉽지 않지요. 그런데 이 어려운 것을 매번 해내는 아이들이 있습니다. 고양이들이 자주 싸울 때 집사님은 싸움을 적절히 중재할 필요가 있습니다. 싸움은 할수록 그 기술이 늘거든요. 매일매일 싸움을 한다는 것은 매일매일 액션 스쿨에 다니는 것과 같다고 생각할 수 있습니다. 처음에는 앞발 냥냥펀치로 시작하다가 시간이 지날수록 목덜미 물어뜯기, 상대방 털 씹어 먹기로 발전하지요.

자연에 사는 고양이들의 경우 결투에서 졌다면 자기를 이긴 상대가 없는 곳으로 영역을 옮기거나, 그 상대가 안 보이는 곳으로 숨어서 다니게 됩니다. 그러나 실내 생활을 하는 고양이들은 이런 도피의 선택 옵션이 없기 때문에, 두 원수는 매일 부딪힐 수밖에 없어요. 공격하는 고양이는 저 아이만 보면 화가 나는데, 계속 내 눈앞에서 얼쩡거립니다. 공격당하는 고양이는 재만 보면 두렵고 긴장되고 떨리는데, 날 계속 노려보면서 스토킹합니다. 그러나 마땅히 피할 곳이 없지요. 이렇게 사이가 좋지 않은 두 고양이는 만날 수밖에 없어서 매일 싸움이 반복되는 것입니다. 이외에도 두 아이의 사이가 나쁘지 않은 관계라 해도 우다다나 레슬링 놀이로 시작했다가 과격한 싸움으로 끝나는 경우도 많습니다.

1단계 – 가볍게 다투는 고양이들의 관심 돌리기

고양이들이 서로 노려보며 으르렁거리는 소리가 들릴 때마다 매번 다가가서 중재해야 하는 것은 아닙니다. 그러나 싸움에서 반복적인 패턴화가 발생한다면,

이때는 집사님의 중재가 필요해요. 함께 지내는 고양이들이 평소에 가벼운 마찰을 보일 때 사용할 수 있는 중재 방법은 관심 돌리기입니다. 이는 서로 잘 놀다가 과격한 육탄전으로 끝나거나, 그루밍으로 애정 행각을 하다가 싸움이 붙거나, 화장실 스토킹으로 시작되는 마찰 시에 사용할 수 있는 중재 방법입니다.

조금 전까지도 둘이서 우다다도 하고 함께 뛰어놀던 고양이들이 어느 순간 보니, 한 아이가 바닥에 드러누워 네 다리를 상대를 향해 치켜들고 배트맨 귀를 장착한 채로 으르렁거리고 있습니다. 꼬리도 바닥에 탁탁 치면서 불편한 심기를 드러내고 있어요. 상대방은 그런 아이를 위에서 내려다보며 레이저를 쏘고 꼬리를 휙휙 젓고 있습니다. 이러한 상황이 자주 발생한다면 아이들을 잘 관찰해 보세요. 잘 놀다가 먼저 으르렁거리는 아이가 정해져 있다는 것을 발견할 수 있을 것입니다. 그리고 놀 때마다 과격하게 흥분해서 함께 노는 상대를 버겁게 하는 아이도 정해져 있습니다. 이 둘은 놀 때 이렇게 노는 것을 패턴으로 가지고 있기 때문에 이 상황이 반복됩니다. 이 경우에는 집사님이 싸움에 직접적으로 관여하지 말고, 장난감을 흔들거나 이름을 부르는 것으로 아이들의 관심을 돌려주세요. 이렇게 아이들의 행동이 다음 단계로 더 진전되지 않도록 하는 것이 좋습니다. 놀다가 으르렁거린다고 야단을 치면, 아이들은 서로 함께 놀이하는 행동 자체에 나쁜 인식이 형성될 수 있어요. 그리고 평소 이렇게 육탄전으로 노는 아이들에게는 집사님이 사냥 장난감 놀이 시간을 좀 더 가져 줄 필요가 있습니다. 레슬링이 아닌 다른 형태의 상호 놀이로 스트레스를 풀어 주세요.

그루밍해 주다가 싸우는 아이들도 마찬가지입니다. 서로 그루밍하기 시작하면 집사님이 다가가서 한 아이씩 쓰다듬어 주면서, 자연스럽게 아이들이 그루밍을 멈추고 집사님의 손길을 받는 것에 집중하게 해 주세요. 그루밍을 하다가 싸우는 이유는 고양이들마다 애정 표현의 방법이 다르기 때문입니다. 그루밍은 대표적인 애정 표현법이지만, 모든 냥이들이 그루밍으로 애정 표현을 하지는 않습니다. 그루밍을 즐기지 않는 냥이는 그루밍을 해 주는 상대의 호의를 짧은 맞그루밍으로 대응하면서 정중히 중단 요청을 하기도 합니다. 그러나 자신의 중단 요청에도 불구하고 상대방이 행동을 멈추지 않으면 다툼이 일어나거나, 한 아이가 자리를 피하게 되는 상황이 되지요. 특히 성묘의 경우 어린 동생이 자신에게 과격하게 헤드락을 걸거나 레슬링을 시도할 때, 어린 고양이의 목을 잡고 그루밍을 하면서 진정시키려는 행동하기도 합니다. 그루밍 중에 싸우는 상황이 자주 일어날 때마다 집사님이 야단을 치거나 둘 사이를 억지로 떼어 놓으면, 두 고양이는 애정 표현 자체에 좋지 않은 인식이 생기게 됩니다. 그렇기 때문에 싸움에만 초점을 맞추어 행동 자체를 막는 것이 아니라, 싸움으로 가기 전에 아이들을 쓰다듬어 주면서 싸움으로 진전되는 것을 막아 주세요.

평소에 아이들이 정말 좋아하는 액티비티를 하나 만들어 놓으면, 싸움으로 가지 않게 관심을 돌릴 때 아주 유용하게 사용할 수 있습니다. 저희 집의 경우에는 아이들이 놀다가 흥분해서 으르렁거리기 시작하면 클리커를 꺼내 듭니다. 아이들이 낚싯대보다 클리커 훈련을 더 좋아하기 때문이에요. 때때로 집사님의 짧고 단호한 "안 돼, 그만"이라는 경고의 지시어 역시 상황을 중단시키는 데 도움이 되지만, 이러한 경고의 지시어는 관심 돌리기가 잘 되지 않을 때만 사용하는 것이 좋습니다. 고양이는 중간에 자신의 행동이 중단되는 것보다, 흥미 있는 행동으로 관심이 옮겨갔을 때 더 좋은 마무리를 갖게 되기 때문입니다.

2단계 - 싸움 전 대치 상황의 중재

사이가 안 좋은 고양이들이 싸움 전에 서로 대치하고 있는 상황에서의 중재 방법은 좀 더 적극적일 필요가 있습니다. 고양이들의 싸움 패턴을 보면, 우선 공격하는 아이가 자신이 괴롭힐 아이를 계속 노려봅니다. 상대방과 눈이 마주칠 때까지 노려보지요. 그러면 괴롭힘을 당하는 아이는 그 눈빛에 겁을 먹고 몸을 움츠리며 으르렁 소리를 내기 시작합니다. "가까이 오지 마. 저리 가."라는 메시지를 보내는 것이에요. 그런데도 공격을 하려는 아이는 자세를 낮추고 천천히 그 아이에게 다가가거나 더 총력을 기울여서 노려봅니다. 그러면 괴롭힘을 당하는 아이는 겁을 먹고 도망가기 위해 발을 한 발 뗍니다. 바로 이때 노려보던 아이가 와서 상대방을 덮칩니다. 고양이는 신중한 사냥꾼의 후예들이기 때문에 공격할 대상이 눈에 보인다고 바로 달려들지 않아요. 갑작스러운 소리나 사건 등으로 놀라서 흥분한 경우가 아니라면, 본격적인 싸움 전에 상대를 겁먹게 하고 덮칠 기회를 포착하기 위해 대치하는 상황이 반드시 존재합니다. 그래서 이렇게 대치할 때 아이들의 행동을 다른 행동으로 바꿔 주면, 싸움으로 발전되는 것을 막을 수 있습니다.

싸움 전 대치 상황을 막기 위해 먼저 관심을 돌리는 방법을 이용하세요. 대치 중인 아이들이 장난감으로 유인하기나 쓰다듬기로는 관심을 전혀 돌리지 않는다면, 조금 더 강력하게 관심을 돌리는 방법이 있습니다. 집사님이 노려보고 있는 두 고양이 가운데에 앉거나 서서 아이들의 시선을 차단하는 겁니다.

집사님이 서로 노려보는 아이들 가운데에서 시선을 차단했는데도 긴장감이 줄어들지 않거나, 두 아이 중 누구도 다른 곳으로 자리를 피하지 않는 경우가 생기기도 합니다. 이때는 집사님이 공격하려는 아이를 장난스럽게 쫓아가서 다른 곳으로 뛰어가게 해 주세요. 가까운 거리에서 서로를 노려보던 두 고양이의 거리가 충분히 떨어지도록 말이지요. 평소에 집사님과 우다다 장난이나 숨바꼭질 장난을 하던 아이라면, 집사님의 행동에 당황하지 않고 다른 곳으로 뛰어갈 수 있습니다. 이때 중요한 것은 집사님의 목소리 톤입니다. 절대로 야단치는 톤이 아닌, 평소 장난을 걸 때의 톤으로 놀이하듯 자리를 이동시키세요.

아이들이 팽팽하게 대치 중일 때 집사님이 가서 열심히 안구 레이저를 발사하고 공격하려는 아이를 직접 안고 옮겨서, 두 아이의 거리를 충분히 떨어뜨려 줄 수도 있습니다. 그리고 옮겨 놓은 아이 옆에 잠시라도 앉아 있어 주세요. 단, 이 방법은 관심 돌리기, 가운데에서 시선 가로막기, 다른 곳으로 장난스럽게 쫓기도 안 되는 경우에만 사용해 주세요. 또한 고양이를 옮길 때 아이가 심하게 흥분한 상태라면 집사님에게 거부감을 표시하며 공격적인 행동을 보일 수도 있으므로 주의해야 합니다. 냥이를 안아서 다른 곳으로 옮겨 놓으면 긴장한 채로 집사님의 눈을 마주치려 하지 않고, 다른 곳으로 쭈뼛쭈뼛 걸어 다니는 행동을 보이기도 합니다. 이런 냥이를 장난스럽게 따라가면서 원래 공격하려던 고양이에게 다시 가지 않도록, 흥분이

가라앉을 때까지 사냥놀이를 가볍게 하며 함께 함께 있어 주세요. 아이의 흥분이 완전히 가라앉은 것이 확인되었다면, 싸우려 했던 두 아이에게 먹이 보상을 한 조각씩 주세요. 단, 아이들이 대치 중일 때는 간식으로 달래면 안 됩니다. 적대감을 간식으로 보상받게 되어서 더욱 적대감이 강화됩니다.

고양이를 직접 안아 옮기는 상황에서 주의해야 할 것은, 옮긴 후에 냥이를 많이 쓰다듬는 등의 애정 표현을 자제해야 한다는 것이에요. 집사님이 아이를 진정시키려고 하는 스킨십 역시 자신의 공격 행동에 대한 칭찬 보상으로 인식하게 될 수 있습니다. 그냥 차분하게 공격하려던 고양이를 들어 올려서 거리를 떨어뜨려 주면 됩니다.

싸움을 거는 냥이를 아무리 야단치고 다른 방에 격리해 두어도, 아이는 왜 그런지 이해하지 못합니다. 고양이는 본능적으로 자신이 싸움을 하면 집사님이 싫어한다는 것을 인지하지만, 싸움을 하면 왜 안 되는지는 절대 이해할 수 없습니다. 고양이에게 싸움을 하면 안 된다는 것을 이해시킨다는 것은 냥이에게 선악의 도덕관념과 약자에 대한 정의, 상대방에 대한 예의, 가족애의 숭고함 등을 이해시키는 것과 같습니다.

3단계 - 응급 상황 중재 방법

마지막은 집사님의 레이더망 사각지대에서 발생한 아이들의 싸움을 말리는 방법입니다. 이미 뒤엉켜서 전투를 벌이고 있다면 이들의 싸움을 말려야 하지요. 그런데 상담을 하다 보면 집사님이 싸우는 아이들을 손으로 직접 뜯어말리다가 큰 상처를 입고 병원까지 다녀온 사례를 정말 많이 접하게 됩니다. 고양이들이 서로 싸우고 있을 때는 절대 맨손으로 말리면 안 됩니다. 행여 아이들이 다칠까 봐 본능적으로

다가가서 말리게 된다는 것을 알지만, 집사님이 크게 다칠 수도 있고, 어떤 경우에는 흥분 상황과 집사님의 말리는 행동이 함께 연결 지어져서 고양이와 집사님의 관계에도 문제가 생길 수 있습니다.

고양이들의 싸움을 말릴 때 가장 많이 이용되는 방법은 역시 진공청소기입니다. 청소기 대신 큰 소리가 나는 헤어드라이어 등을 이용할 수도 있습니다. 그러나 청소기나 드라이어 사용을 적극적으로 추천하지는 않아요. 안 그래도 소리에 민감한 고양이는 가뜩이나 청소기나 드라이어를 싫어하는데, 싸움 말릴 때 그것을 사용하면 그 소리에 대한 거부감이 더 커지게 됩니다. 그리고 싸움을 하지 않는 다른 아이들까지 소음 피해를 받게 됩니다. 그래서 이 방법은 정말 정말 아껴서 위급 상황에만 이용해 주세요. 청소기 소리만 낼 수도 있고, 소리는 내지 않고 청소기를 아이들

주변까지 가져와 볼 수도 있습니다. 청소기를 보면 대부분의 아이들은 서로에게서 떨어져 다른 곳으로 도망갑니다. 그런데 집사님의 고양이가 청소기 불감증의 천하무적 파이터여서 청소기 소리에도 싸움을 멈추지 않는다면, 이때는 이불을 이용하세요. 이불을 그물 던지듯 아이들 위에 펼쳐서 덮고, 집사님이 이불 위에서 손으로 이불 속 아이들을 떼어 내세요. 정말 위급한 상황에서는 이 방법으로 빠르게 아이들의 싸움을 끝낼 수 있습니다. 그리고 이불을 크게 펼쳐서 들고 오는 집사님을 보는 것만으로도 냥이들은 뿔뿔이 흩어지기도 합니다.

평소에 아이들의 적대감을 줄이는 놀이 시간을 통한 공유 훈련을 하고 있다면, 진공청소기 소리에도 아랑곳없이 싸워서 이불까지 사용해야 하는 상황은 자주 발생하지 않습니다. 그러나 이렇게까지 극심한 싸움이 빈번하게 일어난다면 두 아이의 거주 공간을 분리해서 다시 서로를 인사시켜 주는 과정, 그리고 그 후 다시 만나서 적대감 줄이는 훈련을 해야 합니다. 이런 방법을 통해서도 사이가 전혀 개선되지 않는다면, 이 두 고양이는 한 공간에 같이 살 수 없음을 받아들이는 마음의 준비를 하는 것이 좋습니다.

싸움을 중재할 때 자주 하는 실수

대부분의 집사님은 싸움이 막 끝난 고양이들에게 다가가서 안아 주거나 쓰다듬으면서 위로하려고 합니다. 잔뜩 흥분해 있는 고양이를 안아 주거나 쓰다듬는 것은 고양이의 언어가 아니에요. 안기고 스킨십을 받는 것은 냥이가 사람과 함께 살면서 학습한 사람과의 대화법입니다. 흥분해 있는 고양이들은 지금 본능에 더 충실한 상태이기 때문에, 가까이 다가가서 위로하려는 집사님의 호의를 자칫 공격의 의미로 오해하기도 하지요. 그리고 지금 아이는 사람의 언어로 대화를 할 마음의 여유가 없는 상황입니다. 특히 공격을 받던 아이가 너무 안쓰러워서 싸움이 끝난 후에 안아 주거나 과하게 쓰다듬으려 하는 집사님이 많습니다. 그러나 방금 격렬한 싸움에서 잔뜩 얻어맞고 가뜩이나 기분이 나쁜 고양이는, 자기 몸에 손대려고 하는 집사님의 손길을 편안히 받아들이지 못합니다. 그러니 마음이 아프더라도 싸움이 끝난 직후에는 흥분한 아이들이 서로 안전거리만큼 떨어져서 스스로 흥분을 가라앉힐 수 있도록 시간을 주세요. 흥분을 가라앉히고 움직이기 시작하면 그때 달래 주어도 늦지 않습니다.

다시 말씀드리지만 고양이가 받아들일 수 있는 것은 그 행동의 옳고 그름이 아니라, 그 행동이 과연 자신에게 이득이 되는가 아닌가를 인지하게 하는 것입니다. 따라서 고양이의 문제 행동 수정에 있어서 가장 효과적인 방법은 "지금 네가 하는 행동이 별 쓸모가 없으니까, 우리 그거 대신 더 재미있는 거 하자."를 알려 주는 것입니다.

사이 나쁜 고양이들의 관계 개선 훈련

처음 만난 후 합사 과정에서 부정적인 인식을 갖게 되었거나, 함께 생활하다가 오해나 돌발 상황으로 사이가 나빠진 고양이들의 관계를 개선할 수 있는 방법을 소개할게요.

우선, 집사님에게 다시 한 번 꼭 강조하고 싶은 이야기가 있습니다. 처음 만난 고양이들은 낯선 기류와 경계심으로 가득한 긴장되는 상황이지만, 아직 상대 고양이에 대한 부정적인 인식은 생기지 않은 희망적인 상황입니다. 이미 부정적인 인식이 자리 잡은 아이들의 인식을 바꾸는 과정은 이미 원수지간인 두 고양이의 적대감을 풀어내야 하기 때문에, 아이들에 따라 수개월이 걸리기도 합니다. 사이 나쁜 고양이들이 서로를 대하는 방식은 시간이 지나면서 패턴화됩니다. 즉, 서로를 적대적으로 대하는 것이 습관처럼 되는 것이지요. 이렇게 패턴화된 행동을 교정하는 것은 결코 쉽지 않습니다.

또한 고양이들의 관계가 조금씩 개선되고 있다고 해도 한 번씩 크게 싸우기도 합니다. 집사님이 '얘들은 정말 안 되나 봐.'라며 심리적인 좌절의 바닥을 치게 되는 순간이 반드시 존재하지요. 그렇기 때문에 고양이들의 관계 개선은 상황 하나하나로 발전 여부를 확인하지 말고, 싸움의 강도나 횟수가 줄어들고 있는지, 평소 두 고양이가 활동하는 거리가 좁혀지고 있는지 등 전체적인 상황과 흐름으로 발전 여부를 확인해야 합니다. 그리고 관계에 문제가 있는 두 고양이를 결코 착한 아이와 나쁜 아이로 나눌 수 없습니다. 따라서 집사님은 어느 한 아이에게 감정적으로 치우치지 않는 객관적인 관점을 유지해야 한다는 사실을 꼭 명심하세요.

적정 기간의 격리 과정을 거치고 본격적인 합사를 위해서는 격리문을 열기 전에 집 안 바닥 이곳저곳에 건조 간식을 조금씩 떨어뜨려 주세요. 열린 문으로 나온 아이와 방 밖의 아이가 첫 대면을 할 때, 상대의 얼굴보다 더 관심 가질 만한 장치를 만들어 주는 것이 도움이 됩니다.

사이가 나쁜 아이들의 경우 하루 몇 분이나 몇 시간만 잠깐씩 만나는 부분 합사보다, 적정 기간 동안 격리하여 문 사이로 편안해지는 훈련을 병행한 후 문을 개방하고 쭉 함께 생활하도록 하는 방법이 더 효과적입니다. 고양이는 불쾌하거나 불편한 상대를 만나면 그 상대에 대한 긴장을 풀고 안정을 찾기까지 몇 시간 이상이 걸립니다. 그런데 잠깐씩 얼굴만 보여 준다면 상대를 만나 긴장을 푸는 상황까지 가지 못하고 다시 각자의 방으로 돌아가는 패턴이 반복됩니다. 다음날 만났을 때 다시 긴장하는 것부터 반복해야 하지요. 불편한 상대와 같은 공간에 있어도 감당할 수 있는 안전거리를 지키며 간간이 놀이를 병행하여 두 고양이의 긴장감을 풀어 주세요. 그리고 두 아이가 조용히 집 안 탐색도 해 보고, 상대 앞에서 쉬거나 잠을 청하기도 하면서 자신의 안전함을 경험할 수 있게 하세요.

많은 집사님이 고양이와 놀아 줄 때는 한 마리당 하나씩의 장난감이 필요하며, 따로 놀아 줘야 한다는 것을 이미 알고 있습니다. 독립적인 사냥 패턴을 가지고 있는 고양이들은 여러 마리가 함께 사냥놀이를 하면 경쟁하게 됩니다. 이때 장난감 반응이 늦게 오는 아이나 덜 활발한 아이는 놀이 모임에서 소외되기 쉽습니다. 그래서 각자가 충분히 사냥놀이를 할 수 있는 시간을 확보하기가 어렵기 때문에 따로 놀아 주어야 한다는 이론적 토대가 마련된 것입니다. 만약 사이가 좋지 않은 아이들을 반려하고 있다면, 여기서 한 단계 더 나아가 서로 함께 장난감을 공유하며 놀이하는 시간도 가져야 합니다. 따로 놀아 주는 시간 외에도, 둘이 함께하는 놀이 시간이 추가로 필요합니다. 따로 놀아 주는 것은 고양이의 기본 습성을 바탕으로 아이들 각자의 스트레스를 풀어 주는 방법이며, 함께하는 사냥놀이 시간은 고양이들이 활동과 장소를 공유하고 같이하는 단체 활동 훈련입니다.

사이가 나쁜 고양이들에게 사냥놀이를 통한 단체 활동 훈련이 꼭 필요한 이유는 또 있습니다. 고양이가 동거묘를 공격하게 되는 가장 큰 원인 중의 하나는, 싫어하는 상대가 자신의 주위에서 움직이는 것입니다. 특히 자신이 허락하지 않은 공간, 가령 거실이나 화장실 등에 싫어하는 고양이가 들어왔을 때 공격을 가하는 경우가 많아요. 그렇기 때문에 공격하는 아이는 자기가 괴롭히는 아이가 눈앞에서 움직이는 것을 자주 보면서, 그 모습에 둔감해져야 합니다. 괴롭힘을 당하는 아이도 오히려 상대방 앞에서 자꾸 움직여서 자신감을 가져야 하지요. 이런 고양이들에게 이 체육 시간이야말로 나의 원수와 자연스레 같이 움직일 수 있게 하는 가장 효과적인 방법입니다.

적대적으로 생각하는 동거묘와 함께 놀이를 하는 것은 결코 쉬운 과정이 아닙니다. 혼자서 잘 놀던 고양이도 싫어하는 고양이와 함께하는 놀이 시간은 동참하지 않으려고 해요. 얼굴을 마주하기도 쉽지 않은 두 고양이에게 같이 놀이를 하게 하는 것은 처음에는 불가능에 가깝습니다. 하지만 꾸준히 놀이 훈련을 하다 보면 처음에는 멀찍이 장난감을 바라만 보던 아이들이 앞발을 조금씩 움직이면서 점차 함께하는 놀이에 익숙해지고, 마침내 원수와 한 공간에 있다는 사실보다 놀이에 더욱 집중합니다. 이렇게 '막상 재랑 같이 있어 보니 별거 없네.'라는 경험치가 축적되고, 아이들은 점차 서로에 대한 긴장감을 풀고, 놀이 시간이 아닌 다른 시간에 마주치더라도 덜 긴장하게 됩니다. 그리고 단체 놀이를 하고 나서 간단한 간식 보상으로 놀이 시간을 즐겁게 마무리하는 것이 훨씬 더 효과적입니다.

사이가 나쁜 고양이들은 서로 결투를 벌이는 시간대가 정해져 있는 경우가 많습니다. 대부분 집사님이 집에 들어온 후 아이들이 활발하게 움직이는 시간대에 싸움이 시작되며, 집사님이 자는 새벽 시간에도 자주 발생합니다. 또 싸움이 일어나는 상황이 정해져 있는 사례도 아주 많아요. 가장 흔한 것은 싫어하는 아이가 화장실을 갈 때 따라가서 협박하는 상황입니다. 두 고양이가 싸우는 상황이나 시간대에 패턴화를 발견했다면, 행동이 일어나는 상황과 시간대에 변화를 주세요. 예를 들어, 주로 저녁 시간에 싸운다면 집사님이 집에 들어와서 아이들에게 해 주는 놀이 시간, 간식 시간, 그리고 집사님의 휴식 시간의 순서를 바꿔 보는 것입니다. 그리고 아이가 싸움을 거는 시간대 이전에 그 아이와 오붓한 놀이 시간을 짧게라도 가지는 것이 많은 도움이 됩니다.

집사님의 고양이들이 서로에 대한 적대감으로 가득하다면 아이들과 있을 때 집 안 가구의 배치를 한 번씩 바꾸는 것도 효과적입니다. 캣타워의 위치, 소파의 위치 등 아이들의 생활 터전에 변화를 주세요. 달라진 환경을 탐색하는 데 집중하느라, 지나가다 적을 만나도 이전만큼 상대에게 집중하지 않습니다.

사이 나쁜 아이들이 함께 있을 때 좋은 기억을 만들어 주기 위해 대부분의 집사님이 간식을 함께 먹는 시간을 갖게 합니다. 하지만 간식 먹는 행위 자체로 아이들에게 서로의 좋은 인식을 심어 주는 것은 크게 효과적이지 않습니다. 그보다는 서로 어느 정도 평화롭게 가까이 있을 때 그 상황을 긍정적으로 강화하는 보상으로 간식을 사용하세요.

만약 두 아이가 먹을 때만큼은 나란히 같이 있다면, 간식을 이용한 코터치 훈련이 효과적일 수 있습니다. 집사님의 검지를 아이 얼굴 가까이에 가져다 대면 아이가 손가락 냄새를 맡는 동작을 할 거예요(손가락에 코가 닿지 않아도 상관없습니다). 그 때 작게 자른 간식을 한 조각 주세요. 그리고 다른 아이에게 같은 방법으로 손가락 냄새를 맡게 하고 간식을 하나 주세요. 코터치 훈련은 단순히 간식만 나눠 먹는 행동보다, 중간에 아주 간단한 활동이 하나 더 하는 것만으로도 서로에게 집중하는 것을 더 효과적으로 낮출 수 있습니다.

코터치를 할 때 가까이 있지 못하는 아이들이라면, 이불을 길게 접어서 양쪽 끝에 올라오게 한 후 코터치를 하세요. 길이가 길수록 두 고양이의 거부감은 줄어듭니다. 이러한 코터치 훈련을 반복하면 고양이들은 이불만 펴도 그 위에 자연스럽게 자리하게 됩니다. 그럴 때 집사님은 길게 접었던 이불의 길이를 짧게 해 아이들의 거리를 좁혀 주세요. 코터치가 익숙해질수록 조금씩 작아지는 이불 안에 거부감 없이 자리를 잡으며 서로 가까이 있는 경험을 자연스럽게 반복하게 됩니다. 이불 대신 두 개의 스크래쳐나 방석을 이용할 수도 있습니다. 처음에는 두 개의 방석을 충분히 떨어뜨려서 집사님이 중간에 자리하여 두 고양이에게 코터치를 하다가, 차츰 두 개의 방석을 가까이 붙이는 방법으로 거리를 좁혀 가는 훈련입니다. 코터치 놀이가 매일 성공적으로 진행되고 있는 가정에서는 코터치에 사용했던 이불이나 방석에서 두 아이가 편안하게 가까이 있는 모습을 목격할 수 있습니다. 훈련에 사용했던 이 작은 영역은 우리 아이들에게 평화의 공간으로 인식되기 때문이에요.

성묘와 함께 사는 아기 고양이

성묘가 있는 집에 아기 고양이가 오면 생기는 일

많은 집사님이 악동 막내 고양이를 입양하고 많이 힘들어합니다. 아기 고양이가 쉴 새 없이 기존 성묘 덮치고 깨물고 귀찮게 하기 때문입니다. 아기 고양이가 새로 들어오면 그 가정에서는 자주 하악질과 으르렁 소리가 교차합니다. 상당수의 성묘가 아기 고양이로 인해 스트레스를 심하게 받아서 식음을 전폐하기도 하지요. 이런 모습을 보면서 집사님들은 하나같이, 첫째랑 둘째는 이 정도까지 활발하지 않았다고, 새로 들어 온 막내는 너무 심하다고 말합니다. 집사님에게 이런 말을 들을 때마다 저는 이렇게 대답합니다. "건강하고 착하고 순한 아기 고양이는 집사님 집안의 3대가 공덕을 쌓아야 만날 수 있어요. 집사님의 막내가 심한 게 아니라 집사님의 공덕이 다 된 거예요. 아기 고양이들은 원래 이래요."라고 말입니다. 새로 온 아기 고양이의 이런 골치 아픈 행동들은 문제 행동이 아닙니다. 아이가 호기심이 충만하고 행복해서 다른 고양이를 귀찮게 하는 것은 그 어떤 스트레스 보조제로도 안정시킬 수 없으며, 진정제를 먹이지 않는 이상 아기 고양이를 진정시킬 방법은 없습니다.

상당수의 집사님은 아기 고양이가 성묘를 귀찮게 하는 행동을 '싸움을 건다'라고 표현합니다. 그러나 아기 고양이를 이해하기 위해서는 질투심이나 서열 등에 대한 생각은 아예 접어 두세요. 아기 고양이는 그런 것에는 전혀 관심을 갖지 않습니다. 아기 고양이의 머릿속에 가장 많이 자리 잡은 것은 호기심과 탐구욕이기 때문에, 늘 바쁘게 돌아다니고 많은 것을 경험해 보려고 합니다. 가정에 다른 동거묘가 있다면 그 동거묘들 중에서 가장 자기 행동을 잘 받아 주는 냥이를 골라서 하는 건다 따라 하려고 하지요. 아기 고양이의 간택을 당한 냥이는 험난한 하루하루를 살게 되고, 그걸 지켜보는 집사님들은 어떻게든 아기 고양이가 그 아이를 괴롭히지 못하도록 말리려고 애를 쓰게 됩니다. 그런데 바로 이 과정에서 가장 큰 실수가 생겨납니다. 아기 고양이를 가장 잘 교육할 수 있는 것은 사람이 아니라 다른 고양이라는 사실을 잊지 마세요.

아기 고양이 이해하기

아기 고양이가 냥아치로 불리는 가장 큰 이유는 다른 고양이들을 덮치는 행동 때문입니다. 그러나 안타깝게도 이 행동은 사람이 교정해 주기에는 한계가 있습니다. 아기 고양이는 성묘 중에 자신의 행동을 제일 잘 받아 주거나, 가장 크게 반응하는 냥이를 선택하고, 그 아이를 타깃으로 덮치고 찔러보기 시작합니다. 그런데 이때 집사님이 계속 어린 고양이의 행동을 말리고 억지로 떼어 놓으면, 아이는 자신이 이렇게 행동했을 때 상대방의 제대로 된 반응을 학습하지 못합니다. 제가 이렇게 말하면 집사님은 대부분 "이미 우리 큰아이는 신경질을 내면서 싫다는 데도 계속 덤벼요."라고 말합니다. 하지만 우리는 성묘가 왜 계속 신경질을 내는지에 주목해야 합니다. 성묘는 안 그래도 자기를 매번 귀찮게 하는 아기 고양이가 싫습니다. 그래서 아기 고양이가 자기를 덮칠 때마다 으르렁 소리를 크게 내는데, 그러면 집사님이 아기 고양이를 자기에게서 떼어 놓지요. 결국 성묘는 그냥 신경질만 잔뜩 내면 엄마가 해결해 주니까 아기 고양이를 상대할 필요가 없습니다.

이렇듯 아기 고양이의 흥분 행동을 집사님이 매번 못하게 말리는 것은 아이의 행동 개선에 큰 효과가 없습니다. 성묘가 아기 고양이의 행동들 중 받아 줄 것은 받아 주고, 과한 행동은 거절하며 싫다고 의사 표현을 해 줘야 아기 고양이가 상대를

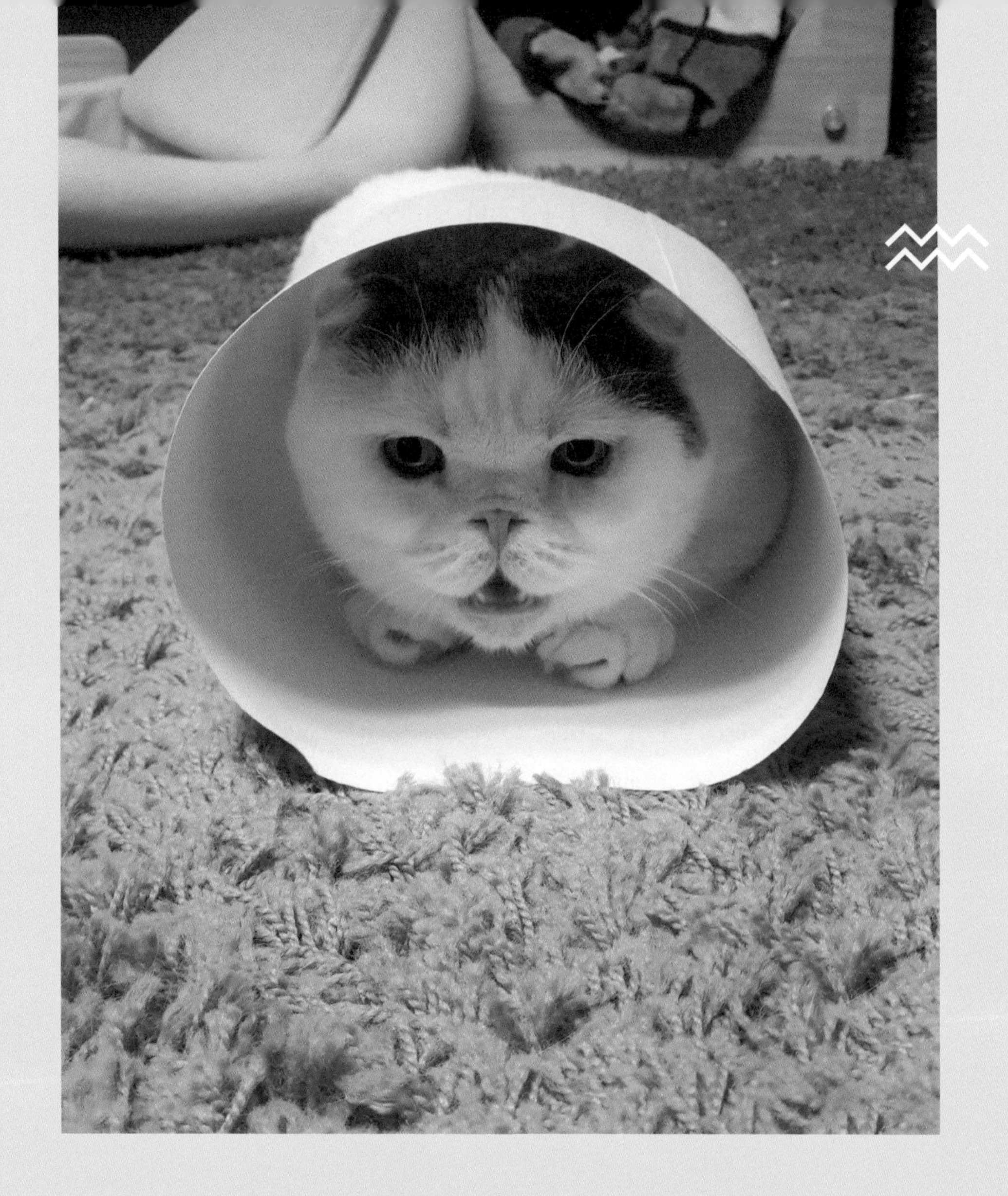

성묘가 아기 고양이에게 적대감을 갖고 무조건 피하지 않도록
아이들이 함께 공유하는 재미있는 놀이 시간과
서로 가까이 있는 상황을 강화시켜 주세요.

대하는 법을 제대로 학습하게 됩니다. 아기 고양이가 세게 물거나 덮치면 성묘는 소리를 지르며 강도가 세다는 것을 알려 줍니다. 반대로 레슬링을 하다가 흥분한 성묘에게 아기 고양이가 꽥 소리를 내면서 아프다는 의사 표현을 하면, 성묘는 놀이 강도를 조절하게 되지요. 아이들이 서로 간에 커뮤니케이션하는 것을 너무 적극적으로 차단하지 마세요. 아기 고양이가 성묘를 너무 심하게 귀찮게 할 때만 장난감으로 아기 고양이의 관심을 돌리세요.

집사님이 해야 할 일은 성묘가 아기 고양이에게 적대감만을 갖고 무조건 피하지 않도록 아이들이 함께 공유하는 재미있는 놀이 시간과, 서로 가까이 앉아 있는 상황을 강화해 주는 것입니다. 성묘가 아기 고양이에게 마음을 열도록 도와주는 것이 집사님이 해야 할 역할이에요. 아기 고양이가 3~5개월 때 성묘에게 제대로 훈육받지 못하고 사랑받지 못하면, 아이는 이 버릇을 그대로 가지고 자라게 됩니다. 결국 다른 아이들에게 깐족거리며 귀찮게 하고 노는 나쁜 매너를 가지게 되고, 고양이들에게 인기 없는 아이로 자랄 수 있습니다.

아기 고양이 행동 수정

성묘를 힘들게 하는 아기 고양이의 몇몇 행동들은 보통 상황이 정해져 있습니다. 그중 가장 대표적인 상황은 아기 고양이가 다른 고양이가 화장실을 갈 때 쫓아가 괴롭히는 상황입니다. 사실 이것은 괴롭히러 들어가는 것이 아니라, 궁금해서 들어가는 것이에요. 아기 고양이에게 이 행동은 집사님이 간식통을 흔들면 달려오고, 장난감을 흔들면 달려오는 것과 같은 자동 반사 행동입니다. 아기 고양이는 성묘가 화장실을 가는 모습을 발견하면 재빠르게 뒤쫓아 가서 성묘가 들어간 화장실을 비집고 따라 들어가거나, 후드형 화장실의 위쪽에 올라앉아 화장실 안에서 움직이는 성묘에게 솜방망이 냥펀치를 날리기도 합니다. 그리고 이런 행동을 하는 아기 고양이들 중에는 성묘가 볼일을 보고 나오면 자기도 따라서 볼일을 보고 나오는 경우가 많습니다. 성묘를 따라 하는 행동이지요. 그런데 대부분은 성묘가 화를 내며 다른 곳으로 가거나, 집사님이 말리기 때문에 흥분 상황이 더 강화됩니다. 그렇다고 계속 내버려 두기에는 다른 성묘가 마음고생이 심하니 안 말릴 수도 없습니다.

이 상황을 개선하기 위해서는 먼저 화장실 개수를 늘려 주세요. 그리고 아기 고양이가 성묘를 따라서 화장실에 가는 것을 발견하면, 아기 고양이의 시선을 끌 수 있게 집사님이 공을 던지거나 장난감을 흔들거나 이름을 불러올 수 있게 하세요. 간식으로 유도하는 방법도 있는데, 타이밍을 잘 잡아야 합니다. 자칫 아기 고양이가 성묘가 가는 화장실에 따라 들어가면 간식 보상이 주어지는 걸로 인식할 수 있기 때문입니다. 성묘가 화장실에 가면 집사님은 충분히 떨어진 거리에서 아기 고양이를 불러 주세요. 간식통을 흔들어 오게 할 수도 있습니다. 아기 고양이가 성묘를 바짝 따라가서 화장실에서 괴롭히는 행동을 하기 전에 간식으로 유도해야 합니다. 그리고 간식으로 인해 집사님에게 다가온 아기 고양이를 쓰다듬어 주거나 코터치, 또는 장난감 놀이 등을 하여 시간을 끌어 주세요. 성묘가 화장실에서 볼일을 보고 나올 때까지 집사님이 아기 고양이의 관심을 돌려주는 것입니다. 아기 고양이가 다른 아이의 화장실을 따라가는 대신에 더 재미있는 다른 행동을 하게 유도해 주면, 화장실에 따라가는 행동을 줄여 갈 수 있습니다. 집사님이 온종일 집에 있는 것은 아니지만 적어도 집사님이 있는 동안만이라도 아기 고양이의 관심을 다른 쪽으로 돌려주면, 성묘는 그 횟수만큼 부담을 덜 수 있습니다. 그리고 아기 고양이가 다른 놀이를 하는 시간을 병행하면, 매번 성묘가 화장실 갈 때마다 뒤쫓아 가는 자동 반사 행동을 줄일 수 있습니다.

성묘를 힘들게 하는 또 다른 아기 고양이의 행동은 성묘의 밥을 뺏어 먹는 행동입니다. 하지만 이것 역시도 뺏어 먹는 게 아니라, 같이 먹으려고 하는 행동인 경우가 많아요. 그런데 성묘는 아직 같이 밥을 나눠 먹을 만큼 아기 고양이를 받아 주지 않았기 때문에, 아기 고양이에게 밥그릇을 빼앗긴 성묘는 화를 내거나 아예 밥 먹는 것을 포기하기도 합니다. 자율 급식하는 가정에서 이러한 상황이 반복된다면 두 아이의 밥그릇을 조금 떨어뜨려 놓으세요. 제한 급식을 하는 가정이라면 아이들에게 밥을 줄 때 굳이 다른 방으로 자리를 나눠서 줄 필요는 없지만, 각자의 밥그릇을 널찍이 떨어뜨려 주세요. 그래도 아기 고양이가 밥 먹을 때마다 다른 냥이의 밥그릇으로 간다면, 집사님은 원래 아기 고양이의 밥그릇을 지금 아기 고양이가 먹는 곳에 놔 주세요. 그리고 조금 떨어진 곳에 밥을 뺏긴 성묘를 위한 밥그릇을 놔 주고, 성묘

아이가 거기로 와서 먹을 수 있게 해 주세요. 아기 고양이가 성묘 밥그릇에 머리를 들이밀 때마다 아기 고양이를 들어 올려서 다시 그 아이 밥그릇 앞에 데려다주면, 더욱 흥분해서 자신의 행동에 집중하게 됩니다. 아기 고양이가 투쟁하지 않게 하는 것, 그래서 이 상황 자체가 재미없고, 무덤덤하게 만드는 것이 아기 고양이의 행동을 강화시키지 않는 가장 좋은 방법입니다.

아기 고양이가 성묘가 앉아 있는 자리에 와서 그 자리를 뺏는 듯한 상황도 자주 연출되고는 합니다. 이 역시도 아기 고양이는 같이 있고 싶은데 성묘가 신경질을 내고 피해 버린 상황이거나, 성묘가 아기 고양이와 함께 있기 싫어서 화를 내면서 아기를 쫓아내는 상황입니다. 이런 일이 자주 발생한다면 이를 해결하려고 하기보다는, 평소에 둘이 가까이 붙어 있는 연습을 많이 시켜 주세요. 평소 성묘가 자주 머무는 자리에 두 아이가 충분히 같이 올라앉을 수 있는 크기로 다른 스크래쳐나 방석을 붙여서 넓게 연결하세요. 그리고 그 장소에서 차분히 코터치를 하고 먹이 보상을 하나씩 주면서, 두 아이가 가까이 나란히 앉아 있는 상황을 자주 만들어 주면 도움이 됩니다. 자기의 최애 공간에서 아기 고양이와 나란히 가까이 있게 해 주세요. 여기는 공유하고 싶지 않은 자기 자리라는 성묘의 인식을 긍정적인 방법으로 함께하는 자리로 인식하도록 바꿔 주는 것이 가장 중요합니다.

성묘가 집사님과 좋은 시간을 갖고 있을 때 중간에 비집고 들어오는 아기 고양이도 많습니다. 하지만 이것은 질투심에서 비롯된 집사님 뺏기가 아니에요. 성묘가 집사님이 함께 있는 장면을 목격하고 자기도 동참하고자 하는 행동입니다. 아기 고양이가 이렇게 자리를 비집고 들어오거나 집사님 곁에 있는 성묘를 귀찮게 하면, 성묘는 자리를 피하거나 화를 냅니다. 이 상황을 중재하는 가장 좋은 방법은 아기 고양이가 왔을 때 두 아이를 한 번씩 쓰다듬으면서 함께 스킨십을 받는 것에 익숙해지게 하는 것입니다. 성묘가 아기 고양이가 오기만 하면 다른 곳으로 피해서 둘이 같이 있는 자체가 힘들다면, 앞서 설명한 코터치 방법으로 둘이 함께 있는 연습을 시켜 주세요. 성묘가 아기 고양이가 못 오게 화를 낸다면, 성묘 앞에서 아기 고양이를 쓰다듬어 주고 성묘에게 먹이 보상을 하나 주세요. 이 방법으로 집사님이 아기 고양이를 만질 때마다 보너스를 받게 된다면, 성묘는 차츰 집사님이 아기 고양이를 자기 눈앞에서 예뻐하는 것에 대한 거부감을 줄일 수 있습니다.

어떤 가정에서는 아기 고양이가 얌전하게 있으면 성묘 중 하나가 아기를 그루밍해 주는 감동적인 장면이 연출되기도 합니다. 하지만 안타깝게도 이 귀한 장면은 몇 초를 넘기지 않습니다. 아기 고양이가 자다 일어나 바로 성묘를 여기저기 계속 깨물기 때문이에요. 다수의 아기 고양이는 그루밍을 받는 것에 익숙하지 않습니다. 반대로 어떤 아기 고양이의 경우, 성묘에게 과격하게 달려들어 헤드락을 걸고서 그루밍을 하는 아이도 있습니다. 이러한 격한 그루밍을 반기지 않는 성묘는 정중하게 맞그루밍을 짧게 해 주면서 중단을 요청하지만, 아기 고양이는 행동을 좀처럼 멈추지 않습니다. 그래서 결국 아이들은 알로 그루밍(서로를 그루밍해 주는 행동)의 사랑스러운 모습에서 싸움으로 번지게 되는 일이 다반사지요. 이러한 상황이 자주 발생한다면 그루밍을 시작할 때 집사님이 아이들에게 가서 성묘 한 번 아기 한 번 부드럽게 쓰다듬어서, 그루밍을 받던 아기 고양이가 집사님의 손길에 더 집중하게 하세요. 하지만 아기 고양이가 집사님이 손만 대도 깨문다면 평소에 아기 고양이가 잠잘 때 부드럽게 스킨십을 해서, 자기 몸에 자극이 와도 얌전히 손길을 받는 법부터 알려 주세요. 그리고 아기 고양이를 그루밍해 주다가 봉변을 당한 성묘가 자리를 피해 다른 곳으로 갈 때, 아기한테 펀치를 날리면서 화내고 가도 그냥 무시하고 그 어떤 피드백도 주지 마세요. 아기를 달래지도, 성묘를 달래지도 마세요. 만약 성묘가 화

아기 고양이가 투쟁하지 않게 하는 것,
그래서 이 상황 자체가 재미없고,
무덤덤하게 만드는 것이
아이의 행동을 강화시키지 않는 가장 좋은 방법입니다.

내지 않고 그냥 자리를 피해 다른 곳으로 간다면, 그 성묘에게 스킨십이나 먹이 보상을 해서 아기 고양이의 과격한 행동을 참아 낸 것을 칭찬해 주세요.

평소 집사님이 종이를 공처럼 구겨서 던지면 아기 고양이가 그곳으로 쫓아가는 놀이를 자주 해 주세요. 이 놀이는 아기 고양이의 관심을 돌려야 할 때 아주 유용합니다. 종이를 공처럼 구기거나, 진짜 공, 또는 쥐돌이도 좋습니다. 아기 고양이의 등 뒤로 장난감을 던지고, 아이가 쫓아가면 집사님도 가서 다시 장난감을 던지면서 놀아 주면 됩니다.

4
고양이의 스트레스와 트라우마

"고양이의 애정을 얻는 것은 매우 어려운 일입니다.
그들은 당신이 그들의 우정에 합당하다고 생각하지만,
당신의 노예가 아니라고 느끼면
당신의 친구가 될 것입니다."

– 테오필 고티에

파양 · 유기 · 구조된 고양이

고양이가 겪는 스트레스는 여러 문제 행동을 야기합니다. 또한 극심한 스트레스를 받은 고양이는 때로 심리적인 트라우마 양상을 보이기도 합니다. 이번에는 동물 보호소나 개인에게 구조된 고양이를 입양하는 경우를 크게 4가지로 나눠서, 고양이가 입양 후에 보이는 문제 행동을 통해 고양이의 트라우마에 관해 이야기할게요. 고양이가 보이는 문제 행동의 정도는 개묘차가 있습니다. 고양이마다 스트레스를 느끼는 역치점은 다르니까요. 따라서 이 상황의 고양이는 반드시 이런 심리 상태를 보인다는 것이 아니라, 그런 경우가 많다는 것에 초점을 맞춰 주세요. 고양이가 가지고 있는 문제 행동은, 그 고양이가 가진 성격이 특정 상황과 만났을 때 생기는 스트레스를 이겨 내려고 자신이 가장 자주 하는 행동으로 풀어내는 불안감의 표현입니다. 그런데 그 행동을 우리는 '문제 행동'이라고 부릅니다.

길냥이 출신 코숏의 입양

길냥이 출신 코숏이 실내 고양이가 되는 상황은 보통 3~4개월령의 냥이가 전염병에 걸려 구조되어 치료를 받은 후 입양되거나, 교통사고나 심각한 질병으로 구조되어 치료를 받고 임시 보호처를 거쳐 입양되는 경우가 대부분입니다. 이런 고양이들, 특히 성묘가 실내 가정에 입양된 후 가장 흔하게 나타나는 문제 행동은 탈출 시도와 울기입니다.

낮이나 사람이 있을 때는 구석에 숨어서 한 발짝도 안 움직이다가, 밤만 되면

크게 울고 구조 요청을 합니다. 아기 고양이의 경우에는 시시때때로 울면서 사람이 들어오기만을 기다리기도 하지요. 그러나 시간이 좀 오래 걸리는 아이도 있긴 하지만, 이렇게 울면서 불안감을 표현하는 증상은 대부분 한 달 정도면 많이 완화됩니다. 고양이가 이 행동을 보이는 가장 큰 이유는 역시 환경의 변화입니다. 길냥이의 경우 삶의 터전이 실내 환경과 비교해 굉장히 넓은데, 이 상황은 마치 100평짜리 집에 살다가 5평짜리 집에 들어와서 살게 된 것과 같습니다. 이렇게 불안감을 느끼는 고양이에게는 펠리웨이 클래식이나 컴포트 존 등의 고양이 페로몬을 사용하는 것이 심리적 안정에 도움이 될 수 있습니다.

이러한 냥이에게는 입양 직후부터 너무 적극적으로 다가가지 말고, 눈을 정면으로 맞추지 않으며 안전거리를 지켜서 환경에 적응할 시간을 주는 것이 좋습니다. 첫 단추를 잘 채운 고양이는 대부분 새로운 환경에 잘 적응해요. 끔찍한 교통사고로 다리를 잘 못 쓰는 고양이, 어릴 때 심하게 앓아서 몸이 허약한 고양이도(집사님이 아픈 손가락인 이 냥이를 너무 애지중지해서 예민한 고양이로 자라기도 하지만) 생활 적응력은 유기나 파양, 학대를 당한 고양이에 비해 월등하게 높습니다. 그리고 밖에서 특별히 다른 길냥이와 나쁜 기억이 있지 않은 한, 상당수의 코숏들은 집사님과는 거리를 둘지언정 다른 고양이와는 잘 지내는 경우가 많습니다.

파양 경험이 있는 고양이

여러 번의 파양 경험이 있는 있는 고양이에게 가장 많이 나타나는 증상은 불안정한 행동과 사람에게 지나치게 의존하는 것입니다. 성묘일수록 더 불안정한 문제 행동이 나타납니다. 소변 테러나 울기, 공격성 등이 나타나고, 어린 고양이와 몇몇 성묘의 경우 이식증이 나타나기도 합니다. 그리고 여러 번의 파양 경험이 있는 상당수의 고양이는 외동묘로 혼자 여기저기 다른 가정을 전전했기 때문에, 다른 고양이를 좋아하지 않는 경우가 많아요.

저의 상담 사례들을 토대로 파양 경험과 고양이 행동의 연관성을 살펴보면, 파양 경험이 몇 번 반복되면 사람에게 오히려 더 집착하는 행동을 보이다가, 파양 횟수가 그 이상 많아지면 사람에게 마음을 열지 않는 꺾인선 그래프를 그립니다. 여러 번의 파양 경험을 가진 고양이는 굉장히 불안정한 태도로 새로 만난 집사님을 대합니다. 집사님에게 애교를 부리다가도 갑자기 화를 내거나, 자기가 원할 때 이외에는 스킨십을 허락하지 않는 등의 행동을 합니다. 그리고 결국 다른 고양이에게도, 사람에게도 마음을 제대로 열지 못하는 양상을 보입니다. 적응할 만하면 다른 곳으로 버려지고 또 적응할 만하면 다른 곳으로 버려지면서, 아이는 환경에 대한 신뢰감을 상당 부분 잃게 되고 불안정한 심리 상태가 되는 것이지요. 또 이러한 고양이 중에는 무는 버릇이 심한 아이가 많습니다. 이곳저곳 옮겨 다니면서 무는 행동에 대한 일관성 있는 교육이 이루어지지 못했기 때문입니다.

유기되거나 집을 나온 고양이

고양이의 경우에는 작정하고 유기된 고양이와 집을 나온 고양이를 구분하기 어렵습니다. 어느 날 갑자기 특정 영역에 나타난 고양이가 사람 손을 탄다면 사람과 함께 살았었다고 추측해 볼 수 있을 뿐입니다. 그리고 이 고양이의 상당수는 중성화가 되어 있지 않습니다.

유기되거나 집을 나오거나 해서 바깥에서 살다가 사람의 손을 타서 구조된 고양이가 보이는 가장 일반적인 특징은 고양이에 대한 적대감입니다. 집을 나오거나 유기당한 고양이는 사람과 함께 살다가 갑자기 바깥에 나오게 된 후 길냥이들의 집중적인 공격을 받게 됩니다. 그러면 두려움에 다른 고양이들을 피해 다니게 되지요. 일부 소수의 집고양이는 길고양이와의 싸움에서 이기고 길 생활을 버텨내기도 하지만, 어떤 경우이든지 대부분 고양이에 대한 적대감이 큽니다.

그리고 사람 손을 타는 길냥이의 상황을 조금 더 깊이 들어가 보면, 사람 손을 타는 코숏이라고 해서 무조건 유기되었다고 판단하기 힘든 경우가 있습니다. 종종 몸이 허약하거나 덩치가 작아서 다른 고양이보다 서열이 낮은 길고양이는 다른 고양이와 잘 어울리지 못하고 자신에게 더 호의적인 사람에게 의지하기도 합니다. 이런 냥이도 고양이들에게 호의적일 수 없습니다. 결론적으로 바깥에서 사람 손을 타서 구조가 된 고양이는 대체로 다른 고양이들을 싫어하는 경우가 많습니다.

학대 받은 고양이

학대 받은 경험이 있는 고양이는 극도로 불안정한 심리 상태를 보이는 경우가 많습니다. 학대당했으니 오죽하겠냐 정도로 생각하기에는 고양이들이 보이는 불안정한 행동은 곁에서 지켜보기에 가슴이 저릴 정도입니다. 학대에는 훈육을 위한 신체적인 체벌도 포함됩니다. 가령, 무는 버릇을 가지고 있는 고양이는 처음 사람의 잘못된 놀이 방법과 스킨십으로 인해서 무는 버릇이 강화됩니다. 그러다 이 냥이를 훈육하고자 체벌을 시작하고, 어느새 그 체벌이 선을 넘기도 합니다. 이러한 체벌에 자주 노출된 고양이 중 상당수는 시간이 흐를수록 심각하게 사람을 무는 행동을 하게 됩니다. 심한 경우 집사님의 강한 야단치기나 체벌로 인해 화가 나면 더 흥분해서 다시 달려들어 물기도 합니다. 그동안 체벌과 학대에서 스스로를 지켜왔던 고양이는 조금이라도 위험이 느껴진다 싶으면 공격적으로 자기를 보호하게 되지요. 공격적으로 사람을 물며 스스로를 보호하는 고양이의 흥분된 모습을 보면, 꼭 목숨 걸고 맞선다는 느낌이 들 정도입니다. 평소에는 개냥이인데 걸핏하면 다른 고양이가 빙의된 것처럼 변하기도 해요. 그래서 이런 냥이는 또 버려지거나 파양됩니다. 그 후 체벌을 전혀 하지 않는 새로운 가족을 만나도, 그동안 스스로를 지켜왔던 같은 방법으로 새로운 가족을 대하게 되지요.

어떤 아이는 자신이 당했던 학대를 연상시키는 상황에 처하게 되면 패닉에 빠집니다. 가령, 특정 성별의 사람에게 계속 학대받다가 구조된 아이는 다른 성별의 사람에게는 순하고 착한데, 특정 성별의 사람만 만나면 숨어서 나오지 않고 그 자리에서 소변을 보면서 떨기도 합니다. 이와 반대로 특정 성별의 사람만 보면 사납게 달려들어 공격성을 보이기도 합니다.

케이지에 갇혀 학대를 당했던 고양이는 갇힌 곳에 절대 들어가지 못하는 경우도 있습니다. 이동장은 물론이고 숨숨집조차도 들어가질 못하지요. 막힌 곳에 들어가면 개구 호흡을 하고 발톱이 빠질 정도로 문을 긁어 대며 나오려고 애씁니다. 이외에도 학대받은 고양이들의 트라우마에서 비롯된 행동은 일일이 열거할 수 없을 정도로 다양한 양상을 보입니다.

마음의 상처, 트라우마는 안전하고 따뜻한 사랑이 넘치는 곳에 왔다고 바로 괜찮아지는 것이 아닙니다. 이곳이 정말 따뜻하고 안전한 곳인지, 새로운 가족이 정말 날 사랑하는지, 내가 사랑해도 될 사람인지 파악할 시간이 필요합니다. 마음의 문은 다른 고양이들보다 더 두껍게 닫혀 있지만, 이 두꺼운 문이 절대 열리지 않는 것은 아님을 꼭 기억하세요. 아이들의 상처는 한 번의 지우개 문지름으로 지워지지 않습니다. 하지만 조금씩 천천히 지워 가다 보면 눈에 띄지 않을 만큼 지워지기도 하고, 더 지워지지 않는 자국이 남기도 합니다. 확실한 것은 조금씩 지우다 보면, 그 상처 자국이 처음보다는 훨씬 깨끗한 상태가 될 것이라는 사실입니다.

고양이의 스트레스 징후들

반려하고 있는 고양이가 우울해하거나 스트레스 상태에 있다는 것을 알 수 있게 하는 것은, 집사님의 직감을 중심으로 한 '이전과는 다른 아이의 행동들'입니다. 그리고 이러한 이전과 구별되는 다른 행동 양상은 우울해서 생길 수도 있지만, 건강상의 문제로도 발생할 수 있습니다. 그렇기 때문에 냥이가 이전과 다른 행동을 하면 '우리 고양이가 요즘 스트레스를 받는구나.'라는 생각과 함께 냥이에게 질환이 생긴 것은 아닌지 잘 살펴볼 필요가 있습니다. 이전과 달리 활력이 없고 잠이 부쩍 많아지거나, 혼자만 있으려고 한다거나, 식욕이 없거나, 화장실 이외의 장소에 용변을 보거나, 구토와 설사 등이 지속적으로 이어진다면 꼭 동물 병원에 내원해서 아이의 건강 상태를 확인하세요. 간혹 일부 보호자님은 굳이 동물 병원을 가야 하나 망설이거나, 병원에서 검사를 했는데 아무 문제가 없을 때 불필요한 비용을 지불했다고 생각하기도 합니다. 그러나 검사 결과에서 아무 문제가 발견되지 않았다는 것은 다행인 일이지 불필요한 낭비가 아닙니다. 아이가 건강상에 특이 사항이 없다는 것이 명확해져야, 아이의 문제 행동이나 이전과 다른 행동이 심리적인 요인에 의한 것으로 판단할 수 있습니다.

신체적으로 별다른 문제가 없다는 것이 확인되면, 아이의 최근 달라진 행동로 스트레스 여부를 가늠할 수 있습니다. 많은 고양이의 문제 행동은 스트레스와 밀접한 관련이 있습니다. 따라서 지금까지 이야기했던 문제 행동 이외에 고양이의 스트레스 여부를 예측해 볼 수 있는 징후들에 대해 알아보도록 하겠습니다.

혼자 있으려고 하는 고양이

고양이는 우울하거나 스트레스를 받았을 때 혼자 있으려고 하는 행동이 자주 관찰됩니다. 심한 경우에는 혼자 있는 아이에게 집사님이 다가가서 쓰다듬거나 말을 거는 것조차 피하기도 합니다.

평소에는 냥이들과 잘 지내고 보호자에게도 잘 오던 아이가 어느 날부터인가 혼자 있고 싶어 하는 것을 발견하면, 아이의 스트레스 여부를 확인해야 합니다. 먼저 활동 영역을 점검하고 편히 생활할 수 있는 풍요로운 공간을 마련해 주세요. 그리고 아이의 상태에 따라서 수의사 선생님에게 항우울제를 처방 받거나, 항우울 보조제를 급여할 수도 있습니다. 심리적인 안정을 위해 애써 주고 아이와 좀 더 시간을 보내세요. 그런데 혼자 있고 싶어 하는 아이가 보호자와 단둘이 있는 시간에는 좀 더 활발한 모습을 보이는 경우가 많습니다. 특히 다묘 가정에서 이런 모습을 보이는 아이가 많아요. 보호자에 대한 의존도가 높은 고양이가 다른 고양이와는 어울리고 싶지 않아서, 혼자 보호자가 올 때까지 기다리는 상황이 빈번하게 반복되면서 결국 혼자이길 선택하는 것입니다. 가정에 이러한 아이가 있다면 보호자님과 단둘이 즐겁게 보내는 시간을 꼭 만들어 주세요.

보호자만 따라다니며 보채는 고양이

어느 날부터인가 부쩍 울면서 보채듯이 보호자를 따라다니는 고양이도 있습니다. 간혹 어떤 집사님은 "우리 아이가 갑자기 애교가 많아졌어요."라고 말하기도 합니다. 그러나 애정 표현을 많이 하는 것과 울면서 집사님을 따라다니는 행동을 구별해야 합니다. 다묘 가정에서 다른 고양이와 잘 못 어울리는 아이, 집사님이 집을 오래 비우는 가정의 아이, 특히 외동묘가 이런 행동을 많이 보입니다.

우는 것은 대부분 관심 받기를 원해서 하는 행동이에요. 일에 지친 집사님은 고양이와의 사냥놀이 시간의 중요성을 미처 인지하지 못하고, 늦게 귀가하고 나면 아이를 몇 번 쓰다듬기만 하고 잠자리에 드는 생활을 반복하기도 합니다. 이런 생활 환경의 냥이는 무료한 하루하루의 연속이기 때문에 자신이 할 수 있는 방법 중에 가장 효과적인 방법으로 집사님의 관심을 얻으려고 노력하는데, 그것이 바로 보채면서 우는 행동입니다.

달라진 동거묘들과의 관계

동거묘와의 달라진 관계로도 아이의 스트레스를 가늠할 수 있습니다. 이전에는 친하게 잘 지내던 아이들이 어느 날부터인가 사이가 나빠지기 시작합니다. 어떤 아이는 평소보다 심한 공격성을 보이기도 하고, 반대로 어떤 아이는 다른 동거묘들이나 특정 한 아이를 소심하게 피해 다니기도 하지요. 특히 공격성을 보이는 아이의 행동 패턴은 더 쉽게 확인할 수가 있습니다. 이전보다 하악질을 많이 하거나, 한 아이를 자주 뚫어지게 보면서 따라가다가 공격하는 등의 행동을 보이기 시작합니다. 대개의 경우 가장 만만한 아이, 평소 마음에 안 들었던 아이에게 공격적인 행동을 하며 자신의 흥분이나 불만족을 해소합니다. 스트레스가 없는 상황에서는 참을 수 있었던 사소한 것들이, 스트레스로 인해 예민해지거나 불안해진 상황에서는 그것을 참을 수 있는 역치가 낮아지는 것이지요. 함께 생활하는 고양이들 간에 이러한 관계 변화가 감지되었다면, 이때는 공격성을 보이는 아이와 당하는 아이 모두에게 관심을 가져야 합니다. 괴롭힘을 당하는 아이만 감싸고, 공격하는 아이를 벌주는 것은 옳지 않아요. 관계가 어긋나는 것의 시작은 공격성을 보이는 아이로부터 비롯된 경우가 많기 때문에, 공격하는 아이의 스트레스 원인을 제거하지 않으면 상황을 해결할 수 없습니다.

식욕 저하와 좁아진 생활 반경

이외에도 스트레스를 느끼는 아이들은 식욕이 떨어지거나, 실내에서 활동하는 반경이 좁아지기도 합니다. 동거묘와의 관계에서 문제가 있는 아이 중 괴롭힘을 당하는 아이에게 이런 상황이 많이 발생해요. 그리고 아기 고양이를 새로 입양한 집의 성묘가 활발한 아기 고양이의 행동으로 인해 식욕이 심각하게 저하되기도 합니다.

이러한 동거묘와의 관계 문제가 아니여도, 지나치게 무료하고 정적인 환경이 오래 지속되는 경우 많은 고양이가 무기력과 활동력 저하를 보입니다. 흥밋거리라고는 없는 생활이 반복되면서 호기심이 극도로 저하되는 것이지요.

고양이의 스트레스 보조 요법

고양이의 스트레스를 줄여 주기 위해 꽤 많은 집사님들이 스트레스 보조 제품을 사용합니다. 시중에는 고양이 페로몬 제재인 펠리웨이나 아로마테라피, 질켄 등을 비롯한 다양한 스트레스 보조 제품들이 있습니다. 그러나 펠리웨이 뿐만 아니라 그 어떤 릴랙스 향기라도, 심지어 항우울제라도, 행동 수정을 위한 노력과 환경 정비가 함께 병행되지 않으면 아이의 상태가 개선되는 데에는 한계가 있습니다. 마치 아침에 회사에 여유롭게 도착해서 향긋한 커피를 마시고 모처럼 기분 좋은데, 처리해야 하는 일거리는 여전히 밀려 있고, 까탈스런 상사가 변함없이 내게 화를 낸다면 기분 좋은 상황이 유지될 수 없는 것과 마찬가지예요. 스트레스 보조제는 고양이의 생활 환경을 개선하고 행동을 수정하는 것과 함께 병행할 때 시너지 효과를 발휘합니다. 즉, 고양이의 심리적인 문제를 개선하는 것은 결코 스트레스 보조제 하나만으로 간단하게 해결할 수 있는 것이 아닙니다.

펠리웨이

제가 고양이 행동 상담을 하면서 기본적으로 추천하는 제품은 펠리웨이입니다. 펠리웨이는 고양이의 페로몬을 합성해서 고양이가 페로몬 냄새를 맡았을 때의 효과를 주는 제품입니다. 막상 펠리웨이를 사려고 하면 종류가 너무 많은데 사실상 현재 시중에서 구할 수 있는 펠리웨이는 두 종류입니다. '펠리웨이'라는 회사와 '컴포트 존'이라는 회사에서 각각 2종류의 다른 페로몬 제품을 판매하고 있어요.

고양이는 낯선 곳에 와서 긴장했거나 싸움을 하고 난 뒤 긴장 상태일 때, 기둥이나 바닥에 몸과 뺨을 비비면서 페로몬을 분비합니다. 이러한 행동의 목적은 긴장 완화와 마킹인데, 이때 냥이가 분비하는 페로몬이 F3 페로몬입니다. 이 페로몬을 합성해 놓은 제품이 펠리웨이 클래식, 컴포트존 카밍입니다. 또한 수유 중인 어미가 꼬물이들을 위해 가슴선에서 페로몬을 분비하는데, 이 어피징 호르몬을 합성한 것이 펠리웨이 멀티캣(컴포트존 멀티캣) 혹은 펠리웨이 프렌즈입니다.

사람들은 거의 구별할 수 없지만 고양이가 분비하는 페로몬 냄새는 친숙함과 안정감을 주는 향기이며, 아주 강력한 심신 안정제인 동시에 의사소통의 시그널입니다. F3 페로몬으로 만들어진 펠리웨이는 훈증기 타입과 스프레이 타입 두 종류가 있습니다. 두 가지 타입은 같은 종류의 페로몬이지만, 조금 다른 용도를 가지고 있어요. 훈증기 타입은 2~5%의 저농도 페로몬 합성물이며, 훈증기에 쭉 꽂아 두면 28~30일 정도를 지속적으로 사용할 수 있습니다. 그래서 고양이가 생활하는 공간에 심리적인 안정을 도모하는 페로몬 향이 은은하게 채워집니다. 이러한 훈증기 타입은 집 안 전체적으로 안정된 분위기를 형성하는 데 도움이 될 수 있습니다.

스프레이형으로 나오는 페로몬은 회사마다 차이가 있지만 F3 페로몬의 농도를 10~15%로 높이고, 나머지는 알코올로 채워 만들어졌습니다. 펠리웨이 클래식의 효과를 갖지만 계속 은은하게 향이 배어 나오는 훈증기 타입과 달리, 스프레이는 단기간에 진한 향기가 나고 곧 사라집니다. 그렇기 때문에 스프레이 타입은 병원 가기 전에 이동장에 뿌리거나, 혹은 아이가 소변 스프레이를 한 장소를 청소하고 나서 뿌릴 때 사용합니다. 이동장에 펠리웨이 스프레이를 뿌릴 때는 아이가 이동장에 들어가기 10분 전쯤에 뿌려 두는 것이 좋습니다. 들어가기 직전에 뿌리면 알코올향으로 인해 아이가 더욱 거부감을 느낄 수 있습니다.

이사, 입양 초기, 질환, 소변 테러 등으로 인해 심리적 안정이 필요하다면 펠리

스트레스 보조제는 생활 환경을 개선하고
행동을 수정하는 것과 함께 병행할 때
시너지 효과를 발휘합니다.
고양이의 심리적인 문제를 개선하는 것은
결코 스트레스 보조제 하나만으로
간단하게 해결할 수 없습니다.

웨이 클래식(컴포트존 카밍) 훈증기 타입을 추천하며, 집 안에 사이가 좋지 않은 아이들이 있다면 펠리웨이 멀티캣(펠리웨이 프렌즈)의 사용을 권합니다. 새로운 아이의 입양 초기에는 펠리웨이 클래식을 사용하고, 한 통 쓰고 난 뒤부터는 펠리웨이 멀티캣을 사용하는 방법도 효과적일 수 있습니다.

아로마테라피

아로마테라피 자체는 향기 치료를 의미하지만, 향기 이외에도 각 에센셜 오일 성분의 효능을 피부에 적용하기도 합니다. 그러나 고양이는 몸에 뭘 바르거나 옷을 입는 것을 좋아하지 않기 때문에, 아로마테라피의 향기 요법에 대해서만 이야기하겠습니다.

어떤 사람들은 아로마테라피가 고양이에게 위험하다고, 심지어 아로마테라피가 독이 된다고 강력하게 말하기도 합니다. 그러나 이 말은 사실이 아닙니다. 고양이는 아로마테라피에서 사용되는 에센셜 오일 중 일부의 특정 성분을 간에서 해독하지 못합니다. 그래서 고양이에게는 주의해서 사용해야 하는 에센셜 오일들이 존재합니다. 하지만 아로마테라피 자체가 고양이에게 독이 되지는 않아요. 모든 테라피가 그렇듯 아로마테라피에도 주의 사항이 있습니다. 이를 잘 숙지하고 제대로 사용하면 아로 마테라피는 고양이의 스트레스를 덜어 주는 데 탁월한 효과가 있습니다.

아로마테라피에 사용되는 에센셜 오일은 원액을 먹거나 피부에 직접 발라서는 안 됩니다. 그리고 에센셜 오일 중에 케톤이나 페놀 등 동물에게 사용하는 데 있어 주의가 필요한 유기 화합물을 다량 함유한 오일들도 있기 때문에, 잘 알아보고

고양이를 위한 올바른 아로마테라피

❶ 고양이에게는 보습제 등의 피모 제품은 사용하지 않는 것이 좋습니다. 아무리 순하고 좋은 것을 발라도 아이가 다 핥아먹게 됩니다.

❷ 캔들이나 디퓨저보다는 초음파 가습기나 오일 램프를 이용한 발향이 더욱 효과적입니다. 우리가 일반적으로 알고 있는 가격대의 캔들이나 디퓨저로는 품질 좋은 아로마테라피 효과를 볼 수 없습니다. 제대로 된 아로마테라피 발향을 위해서는 천연 에센셜 오일을 이용하세요.

❸ 동물에게는 아무리 안전하고 순한 에센셜 오일이라도 단독으로 사용하는 것보다 다른 오일과 블렌딩해서 사용하는 것을 권장합니다.

❹ 아로마테라피 발향을 할 때는 최대한 은은하게 발향해야 합니다. 향기가 너무 짙은 경우, 반려동물이 구토나 두통 등을 유발할 수도 있습니다.

❺ 발향은 하루 종일 하는 것이 아니라 하루 1~2시간 정도가 적당합니다. 격일로 하거나 중간중간 휴지기를 가져 주세요. 향기는 금방 익숙해져서 후각이 둔해지므로, 그 향에 더는 영향을 받지 못하게 됩니다.

❻ 가정에서 비교적 안전하게 단독으로도 사용할 수 있는 에센셜 오일은 '라벤더 오일'입니다. 하지만 라벤더는 종류가 많아서 고를 때 주의해야 합니다. Lavandula angustifolia, Lavandula Officinalis(재배종), Lavandula vera(자연자생종)가 라벤더 트루를 지칭하는 학명입니다. 너무 진하게 사용하면 오히려 정신을 각성시킬 수 있으니, 아주 은은하게 소량만 사용해서 릴랙스와 수면 효과를 높이도록 합니다.

❼ 펠리웨이와 아로마테라피 중 어느 것이 더 좋은지에 대한 질문을 참 많이 받습니다. 저는 펠리웨이를 기본적으로 구비해 두고, 아로마테라피는 부가적으로 사용하는 것을 추천합니다. 펠리웨이는 고양이에게 일반적인 효과를 주는 향이지만, 아로마테라피는 직접적인 향기여서 그 향의 기호성도 함께 고려해야 하기 때문입니다.

사용해야 해요. 또한 시트러스 종류의 에센셜 오일이나 소나무 종류의 에센셜 오일에 다량 함유된 '모노텔펜'이라는 성분에 주의해야 합니다. 모노텔펜은 호흡기 질환에 도움을 주고, 향기를 맡았을 때 식욕을 돋게 하거나, 기분을 긍정적으로 안정화하는 성분입니다. 안타깝게도 강아지와 달리 고양이는 모노텔펜 성분을 간에서 해독하지 못합니다. 하지만 간에서 해독을 못 한다는 것은 피부에 바르거나 향기를 맡았을 때 치명적인 것이 아니라, 먹었을 때 치명적이 될 수 있다는 뜻이에요. 피부를 통해서나 향기로 흡입했을 때 혈액으로 들어가서 간에 도달하는 모노텔펜의 양은, 먹었을 때 간에 전달되는 모노텔펜의 양에 비해 현저히 적습니다. 그래서 피톤치드 가득한 소나무 숲을 걸어 다니는 고양이의 목숨이 위태로울 것이라고 걱정하지 않아도 됩니다.

캣닢

캣닢은 고양이의 스트레스 해소에 사용할 수 있는 가장 대표적이고 안전한 식물입니다. 많은 고양이가 캣닢 향을 맡으면 향에 도취되어 흥분된 행동을 보입니다. 그런데 모든 고양이들이 캣닢에 반응을 하지는 않습니다. 캣닢에 전혀 도취되지 않는 고양이도 많아요. 캣닢에 반응이 없다고 해서 건강에 이상이 있는 것은 아니니 걱정하지 않으셔도 됩니다. 특히 7개월 이하의 고양이는 캣닢에 반응하지 않는 경우가 많아요.

캣닢 향을 자주 맡으면 고양이에게 해롭지 않을까 걱정하는 분들도 있지만, 지금까지 캣닢이 직접적으로 해롭다고 알려진 바는 없습니다. 냥이가 캣닢 향에 도취되는 시간은 몇 분을 넘어가지 않습니다. 잠시 동안만 고양이가 도취되는 효과가 바로 캣닢의 역할이지요.

하지만 가정에서 냥이들의 캣그라스 용도로 캣닢을 기르거나, 심지어 캣닢 차를 우려서 급여하는 것은 바람직하지 않습니다. 캣닢은 식용으로 사용하는 식물이 아니에요. 오직 향으로 고양이의 스트레스 해소에 도움을 주는 식물입니다. 고양이가 캣닢 향에 도취되는 이유는 캣닢의 네페탈락톤 성분 때문인데, 이 성분은 건조한 캣닢에 함량이 훨씬 많습니다. 그래서 캣닢의 생잎을 뜯어 먹는 건조 캣닢을 뿌렸 때처럼 흥분하지 않기도 합니다. 가정에서 캣닢을 재배한다면 잘라서 건조시켜 주는 게 더 효과적이에요. 또한 캣닢이 주는 도취 효과의 성분인 네페탈락톤은 락톤 계열의 성분입니다. 이는 앞서 아로마테라피 부분에서 설명한 유기 화합물 중 케톤에 해당하는 성분이지요. 다행히 캣닢의 케톤 성분인 네페탈락톤은 고양이에게 유해하지는 않지만, 일반적으로 락톤은 피부에 닿았을 때 자극을 일으킬 수 있습니다. 그렇기 때문에 목욕을 싫어하는 고양이의 기분 좋은 목욕 시간을 위해서 건조 캣닢을 진하게 우린 물을 이용하면 안 됩니다. 특히 마지막에 깨끗한 물로 헹궈 내지 않고 캣닢 우린 물로 목욕을 마무리하는 것은 절대 하지 않아야 합니다.

고양이를 키우는 가정에는 캣닢 쿠션이 하나씩은 있는데, 평소에는 치워 놓았다가 가끔 한번씩 꺼내 놓을 때 가장 효과가 좋아요. 모든 향은 금방 익숙해집니다. 항상 꺼내져 있는 캣닢 장난감은 이미 캣닢 향에 익숙해졌고, 향도 어느 정도 날아간데다, 장난감도 늘 주위에 있던 것이어서 흥미를 느끼지 못하게 됩니다. 처음 캣닢 장난감을 가져왔을 때 열광하던 냥이의 반응을, 같은 캣닢 장난감에서는 다시 보기 힘든 이유가 이 때문입니다.

특히 사이가 나쁜 고양이들을 위해 서로 만났을 때 기분 좋아지라고 캣닢을 뿌리면, 오히려 싸움이 나는 경우도 많습니다. 어떤 고양이는 캣닢에 취해서 소변 테러를 하기도 해요. 캣닢은 고양이에게 마약과 같은 개념으로, 심리적인 릴랙스를 유도

하는 향이 아니라 도취시키는 향입니다. 캣닢에 큰 흥분 반응을 보이는 사이가 좋지 않은 아이들에게 가깝게 모여 캣닢 향을 맡게 하거나, 상대방 몸에 캣닢 향을 묻히는 것은 권장하지 않습니다. 캣닢 향에 흥분한 아이들이 오히려 서로에게 달려들어 싸우게 되는 돌발 상황을 연출할 수도 있거든요. 캣닢은 고양이들이 도취되어 옆의 아이를 때리더라도 큰 싸움이 일어나지 않을 만큼 돈독한 관계를 맺은 아이들이 모였을 때 주거나, 혼자서 우울하게 시간을 보내는 아이를 위해 사용해 주세요.

배치 플라워 레메디

배치 플라워 레메디는 '플라워 에센스'라는 이름으로 반려동물의 스트레스 예방을 위해 사용되며 인기를 얻고 있는 자연주의 요법입니다. 배치 레메디의 가장 큰 장점은 부작용의 위험이 아주 적고 안전하며, 사용법이 간단하다는 것입니다.

배치 플라워 레메디는 영국을 중심으로 80년이 넘는 시간 동안, 세계 곳곳에서 사용되는 가장 인기 있는 홈 레메디 중 하나입니다. 배치 플라워 에센스 중에서 가장 널리 알려진 레메디는 '레스큐 레메디'입니다. 레스큐 레메디는 동물 병원에서 진료를 기다리거나, 이동 시에 스트레스를 쉽게 받는 냥이에게 사용할 수 있는 제품입니다. 레스큐 레메디는 38가지 종류의 플라워 레메디 중에 5가지를 혼합한 레메디인데, 이 5가지의 플라워 에센스 조합은 위급 상황에서 긴장감 완화에 도움이 됩니다.

레스큐 레메디처럼 정해진 레메디의 조합도 사용되고 있기는 하지만, 배치 플라워 레메디는 반려동물이 가지고 있는 성격과 상황에 따라 개별적으로 다르게 만들어져야 하는 것이 원칙입니다. 그리고 배치 레메디의 제조법은 아주 간단하기 때문에 집사님이 배치 플라워 에센스에 대한 공부를 조금만 해도 고양이를 위해 직접 만들어서 사용할 수 있다는 큰 장점이 있어요. 그리고 반려동물이 복용하고 있는 다른

캣닢은 심리적인 릴랙스를
유도하는 향이 아니라 도취시키는 향입니다.
그러므로 사이 나쁜 고양이들에게
함께 뿌리는 것보다
무료해하거나 혼자 우울해하는 아이에게
사용하는 것이 효과적입니다.

보조제나 약물에 영향을 주지 않고 언제든지 병행할 수 있습니다.

또한 배치 레메디는 특별한 향이나 맛을 가지고 있지 않아서 냥이에게도 거부감 없이 사용할 수 있습니다. 식수에 떨어뜨려도 아이가 거부감을 느끼지 않을 정도입니다. 에센스는 먹이는 것을 기본 사용법으로 하기 때문에, 습식을 먹는 냥이에게는 습식에 떨어뜨려서 급여할 수 있고, 건사료를 자율 급식하는 냥이에게는 플라워 레메디를 바르거나 스프레이로 뿌려서 도포하는 방법을 사용할 수 있습니다.

질켄

가장 대표적인 스트레스 완화 보조제인 질켄은 알파 카소제핀(α-Casozepine)이라는 카제인 성분을 함유하고 있습니다. 알파 카소제핀은 감마 아미노 부티르산(GABA) 수용체에 대한 두뇌 친화력을 가지고 있는 우유 속의 단백질이 가수 분해된 성분으로, 불안감을 완화하는 효과를 기대할 수 있습니다. 질켄의 효능에 관한 여러 연구에 따르면, 질켄은 특히 불안함과 두려움, 일시적인 스트레스 완화에 큰 효과를 보이는 것으로 알려져 있습니다. 그래서 많은 동물 행동 수의사들이 항우울제를 시작하기 전에 질켄을 먼저 이용하기도 합니다. 행동 교정을 위한 많은 항우울제가 부작용을 주의해야 하는 것에 비해, 질켄은 복용으로 인한 뚜렷한 부작용이 발견되지 않아 비교적 안전하게 사용할 수 있기 때문이지요. 많은 집사님이 질켄을 동거묘에게 공격적인 아이의 진정 용도로 사용하는 경우가 많습니다. 그러나 질켄은 심리적인 불안함을 완화시켜 주는 역할을 하는 것이지, 공격적인 행동을 즉각적으로 낮출 수 있는 진정제가 아닙니다. 따라서 질켄은 다른 고양이에게 괴롭힘을 당해서 활동성이 위축된 고양이에게 사용하는 것이 더 효과적일 수 있습니다.

질켄은 처방용 약물이 아니기 때문에 보호자님도 손쉽게 구매할 수 있습니다.

하지만 수의사와 상담을 통해서 복용을 결정하는 것이 바람직합니다. 아이의 문제 행동이나 스트레스가 의심되는 징후를 그저 심리적인 요인이라고 임의로 판단하지 말고, 질환이 있는지를 동물 병원에서의 진료로 확인해야 합니다. 건강을 체크하고 문제가 발견되지 않는다면, 그때 수의사 선생님과 상담 후 질켄의 복용 여부를 진행하는 것이 좋습니다.

고양이와 음악

대체로 고양이는 잔잔한 클래식 음악에 심리적인 안정을 느끼며, 헤비메탈 등의 음악에는 오히려 더 긴장하거나 불안해하는 등의 스트레스 징후를 보이는 것으로 알려져 있습니다. 고양이의 릴랙싱 음악으로 특히 하프 음악이 좋다는 것은 이미 많은 집사님이 알고 계십니다. 꼭 하프 음악뿐 아니라 많은 클래식 음악들이 고양이가 심리적으로 안정감을 느낄 수 있게 도와줍니다. 그러나 모든 고양이가 클래식 음악을 듣고 똑같이 릴랙스 효과를 얻지는 않습니다. 실제로 클래식 음악보다는 고양이를 위해 특별히 제작된 음악에 더 반응한다는 연구도 있습니다. 고양이용 음악에는 고양이의 갸르릉 소리 등을 포함한 잔잔한 피아노곡도 있고, 하프나 오르골 음악도 있습니다. 이러한 클래식 음악이나 고양이용 음악은 아이를 동물 병원으로 데려가려고 차로 이동하는 상황, 동물 병원에서 진료를 기다리는 상황, 밤에 잠을 안 자고 울고 보채는 상황, 안 자고 돌아다니는 상황 등에서 사용할 수 있어요. 또한 문제 상황으로 인해 우울감이나 긴장, 불안 등의 스트레스를 겪는 고양이의 심리 안정에도 도움이 될 수 있습니다.

고양이와의 인연을 '묘연(猫緣)'이라고 말합니다.

길에서 자신을 따라오는 고양이를 만나거나, 우연히 아픈 고양이를 발견하고 치료해주거나, 이렇게 묘연은 특별한 마음의 준비 없이 갑작스럽게 시작됩니다. 그렇게 시작한 만남은 대개 고양이와의 유쾌한 동행으로 이어집니다.

고양이와 함께하며 그들에게 사랑받고 서로 교감하는 따뜻하고 행복한 시간이 쌓이며, 우리는 어느새 그들에게 큰 위로를 받고 있음을 깨닫습니다. 그리고 주변에서 이런 이야기를 자주 들으며, 반려동물과 함께하는 삶에 관심을 갖게 된 사람들이 정말 많아졌다는 것을 자주 느낍니다.

하지만 처음부터 위로를 얻기 위해 반려동물을 데려온다면, 실망을 하게 될지도 모릅니다. 외롭고 우울한 내 마음을 위로해 줄 누군가가 필요해서 고양이를 데려오는 것은 어쩌면 적잖이 이기적인 생각입니다. 한 생명과 살아간다는 것은 많은 정신적인 에너지가 필요합니다. 게다가 고양이를 비롯한 반려동물은 우리가 그들을 도와줘야 하는 부분이 훨씬 더 큽니다. 그들은 우리의 지친 마음을 위로해 주기 위해 존재하는 것이 아니라, 우리와 동등한 생명체입니다. 위로를 받기 전에 우리는 우선 그들과 마음이 통해야 하고, 마음을 얻기 위해서는 신뢰를 먼저 얻어야 해요. 이 과정을 위해서는 시간이 필요합니다. 우리는 먼저 그들을 사랑해야 하고, 먼저 그들을 위로해야 하며, 먼저 그들의 생활을 책임져야 해요. 처음부터 집사님의 마음을 위로받으려 하면, 반려동물과 집사님은 서로가 기대에 미치지 못하는 존재가 되어 버릴 거예요. 마음이 외롭기에 누군가가 필요해서, 퇴근하고 집에 들어갈 때 자신을 기다려 줄 누군가를 만들기 위해 반려동물을 입양하는 것이 입양의 궁극적인 이유가 되지 않게 해 주세요. 생명을 책임지고 사랑할 마음의 준비가 되었을 때, 그때 반려동물과 함께해 주세요.

고양이와 함께하는 순간부터 많은 집사님의 삶, 그리고 생각이 바뀌게 될 거예요. 단언컨대 고양이와의 삶이 행복하면 할수록 집사님의 삶도 더욱 풍요롭게 바뀔 거예요. 집사님의 마음이 더욱 따뜻해질 거예요. 물론 한 생명을 책임지는 과정은 절대 호락호락하지 않겠지요. 고양이의 삶이 통째로 집사님에게 넘어오는 것이니까요. 그러나 불공평하다고, 집사님만이 고양이를 위해 희생한다고 생각하지 말아 주세요. 고양이 역시 집사님의 곁에서 변하게 될 거예요. 집사님을 의지하고, 집사님과 눈이 마주치길 기다리고, 집사님을 위해 골골송을 불러 주게 될 거예요. 아이의 그런 모습을 보면서 집사님도 함께 행복해질 거예요.

마음을 나누는 것은 이렇듯 설레는 과정입니다. 고양이와의 행복한 미래를 꿈꾸며 고양이 반려를 생각하고 계신 분에게, 그리고 사랑하는 고양이를 더 들여다보고 보듬고 싶은 많은 분들에게 이 책이 조금이라도 도움이 되기를 바랍니다.

Foreign Copyright:
Joonwon Lee
Address: 3F, 127, Yanghwa-ro, Mapo-gu, Seoul, Republic of Korea
3rd Floor
Telephone: 82-2-3142-4151
E-mail: jwlee@cyber.co.kr

**지금,
당신의 고양이는
어떤가요?**

2021. 3. 12. 1판 1쇄 인쇄
2021. 3. 18. 1판 1쇄 발행

저자와의
협의하에
검인생략

지은이 | 정효민
펴낸이 | 이종춘
펴낸곳 | BM ㈜도서출판 성안당
주소 | 04032 서울시 마포구 양화로 127 첨단빌딩 3층(출판기획 R&D 센터)
10881 경기도 파주시 문발로 112 파주 출판 문화도시(제작 및 물류)
전화 | 02) 3142-0036
031) 950-6300
팩스 | 031) 955-0510
등록 | 1973. 2. 1. 제406-2005-000046호
출판사 홈페이지 | **www.cyber.co.kr**
ISBN | 978-89-315-8262-8 (13490)
정가 | 22,000원

이 책을 만든 사람들
책임 | 최옥현
기획 · 진행 | 정지현
교정 · 교열 | 이진영
본문 · 표지 디자인 | 이플디자인
홍보 | 김계향, 유미나
국제부 | 이선민, 조혜란, 김혜숙
마케팅 | 구본철, 차정욱, 나진호, 이동후, 강호묵
마케팅 지원 | 장상범, 박지연
제작 | 김유석

■ 도서 A/S 안내

성안당에서 발행하는 모든 도서는 저자와 출판사, 그리고 독자가 함께 만들어 나갑니다.
좋은 책을 펴내기 위해 많은 노력을 기울이고 있습니다. 혹시라도 내용상의 오류나 오탈자 등이 발견되면 **"좋은 책은 나라의 보배"**로서 우리 모두가 함께 만들어 간다는 마음으로 연락주시기 바랍니다. 수정 보완하여 더 나은 책이 되도록 최선을 다하겠습니다.
성안당은 늘 독자 여러분들의 소중한 의견을 기다리고 있습니다. 좋은 의견을 보내주시는 분께는 성안당 쇼핑몰의 포인트(3,000포인트)를 적립해 드립니다.

잘못 만들어진 책이나 부록 등이 파손된 경우에는 교환해 드립니다.